普通高等学校“十四五”规划数据科学与大数据技术专业特色教材

数据科学与大数据技术导论

主　编　方志军
副主编　董新华　俞　雷
于　为　黄　勃

华中科技大学出版社
中国·武汉

内容简介

本书以 Python 为主线，按照学习者的知识逻辑展开，呈现数据科学与大数据技术的基本知识、基本概念、基本方法。本书内容主要包括：什么是大数据、Python 基础知识、数据分析与可视化、数据挖掘、机器学习、大数据处理。本书可作为普通高等院校计算机、数据科学与大数据技术、人工智能等专业的教材，也可作为数据科学、大数据技术、数据管理及应用等方面的自学教材或参考书。

图书在版编目(CIP)数据

数据科学与大数据技术导论/方志军主编. —武汉：华中科技大学出版社，2019.8(2021.8 重印)
ISBN 978-7-5680-5220-7

Ⅰ. ①数… Ⅱ. ①方… Ⅲ. ①数据处理-高等学校-教材 Ⅳ. ①TP274

中国版本图书馆 CIP 数据核字(2019)第 179248 号

数据科学与大数据技术导论　　　　方志军　主编
Shuju Kexue yu Dashuju Jishu Daolun

策划编辑：李　露　廖佳妮
责任编辑：李　露
封面设计：原色设计
责任校对：阮　敏
责任监印：徐　露
出版发行：华中科技大学出版社(中国・武汉)　　电话：(027)81321913
　　　　　武汉市东湖新技术开发区华工科技园　　邮编：430223
录　　排：华中科技大学惠友文印中心
印　　刷：武汉开心印印刷有限公司
开　　本：787mm×1092mm　1/16
印　　张：16.25
字　　数：406 千字
版　　次：2021 年 8 月第 1 版第 2 次印刷
定　　价：46.00 元

前　言

PREFACE

信息化时代的到来使得人类的生活进入了历史上前所未有的新领域，数据资源的重要性越发突显出来。大数据和人工智能的结合，更是将数据的发掘与利用推向了新的高潮。全球范围内数据人才奇缺，教育部和各大高校也意识到这一问题，因而将数据科学与大数据技术的人才培养与学科建设提上日程。

从2013年起，在国内教育领域掀起了利用大数据来促进教育改革和创新发展的研究热潮，大数据的教育与应用研究迅速发展起来，直接表现为相关论文的数量和质量倍增。2014年3月，教育部办公厅印发的《2014年教育信息化工作要点》指出：加强对动态监测、决策应用、教育预测等相关数据资源的整合与集成，为教育决策提供及时和准确的数据支持，推动教育基础数据在全国的共享。近年来，教育部积极采取措施，加强大数据人才的培养，支持大数据技术产业的发展。自2014年起，为贯彻落实教育规划纲要，创新产学合作协同育人机制，教育部组织有关企业和高校实施产学合作协同育人项目。在相关专业设置方面，2015年本科特设新专业——数据科学与大数据技术；同年10月，教育部公布了新修订的《普通高等学校职业教育（专科）专业目录（2015年）》，主动适应大数据时代发展的需要，新设了云计算技术与应用、电子商务技术专业。2016年，北京大学、对外经济贸易大学、中南大学首次成功申请到“数据科学与大数据技术”本科新专业；2017年，另外32所高校获批；2018年，248所学校获批。

近年来，国内出版的数据处理、数据分析等相关书籍层出不穷，观其内容，不同的专家和学者从不同的角度提出了对于大数据的理解和认识。其中，有的专家侧重在“数据分析”上，重点讨论了统计学、机器学习等相关内容；有的专家侧重在“数据处理”上，重点讨论了数据挖掘、数据库管理等相关内容；有的专家侧重在“数据平台”上，重点讨论了各种计算平台和硬件设备等相关内容。

多样化的观点支撑了多样化的教材，编者团队在面向一线教学的工作中发现，一本涉猎广泛、由浅入深、适合入门者研习和一线教师使用的教材亟待出现。

2018年，华中科技大学出版社不弃浅陋，邀请几位编者参与到本书的编撰工作当中。大家一致认为这是一个非常宝贵的机会，希望能够跟同行们分享多年的心得和体会，也希望能帮助相关专业的学生，使之对大数据领域产生兴趣。

本书以当下大数据发展的最新科研教学成果为基础，从培养学生大数据思维入手组织内容。本书采用“理论＋提升＋实践”的模式，以理解大数据理论为基础，以知识扩展为提升，以数据处理、数据挖掘案例为实践途径，努力做到既促进数据思维的培养，又避免流于形式；既适应总体知识需求，又满足个体深层要求。每章章前设计了学习目标与内容介绍，章后附有小结和习题。学习目标与内容介绍部分紧密结合教学目标和特点，紧扣教学重点，突出计算思维方法；小结部分对每章知识进行归纳总结、突出重点；习题部分的题目大多选自一些国外经典参考资料，力求使读者全面地巩固所学知识。

在本书的编写过程中，编者从系统的视角介绍了数据科学与大数据技术的相关基础理论和应用，同时注意突出语言文字应用的规范性。在选择内容时，既注意到基础性，又注意吸收比较成熟的、有价值的新成果，同时编写适合教学和巩固知识的习题。本书内容力求保证较强的系统性，对基本概念的阐述力求严谨、清晰，叙述力求通俗易懂，以增强可读性和启发性。

“大数据导论”是计算机科学与技术、数据科学与大数据技术等相关专业本科生的专业课程和其他专业的选修课程，是国内外大学计算机学科教育体系中的核心课程之一。它系统、全面地介绍大数据的基础知识和数据挖掘、数据处理的基础知识及简单应用，使学生能够具备基本理论知识和简单编程的能力，同时提高学生的综合素质与创新思维。

本书第 1 章简述了大数据的基本概念，从“什么是大数据”这一问题入手，从其定义、相关科学、应用领域等方面系统地介绍了大数据的基本概念，简要地对后续章节中所述的内容进行了阐述。第 2 章和第 3 章简要地讲述了 Python 在大数据中的应用，第 2 章对 Python 的基础知识进行了讲解，以便学生能尽快对 Python 有一个简单的认识，第 3 章描述了如何利用 Python 对数据进行处理、分析以及可视化等。第 4 章从如何进行数据挖掘入手，描述了数据挖掘的源起、相关工具以及如何对数据进行存储、利用。第 5 章概述了机器学习的几种算法，从其所讲述的算法中可以看到，无论是传统的机器学习算法还是新兴的神经网络算法，数据是不可或缺的一部分。第 6 章介绍了能够对海量数据进行分析的软件框架——Hadoop，Hadoop 平台释放了前所未有的计算能力，同时大大降低了计算成本。

致本书的使用者：

（1）学生使用者。本书涉及大数据领域的多个方面，编写团队希望帮助大家尽快入门。为了让大家能够更好地理解相关的知识点，每个部分的写法和阐述方式略有不同。同时，在阅读本书前，希望大家具备一定的线性代数和概率论知识，这样学习本书将轻松许多。

（2）教师使用者。本书适用于数据科学与大数据技术专业、计算机科学与技术等专业的学生，也适用于不同层次的学生，教师可针对不同学生对知识点和讲授深度有所侧重。

（3）专业技术人员。本书可以作为专业技术人员的参考书。本书内容宽泛，既涉及软件的安装和配置方法，又涉及大量的常用算法。本书的章节编排有序，方便专业人士直接查询相关内容。

在本书的成书过程中，编写团队和华中科技大学出版社保持了愉快的合作，在此感谢出版社各位编辑的帮助和支持。

本书获得了贵州省科技计划项目（黔科合 LH 字[2017]7049）以及贵州省创新群体项目（黔教合 KY 字[2018]034）的支持，在此表示感谢！

本书由上海工程技术大学方志军教授担任主编，安顺学院于为、湖北工业大学董新华、上海工程技术大学黄勃和俞雷共同参与编写。

本书的编写参考了大量的文献资料，一并向文献作者表示感谢！由于编者水平有限，在内容安排、表达等方面难免存在不当之处，敬请广大读者朋友不吝赐教。

编　者

2019 年 6 月

目录

CONTENTS

第1章 什么是大数据

本章学习目标

- 了解数据、大数据、数据挖掘的含义
- 理解大数据与统计学之间的关系
- 掌握大数据、机器学习和人工智能之间的关系
- 了解大数据的应用领域

当今时代是一个充斥着庞大信息的时代，身处这样一个时代，如若能够站在数据链的顶端，便能够应用数据来解决一些现实问题，如减少决策误差、量化风险、减少损失，并通过大数据分析解决社会问题等。本章节作为全书的开篇，浅谈了大数据的应用领域、大数据与统计学之间的关系等问题，并在本章结束部分简单介绍了大数据、机器学习与人工智能的微妙联系，希望读者通过这一章的学习能够对大数据有一个大致的了解。

1.1 数据、大数据及数据挖掘

1.1.1 数据

21 世纪是一个信息化的时代，作为信息的表现形式和载体，数据是当下研究的主要课题。数据和信息之间是相互依赖、密不可分的，数据是事实或是观察的结果，是客观事物的逻辑归纳，是用于表示客观事物的未经加工的原始素材。

近年来，互联网、物联网及云计算的快速发展带动了几乎所有产业和商业领域的数据急剧增长，数据的存储单位也由 B、KB、MB、GB、TB 扩充到 PB、EB、ZB、YB。据不完全统计，过去三年的信息数据总量比在此之前的所有数据的总和还要多。例如，2003 年，科学家为完成对 30 亿对碱基对的排序，花费了十年的时间，这是人类首次尝试破解人类基因组，而现在，世界范围内的基因仪每 15 分钟就可以完成与最初十年时间相同的工作量。在金融领域，美国股市每天交易 70 亿股，其中 2/3 是由基于数学模型和算法的计算机程序自动完成的，这些程序利用大量数据预算收益和规避风险。互联网公司的数据增速之快，让人叹为观

止，简直可以说是“数据风暴”了，Google公司每天要处理的数据量超过24PB，处理的数据量是美国国家图书馆的纸质出版物的数千倍。Facebook这个不过于2004年上线的社交网路服务网站每天更新的照片量已超过1000万张，每天人们在网站上留下评论或点击“喜欢”、“不喜欢”按钮大约三十亿次，这些评论就成为了Facebook公司挖掘用户喜好的数据线索。除此之外，世界最大的视频网站YouTube每周的访问量高达两亿人次，平均每秒都有一段时长超过60分钟的视频被上传至网站，而Twitter每天都有多达4亿条动态信息要发布，并且每年的信息量都会翻一倍。

大数据时代萌生了一些专属于它的名词，如图1-1所示，这个时代的新生词汇有“人工智能”、“商业智能”、“神经网络”等，它们彰显了这个时代的特征。

图 1-1　大数据时代

数据的急剧增长形成了庞大而又复杂的数据王国，想要从这些冗杂的数据中提取有用信息，首先要进行的就是分类存储，形成庞大的数据集。这些容量足够大的数据集就是“大数据”。

1.1.2　大数据

大数据是由数目庞大、结构复杂、类型繁杂的数据组成的数据集合，是基于云计算的数据处理与应用模式，通过对数据的整合共享、交叉复用，形成智力资源和知识服务能力。对于大数据特点的描述有很多，其中最著名的是Gartner公司的分析师道格·兰尼(Doug Laney)提出的3V特征：Volume(数据规模)、Velocity(数据转输速度)和Variety(数据形式)。Volume意在描述数据集的规模；Velocity是形容数据产生速度的参数；Variety是指数据的种类和资源的多样性。虽然这三个特性能够用来描述所有数据集的特征，但是有时3V特征并不能够很好地诠释一些数据集的特点，因此人们根据特殊需求又加了第四项特征，即Value(数据价值)，如图1-2所示。通俗来讲，大数据就是一个庞大的、种类繁多的数据集合体，是一个无论用传统数据

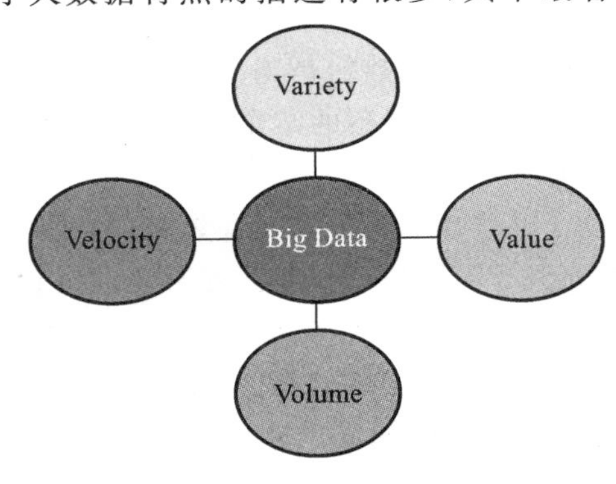

图 1-2　4V特征图

处理平台或技术，还是新式数据处理方法都难以圆满处理和加工的数据库。随着对大数据的逐步了解，在2012年，Gartner公司进一步提出了更为详尽的定义："大数据是大容量、高速度和多样化的信息资源，它需要一种新的加工形式来提高决策力、洞察力和过程优化技术对其进行获取、管理、分析、可视化，这样的一个数据集就能够称之为大数据。"

从2012年开始，大数据就成为了IT界的热点词汇。目前，大数据已经成为学术界、商界乃至政治界的新宠。在2013年，Gartner公司列举了"2013年十大战略技术趋势"和"未来五年十大关键技术趋势"，大数据均在这两项列表中名列第二。由此，我们可以推断大数据能够在生活中的很多方面掀起"革命"的潮流，如在商业、科学研究、公共管理领域等。

1.1.3 数据挖掘

这是一个数据"疯狂增长"的时代，数据量不仅巨大，而且种类繁多，比如传感器网络、科学实验、高通量仪器等，无时无刻不在进行着数据的更新，这些数据是呈指数形式增长的，而有价值的信息就隐藏在这冗杂而又庞大的数据中，因此需要利用数据挖掘技术来探查大型数据库，以获取有用的信息。

挖掘技术的思想主要起源于统计学中的抽样、估计及假设检验，但同时它又以机器学习、人工智能和模式识别的学习理论、建模技术和搜索为依据。挖掘技术以算法为依据，此外还融合了来自信号处理、最优化、可视化、进化计算、信息论和信息检索等领域的思想。目前数据收集和数据存储技术已经能够满足几乎所有组织机构积累海量数据的需求，而如何从数据库中提取有效信息才是我们研究的主题。数据挖掘是数据库中的知识发现(Knowledge Discovery in Database，KDD)不可或缺的一部分。

数据挖掘是一套从数据中提取有效信息的技术，其中包括聚类分析、分类、回归和关联规则学习。它所涉及的统计和机器学习的方法是其根基。与传统的数据挖掘算法相比，大数据挖掘具有更精准的预测性，也因此更具挑战性。以聚类为例，对大数据进行聚类的一种自然方式是扩展现有的方法(如分层聚类、k-Means和模糊C均值等)，使它们能够应付巨大的工作量。这种聚类算法包括CLARA(大型应用聚类)算法、CLARANS(基于随机搜索的大型应用)算法和BIRCH(使用动态建模的多阶段层次聚类)算法等，其他的工作将在后面逐步展开阐述。数据处理的步骤如图1-3所示，KDD是将还未进行加工的数据加以处理，进而转换为有用信息的过程，即需历经数据预处理、数据挖掘、后处理这三个步骤。

图1-3 数据处理的步骤图

输入数据的存储形式多种多样，并且它们既能够保存在数据存储库中，也能够散布在多个站点上。数据预处理所涉及的步骤包括融合来自多个数据源的不同类型的数据、清洗数据以消除噪声和重复的观测值、保留与当前数据挖掘任务相关的记录和特征以便对数据进行挖掘。图1-4所示的为数据挖掘过程的具体步骤。

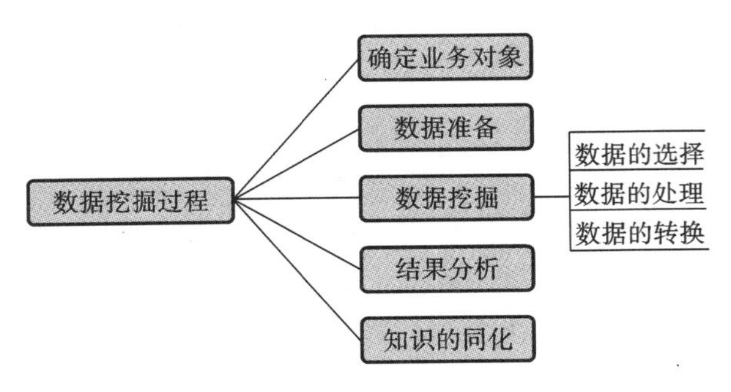

图 1-4 数据挖掘过程的具体步骤

1.1.4 数据挖掘的技术基础

数据挖掘可以说是近年来数据库应用技术中十分热门的话题。但其所用的诸如数据分割(Data Partition)、预测模型(Prediction Model)、偏差侦测(Deviation Detection)、链接分析(Link Analysis)等并不是新兴技术，早在第二次世界大战之前，美国就已将其运用在军事及人口普查等方面。随着信息科技的飞速发展，众多新的计算机分析工具出现，如模糊计算(Fuzzy Computing)、关系数据库(Relational Database)、神经网络(Neural Network)及遗传算法(Genetic Algorithm)等，这些工具的出现使得从数据中发掘“宝藏”成为可能。

一般来说，数据挖掘的理论技术可以分为传统技术和改进技术。传统技术以统计分析为主，统计概率理论包含的序列统计、回归分析和分类数据分析等均属于传统的数据挖掘技术。数据挖掘的对象为变量繁多的大样本数据，因此高等统计学包含的多变量分析中用来精简变量的因素分析(Factor Analysis)、用来分类的判别分析(Discriminant Analysis)，以及用来区隔群体的分群分析(Cluster Analysis)等，在数据挖掘过程中经常被用到。

在技术改良方面，应用较为广泛的有决策树(Decision Tree)、神经网络及归纳法(Rule Induction)等。决策树是一种用树型结构图表示数据受各变量的影响情况的预测模型。它是根据对目标对象的不同影响构建的分类规则，一般用于对客户数据的分析。例如，对邮寄对象是否有回函或没有回函进行划分，找出影响其分类结果的变量组合。

常见的分类方法有分类回归树(Classification and Regression Tree，CART)和卡方自动交互检测法(Chi-Square Automatic Interaction Detector，CHAID)等。

神经网络是模拟人脑思维结构的数据分析模型。先输入变量，然后将结果用于自我学习，根据学习经验获得知识，最后通过常数参数优化构造相应的数据模型。神经网络是一种非线性设计。与传统的回归分析相比，它不需要限制固定的分析模式，特别是当数据变量之间存在交互作用时，可以自动进行检测；而其缺点则在于它的分析过程为一个黑盒子，因此常无法以可读的模式呈现，而且每阶段的加权与转换也是不明确的，所以神经网络常用于高度非线性，且带有相当程度的变量交感效应的数据处理。神经网络应用于人工智能领域，成为了一类极具代表性的方法。

归纳法是知识发掘领域中最常见的方式，它是由一连串的“if/then ”(如果…/则…)组成的，应用逻辑规则是对数据进行划分的技术，在实际应用中确定规则的有效性是最大的难题，我们通常需要先将数据中发生次数太少的项目剔除，以防止出现无意义的逻辑规则。

如图 1-5 所示，基于数据挖掘技术能够进行风险预测、业务创新、销售预测、数据挖掘、需求挖掘、用户行为分析、智能决策等。

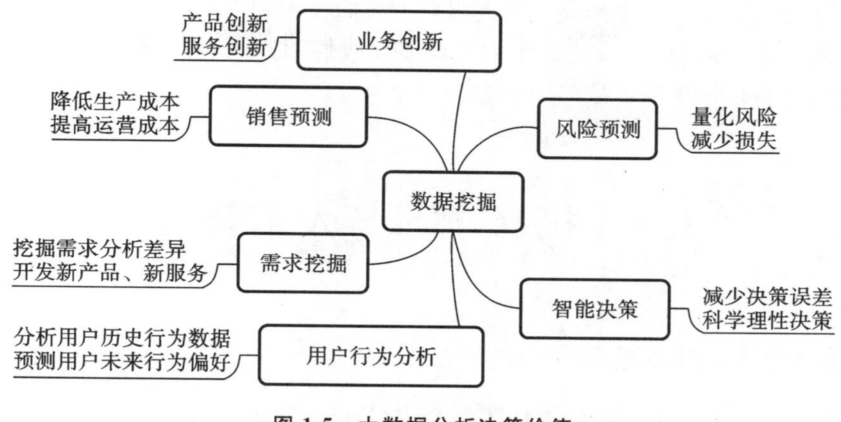

图1-5　大数据分析决策价值

1.2　大数据与统计学

数据分析与数据统计是密不可分的，在当今这个数据量急速膨胀的时代，统计学的地位显得尤为重要。从本质上来讲，统计是一种系统探究的方法，用来分析离散的、不确定的数据的性质，即从数据库中取出一部分样本，分析其性质，以此来推测数据库的性质。

统计系统一般可分为两类：描述性统计和推论性统计。将数据收集起来，作图、作表、求平均值，用类似这种方式处理数据进而得出结论的方法叫作描述统计学。从数据库中提取一部分样本，通过分析样本的特点去推论总体的特点，这种运用推论的手段去分析数据的方法叫作推论统计学。

随着大数据的兴起，统计数据越来越具有吸引力，这是因为在计划经营策略、市场策略、新产品开发、新业务等方面运用统计分析取得了显著成效。当今时代，经营、决策已不能只单单靠经验了，而必须根据以数据为基础的科学分析方法来进行决策。

根据以往的认知，统计学属于数学的一个分支，但从本质上来看，统计学与数学是处在对立位置上的。这是因为数学是利用已知的公式、定理，通过计算的方法得到确定答案的学科，是一种演绎推理。而统计学是从收集到的零散数据中推导出一般性质的学科，是一种归纳推理。1662年，英国社会学家约翰·格兰特(John Grant)发表了一篇论文，简要分析了过去60年伦敦人口变化与死亡原因之间的关系。他列举出不同死因的人口比例等，进而对死亡率与人口寿命做了分析，这些都是通过观察数据、收集数据、分析数据得到的。同时，通过对数据的观察和分析，他提出新生儿性别比例具有稳定性的论断。这篇文章一经发表就得到了广泛的关注，其涉及的统计学方法也引起了科学家们的关注，由此，统计学开始走进大众的视野。近年来，由于信息技术的迅速发展，一些企业开始应用大数据分析来帮助其进行运营、决策。大数据最鲜明的特点是具有大样本和高维度，针对样本大的问题，统计学采用特别的方式抽样，能做到既减少工作量，又保证必要的精度。

统计技术用于挖掘不同目标之间的关联和因果关系。然而，传统的统计技术实际上并不适合用来管理大数据。许多研究人员提出对古典的技术加以扩展或找寻一个全新的方法来解决现存的问题。例如，Oleg 提出了大规模多元线性回归的有效近似算法。该算法是对输入变量进行重新估计单调函数的一种方法。

1.3 机器学习与人工智能

1.3.1 机器学习与人工智能简介

“人工智能”一词于 1956 年在达特茅斯会议(Dartmouth Conferences)上被提出，自此，关于人工智能的天马行空的想象便不曾停止过。与此同时，研究人员也从不曾停下追逐人工智能的脚步，此后几十年间，人工智能先是被当作人类未来文明的钥匙被追捧，而后又被认为是不切实际的异想天开被摒弃。

但在近几年，人工智能呈现了“爆炸”式的发展，尤其是在 2015 年以后，人工智能的发展掀起了一阵热潮。这主要是由于图形处理器(GPU)的出现使得图形处理更迅速，图形处理器的性价比更高，与之前的技术相比功能更强大。

在达特茅斯会议上，人工智能的先驱们提出了人工智能的研究方向，他们希望能够通过当时新兴的计算机制造出与人类相似的机器。这是一部神奇的机器，它拥有感官、推理能力及人类的思维方式。在电影中已经出现过这样的机器人，例如友好的 C-3PO，及人类的敌人——终结者。虽然我们对机器人这一词汇并不陌生，但是人工智能机器人至今仍只存在于电影和科幻小说里，理由很简单：依靠目前的科技还实现不了“强人工智能”。

若说此前大众对于人工智能的了解仅仅在知道“机器人”这一词汇的层面，那么 2015 年 11 月 9 日，Google 公司发布了人工智能学习系统 TensorFlow。一夜之间，“人工智能”和“机器学习”这两个生僻的词汇传遍大街小巷。机器学习是一种人工智能算法，它允许软件通过分析大量数据来解释或预测未来的情景。如今，科技巨头正在大举投资机器学习的相关研究。

2016 年，Google 公司旗下的 DeepMind 公司开发出的 AlphaGo 机器人在举世瞩目的围棋比赛中击败了韩国最优秀的职业围棋手李世石。这场比赛引起了很大的轰动，各大媒体争相报道。人们使用“人工智能”、“机器学习”和“深度学习”这几个术语来解释 AlphaGo 机器人获胜的原因，并将这些术语混为一谈。这种说法表面上看起来确实将 AlphaGo 机器人的获胜原因解释通了，但其实这种说法是有所欠缺的，这三者在本质上是有区别的。

机器学习是一类人工智能算法，而神经网络又是机器学习里所包含的一种算法，2016 年战胜韩国围棋选手李世石的 AlphaGo 就是用神经网络算法编写的。目前神经网络已经是一项比较成熟的算法了，而且也已有十分广泛的应用，例如，神经网络在模式识别、图像分析、自适应控制等领域都有着成功的应用，一般神经网络中的隐藏层和节点越多，准确率越高。多层神经网络的应用使得大数据的学习过程耗费了大量的时间，而神经系统的出现经常伴随着大型网络的产生。在这种情况下有两个主要的挑战：一个是传统的训练算法不能满足大数据处理的需求，另一个是训练时间和记忆的限制越来越难处理。自然地，面对这种情况，我们可以使用以下两种常见的方法：一是通过一些抽样方法来重新确定数据量的大小，如此一来神经网络的结构就有可能保持不变；另一个便是用并行和分布式的方法扩展神经网络，如深度学习模型和并行训练算法的结合提供了处理大数据的潜在方法。

目前要实现完全的、全面的人工智能还存在一定的技术局限性，因此以目前我们所能掌握的技术为基础，只能够实现“弱人工智能”。弱人工智能并不像科幻电影或者科幻小说所描述的那般，能够实现人类所拥有的技能，但是弱人工智能可完成机械的或者单一的任务，在执行特定任务时可以达到与人类相当或在某些方面优于人类的水平。现实生活中有很多弱人工智能的例子，它们给我们的生活带来了极大的便利。

1.3.2　机器学习的定义

一直以来，我们把学习能力视为人类特有的能力，所以是否具备学习能力成了区别人和其他生物的关键。Samuel于1959年设计了历史上第一个国际象棋程序，这个程序可以通过相互对弈来进行学习，进而提高棋艺。经过四年的学习，这个程序击败了Samuel。三年后，它击败了美国的一个常胜冠军。这一案例向人们展示了机器学习的强大，由此引发了人们对社会问题和伦理问题的讨论，比如常常听到的机器学习能力是否能超越人类的能力，这个问题一直为人们津津乐道，有些人认为机器的学习能力远远在人类之上，但也有一些人持否定态度，他们认为机器是人类创造的，其性能和动作完全是由设计者所规定的，因此无论如何其能力也不会超过设计者本人。对于没有学习能力的机器来说，这一说法并没有错，但是对于具有学习能力的机器来说，这一说法并不是那么准确，因为通过一段时间的学习之后，具有机器学习能力的机器能形成属于自己的知识体系，它不再受控于最初的设定，而且其潜力并不是设计者所能够控制的。

机器学习是一个交叉学科，涉及概率论、统计学、近似理论、凸分析、算法分析与复杂性理论等多个学科。如何专注于计算机模拟或实现人类的学习行为以获取新的知识或技能、重新组织已有的知识结构来改善自己的表现是计算机智能化的根本途径，也是人工智能的核心。它的应用涵盖了人工智能的所有领域，主要使用的统计方法是归纳法、综合法，而不是演绎法。

社会科学家、逻辑学家和心理学家对什么是机器学习存在分歧。例如，Langley认为“机器学习是人工智能的科学，该领域的主要研究对象是人工智能，尤其是如何提高具体算法在经验学习中的性能”。Tom Mitchell对信息论中的一些概念进行了详细的解释，其中，机器学习被定义为对计算机算法的研究，可以通过经验自动改进。Alpaydin提出的机器学习的定义为：“机器学习是利用数据或过去的经验来优化计算机程序的性能标准”。

机器学习的概念来自于早期的人工智能研究者，尽管有这么多关于机器学习的定义，但却没有明确的、统一的定义：为了便于学习，在此我们先对机器学习做一个统一的定义：机器学习是一门研究机器以获得新知识和技能并识别现有知识的学科，是一种实现人工智能的算法，研究的算法包括决策树、逻辑编程、增强学习算法和贝叶斯网络等。机器学习通过算法分析数据，让计算机能够从中获取有效信息，并做出推断或预测。这里的机器指的是计算机、电子计算机、中子计算机、光子计算机以及神经计算机等。

如今，机器学习已被广泛应用于各个领域，如数据挖掘、自然语言处理、计算机视觉、战略游戏、搜索引擎、语音和手写识别、生物识别、医学诊断、DNA 测序、证券市场分析、信用卡欺诈检测和机器人应用等。机器学习是人工智能的一个重要课题，它的目标是设计算法，使计算机能够根据经验数据进化自己的行为。机器学习的存在对于当前的时代背景来讲是不可或缺的，之前对于数据的处理方式已经不能够满足大数据时代的信息增速，而机器学习最显著的特点正是挖掘并主动汲取知识，进而自主地作出决策。机器学习的蓬勃发展使得数据处理更加方便、快捷，这对于大数据相关的各个行业来讲都是一次革命。

图 1-6 对机器学习进行了一个简单的分类，其分类依据为计算机能否自主进行学习。

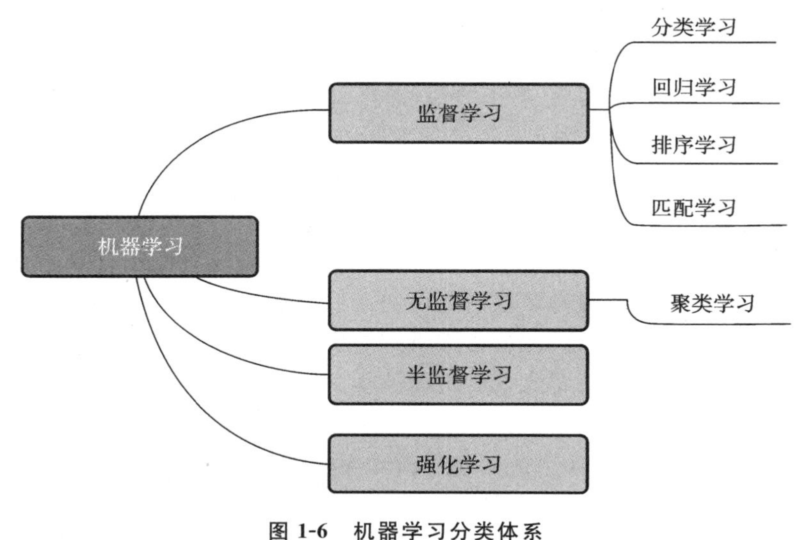

图 1-6 机器学习分类体系

1.4 相关领域应用

1.4.1 数据挖掘的相关案例

Google、Amazon、Facebook、Twitter 公司都是称霸全球互联网的企业。分析它们的运营模式、内部构造及技术支持会发现，正是对数据挖掘这一技术的熟练应用，使得它们能在互联网产业中经久不衰。当然，它们的成功因素还有很多，例如具有新颖的商业模式、优秀的创业者等，但不可否认的是，它们对数据的极高敏锐度及合理利用是促使它们成功，甚至称霸互联网的最主要的原因。它们每天不断地存储和分析大量的数据，了解客户的需求，服务于客户，进而为自身创造更大的利益。

1. 强大的推荐系统

对于能充分应用大数据并由此获得巨额的利益，Google 公司可以称得上是“世界上第一个吃螃蟹的人”。据不完全统计，Google 公司每月要处理 900 亿次 Web 搜索，即每月需要处理的数据量高达 600PB(1PB=1000000GB，这个信息量大约相当于 100 万年《新闻早报》所包含信息的总和)。使用 Google 公司各项服务的用户产生的数据都是其分析的对象。

Google公司强大的搜索推荐系统是其最普遍且最能体现数据带给我们便利的一项技术。在Google搜索框中输入关键字，就会显示一些关于搜索关键字的建议，例如只要输入“基于”二字，系统就会自动提示“基于MVC的社团管理系统”、“基于Web的学生选课系统源码”、“基于Java的社团管理系统”等。像这种搜索关键词的推荐是基于对大量的用户搜索历史数据进行分析所得到的。除了“搜索推荐”，还有“输入修正功能”。“输入修正功能”是指即使输入的关键字是错误的，Google引擎也会给出正确的搜索推荐。上述这两种推荐方法的原理有异曲同工之处。

在网上购买物品时，通常能看到“购买了此商品的顾客还购买了这些商品”的字眼，这一推荐系统正是由Amazon公司创造的商品推荐系统。Amazon公司分析了大量的历史数据，比如客户的购买记录和浏览历史等，并将这些数据与其他行为模式相似的用户的历史数据进行对比，为用户提供最适合的商品推荐信息。这种以数据挖掘为核心的服务设计理念，推动Amazon公司成为全球第二大互联网公司。

2. Facebook网站和Twitter网站的数据对比

Facebook公司于2012年2月提出了IPO申请，据其公布的数据显示，Facebook网站每日活跃用户量达到4.83亿，每月活跃用户量达到8.45亿，可以毫不夸张地说，Facebook网站是世界上最大的、由用户产生内容的网站。

Facebook网站的用户每个月在该网站花费的时间总计7000亿小时，平均每个用户每个月创建90条内容，每个月产生的内容高达300亿条。根据已公布的数据显示，Facebook网站所拥有的数据总量超过了30PB。Facebook网站为用户提供的“也许你还认识这些人”的推荐，精准到令人震惊的地步，而这也正是对庞大的数据进行分析的结果。

Twitter公司的报告显示，Twitter网站每日活跃用户量达到1亿，每月活跃用户量达到3.28亿。Twitter网站平均每天产生5亿条推文，每条推文约有200个字节，即Twitter网站平均每天会产生约100GB的数据流量。

3. Credilogros公司的客户信用评分系统

Credilogros公司是阿根廷赫赫有名的信贷公司，其总资产估计值为9570万美元。对于Credilogros公司来说，识别预付款客户的潜在风险至关重要。如若能够掌握这一风险值，将会把公司的风险降至最低。

该公司数据挖掘的目标是创建一个与公司核心系统和信用报告公司系统交互的决策引擎来处理信贷申请。与此同时，Credilogros公司也在试图掌握相应的风险评分工具，以对一些低收入客户群体进行评估。除此之外，Credilogros公司希望这套解决方案能够对其35个分支办公地点和200多个相关的销售点进行实时操作。

最终，因为SPSS公司的数据挖掘软件PASW Modeler具有较好的灵活性和可移植性，Credilogros公司选择了它。通过实现PASW Modeler，Credilogros公司将处理信用数据和提供最终信用评分的时间缩短至8 s以内，这使它能够在最短时间内做出批准或拒绝信贷请求的决策。

4. DHL的货箱温度

DHL是物流行业和国际快递的市场领跑者，它所提供的服务包括快递服务、水陆空三路运输及国际邮件服务等。DHL通过国际网络将220多个国家和地区连接起来，形成一个庞大的物流网。美国食品和药物管理局(Food and Drug Administration，FDA)要求确保药品装运的温度达标，因此 DHL 的客户要求 DHL 能够提供更可靠且更实惠的选择，这也就意味着 DHL 在运送的各个阶段都要对集装箱的温度进行实时跟踪。

虽然在运输过程中可以确保记录器生成的信息精准无误，但是由于其无法传递实时数据，因此 DHL 和其客户不能够在温度发生偏差时采取有效措施。为了解决这一难题，DHL 的母公司——德国邮政世界网拟定了一个计划：使用射频识别（Radio Frequency Identification，RFID）技术全程跟踪装运药品的温度，并由 IBM 全球企业咨询服务部绘制决定服务的关键功能参数的流程框架。这一改进方案使 DHL 解决了运送过程中药品装运温度达标的问题，切实地增强了运送可靠性。这一举措为 DHL 保持竞争差异奠定了坚实的基础，并成为了 DHL 重要的收入增长来源。

5. Montblanc 的商品促销

高级文具制造商 Montblanc，以及美国大型折扣店 Family Dollar Stores，并不像过去一般只是单一地进行商品促销，它们开始将营销与数据分析结合起来，以期获取更大的利益。这些企业正尝试利用监控数据来分析客户的行为。例如，Montblanc 以前是根据经验和直觉来决定商品布局的。然而通过对监控摄像头数据的分析，他们改变了商品的布局，把最需要销售出去的产品摆放到最能吸引顾客注意的地方。通过这种布局变化，Montblanc 的销售量增加了 20%。

大数据不仅为企业家带来了巨额的利润，也为用户提供了重要信息，例如，Decide. com 就是一家利用大数据为客户提供有效信息的公司。这个成立于 2010 年的创业型公司，能够预测近期某数码产品售价的涨跌趋势，用户可以根据它的分析报告对某款产品的购入时间做出合理的判断。

1.4.2　大数据的应用领域

越来越多的领域涉及大数据问题。从全球经济到社会管理，从科学研究到国家安全，无一不彰显着当下是一个大数据的时代，因此可以很明确地说，在未来几年里，大数据将给通信、金融、零售、制造、交通、物流、医疗、公共服务、农业等领域带来巨大的冲击。最近，麦肯锡的一份报告分析了大数据在美国卫生保健、欧盟公共部门管理、美国零售、全球制造业和个人位置数据这五个领域的变革潜力。麦肯锡的研究认为，大数据能够通过提高企业的生产力和竞争力来推动世界经济的快速发展。

1. 科学研究中的大数据

几千年前，人们对世界的描述仅仅基于人类的经验，所以我们称当时的科学为经验科学，它是科学的开端，被归类为第一范式。第二范式出现在几百年前，这一时期的科学称为理论科学，其代表是牛顿运动定律和开普勒的行星运行三大定律。这一时期，就许多复杂的现象而言，科学家们试图找到科学的解释。但是理论分析是非常复杂的，有时甚至是不可思议的、不可行的，在这种需求下，第三种科学范式作为计算分支应运而生。基于第三种科学范式，科学家们开始进行许多仿真和模拟实验。许多领域的模拟实验产生了大量的数据，同时，越来越多的大数据在各个管道中产生。毫无疑问，科学的世界已经因数据密集的应用而改变。

数据密集型的出现催生了一种新的研究范式。研究人员试图用一种新式工具从大数据中找到或挖掘出所需的信息、知识和情报，这样他们甚至不需要直接访问研究对象就能够得到他们所需的信息。图灵奖(Turing Award)得主吉姆·格雷(Jim Gray)在2007年的最后一次演讲中描述了区别于企业公关科学的数据密集型科学研究的第四种范式。Jim Gray认为,第四种范式可能是解决目前所面临的一些严峻的全球挑战的唯一系统途径。从本质上讲,第四种范式的产生不仅是科学研究方式的改变,也是人们思维方式的改变。

许多科学领域的发展与数据密切相关,天文学、气象学、社会计算、生物信息学和计算生物学等都是基于数据密集型的科学,大量数据在这些科学领域内产生,因此如何从大规模科学模拟产生的数据中挖掘到有价值的信息,是一个亟需解决的问题。例如,大型天气观测望远镜LSST总共能产生200PB的夜空数据,天文学家利用计算设备和先进的分析方法来研究这些数据,推演宇宙的起源;大型强子对撞机LHC每天可以产生60TB的数据,通过对这些数据的分析可以让我们对宇宙的本质有一个前所未有的了解。除此之外,还有涵盖了从环境科学、海洋学、地质学、生物学到社会学等社会发展所能触及的方方面面的很多电子科学项目,这些项目的共同点是,它们都伴随着庞大数据的产生,而对于信息的处理,自动化分析是非常必要的。此外,集中式的数据存储库也是不可或缺的,对每一个独立的、远程的数据源的数据进行复制将会造成巨大的工作量,因此,集中式存储和分析方法驱动着整个系统的设计。

2. 公共管理中的大数据

公共管理中也常常会涉及大数据问题。一方面,国家的人口本身就是一个大数据,另一方面,各个年龄段的人享有不同的公共服务,因此,每个人在各个公共部门均会产生大量的数据。例如,青少年更多地需要良好的教育;老年人需要更高水平的医疗保健。至2011年,美国国会图书馆(Library of Congress)的数据累积量已经达到了3TB。2012年,奥巴马政府宣布大数据研发计划,该计划的目标是利用数据分析解决政府面临的重大问题。大数据研发计划是由84个不同的大数据项目组成的,涉及6个部门。同样的事件也发生在欧洲,特别是在全球经济衰退时期,许多政府部门不得不在预算限制的条件下提供更高水平的公共服务。因此,他们把大数据看作潜在的预算资源和发展工具,以期得到更多可供选择的方案来减少巨额预算和降低国家债务水平。根据麦肯锡的报告,大数据为公共部门提供了提高生产率和效率的方法。

3. 商业中的大数据

在信息时代,几乎每家公司都会面临着大数据带来的挑战,尤其是一些跨国公司。一方面,这些公司在世界各地都拥有大量客户;另一方面,它们要处理的事务数据量不仅非常大,而且增速极快。例如,FICO的猎鹰信用卡欺诈检测系统在全球管理着超过21亿个有效账户;Facebook短视频的日浏览量已经达到了30亿次,这样巨大的数据量也就造就了巨大的数据更替工作,而这种数据更替在跨国公司里是非常普遍的。

对于大数据问题的研究,特别是对核心技术的突破,可以帮助产业解决由数据互联带来的复杂性,以此来解决由数据冗余或数据短缺造成的不确定性。每个人都希望从大数据中挖掘出需求驱动的信息,最终将大数据的价值最大化。从这个意义上讲,对大数据问题核心技术的研究将是新一代IT应用的重点,它不仅是支撑信息产业高速增长的新引擎,同时也为工业提供了提升竞争力的新工具。

据估计,全球范围内几乎所有公司的商业数据量每1.2年就会翻一番。为了对商业活动中的大数据的功能进行简要说明,我们以零售业为例进行探讨。在Walmart全球6000多家门店中，每天进行的交易量约有2.67亿笔。为提高其零售竞争力，Walmart与惠普公司合作创建了一个数据仓库，该仓库的数据存储量可以达到4PB。他们通过销售点终端追踪每一位顾客的销售记录，利用先进的机器学习技术寻找隐藏在海量数据中的关键信息，这使得他们成功地提高了广告宣传活动的效率。

1.5 本章小结

本章简单介绍了数据、大数据、数据挖掘、统计学、机器学习及人工智能的概念，阐述了它们之间的一些微妙关系，并通过列举一些实例来说明它们在社会生活中扮演的角色。

(1) 数据挖掘：通过对数据进行分析来探查数据的性质或属性。

(2) 统计是一种系统探究方法，用来分析离散的、不确定的数据的性质，即从数据库中取出一部分样本，分析其性质，以此来推测数据库的性质。统计模型是一组数学函数，随机变量及其概率分布是用来刻画目标行为的重要参数。统计学方法也可用来检验数据挖掘的结果，同时它也是实现机器学习的一种方法。需要注意的是，许多统计学方法的计算复杂度是很高的。

(3) 机器学习：机器学习是一类实现人工智能的算法，相关算法包括决策树、逻辑编程、增强学习算法和贝叶斯网络。机器学习就是通过算法分析数据，让计算机能够从中获取有效信息，并做出推断或预测。机器学习是考查计算机如何基于数据来学习的学科，即计算机通过数据挖掘将数据库中的有用信息提取出来，得到目标函数的近似值。机器学习可分为监督学习、无监督学习、半监督学习和强化学习四类。

(4) 人工智能：通过一些算法使得计算机能够实现特定的智能行为。

大数据及数据挖掘的出现改变了当下人们的生活方式及思维方式，一些公司已经开始利用数据分析来规避风险。比如，企业在向市场投放一款产品之前会进行数据分析，来预测产品在投入市场之后的收益。总的来说，要想实现人工智能，首先需应用统计学原理和一些算法对大数据进行数据挖掘，然后通过机器学习，最终实现人工智能。

1.6 习　题

(1) 什么是数据？什么是大数据？什么是数据挖掘？

(2) 大数据的特征有哪些？

(3) 数据挖掘的步骤有哪些？

(4) 请说明利用统计学来实现数据挖掘的方法。

(5) 浅谈机器学习与人工智能之间的联系。

(6) 机器学习的方法有哪几类？

第2章　Python 基础知识

本章学习目标

- 掌握 Python 的基本语法
- 理解 Python 中的主要数据类型
- 掌握数字、字符串等基本类型的使用
- 掌握列表、元组、集合、字典等容器类型的使用
- 掌握 Python 中的判断和循环语句
- 理解列表推导式的使用
- 了解并掌握函数的定义和调用
- 了解并掌握导入模块和包的方式
- 了解异常处理和警告
- 了解 Python 中的常用内置函数

Python 是一门越来越流行的编程语言。在本章中，我们将了解一些关于 Python 的基础知识，搭建一个 Python 的集成开发环境，并学习 Python 语言的基本使用方法，为后续的学习打下基础。

2.1　Python 概述

Python 是一种面向对象的解释型高级计算机程序设计语言，1989 年由吉多·范罗苏姆(Guio van Rossum)开发设计。

2.1.1　Python 简介

一些关于 Python 的小知识：

(1) Python 是一种编程语言；

(2) Python 的作者是荷兰人吉多·范罗苏姆；

(3) Python 的诞生时间是 1989 年圣诞节假期；

(4) Python 名字的由来据说是作者是 BBC 电视剧《蒙提·派森的飞行马戏团(Monty Python's Flying Circus)》的爱好者;

(5) Python 2 于 2000 年 10 月 16 日发布,稳定版本是 Python 2.7;

(6) Python 3 于 2008 年 12 月 3 日发布,不完全兼容 Python 2;

(7) Python 的设计哲学是优雅、明确、简单。

Python 是编程界的"全能战士",拥有丰富的开源第三模块的支持,广泛应用于网络编程、图形用户界面编程、科学计算、机器学习、数据挖掘等方面。

从效率上看,纯 Python 代码的运行速度不如传统的 C/C++、Java 等语言的运行速度,但 Python 的学习和使用要更为方便。写一个 100 行的 C/C++程序可能需要花费 1 个小时,而用 Python 实现相同功能可能只需要花费 5 分钟写 10 行。因此,在很多情况下,只用 Python 在开发速度上获得的收益要远大于在运行速度上的损失。

很多 Python 的第三科学计算模块,如 Numpy 等,使用速度更快的 C/C++/Fortran 语言作为底层实现,而将 Python 作为上层接口调用。在这种情况下,我们既能享受 Python 的开发速度,又能保证程序的运行速度。

Python 官方网站的地址为 http://www.python.org/。

2.1.2 Python 的特点

Python 具有以下显著特点。

1. 简单易学

Python 是一种代表简单主义思想的语言。阅读一个良好的 Python 程序就像是在读英语段落一样,尽管这个英语段落的语法要求非常严格。Python 最大的优点之一是具有伪代码的本质,它使我们在开发 Python 程序时,专注的是解决问题,而不是搞明白语言本身。

2. 开源

Python 是 FLOSS(自由/开放源码软件)之一。简单地说,你可以自由地发布这个软件的拷贝,阅读它的源代码,对它做改动,把它的一部分用于新的自由软件中。FLOSS 基于一个团体分享知识的概念,这也是为什么 Python 如此优秀的原因之一——它是由一群希望看到一个更加优秀的 Python 的人创造并经常改进着的。

3. 高级语言

Python 是高级语言。当使用 Python 语言编写程序时,无需再考虑诸如如何管理程序使用的内存一类的底层细节。

4. 可移植性

由于 Python 的开源本质,它已经被移植在许多平台上。如果小心地避免使用依赖于系统的特性,那么所有 Python 程序无需修改就可以在下述任何平台上运行,这些平台包括 Linux、Windows、FreeBSD、Macintosh、Solaris、OS/2、Amiga、AROS、AS/400、BeOS、OS/390、z/OS、Palm OS、QNX、VMS、Psion、RISC OS、VxWorks、PlayStation、Sharp Zaurus、Windows CE,甚至还有 PocketPC、Symbian,以及 Google 公司基于 Linux 开发的 Android 平台。

5. 解释性

用编译性语言(如 C/C++)写的程序可以由源代码(C/C++语言)转换为计算机使用

的语言。这个过程通过编译器和不同的标记、选项完成。当运行程序时,连接/转载器软件把程序从硬盘复制到内存中并运行。而用 Python 语言写的程序不需要编译成二进制代码,使用者可以直接由源代码运行程序。在计算机内部,Python 解释器把源代码转换成称为字节码的中间形式,然后再把它翻译成计算机使用的机器语言并运行。事实上,由于不用再担心如何编译程序,如何确保连接/转载正确的库等,因此使用 Python 变得更加简单。由于只需把 Python 程序复制到另外一台计算机上,它就可以工作了,因此 Python 程序更加易于移植。

6. 面向对象

Python 既支持面向过程编程,也支持面向对象编程。在面向过程的语言中,程序是由过程或仅仅是可重用代码的函数构建起来的。在面向对象的语言中,程序是由数据和功能组合而成的对象构建起来的。与其他语言,如 C++和 Java 相比,Python 以一种非常强大而又简单的方式实现面向对象编程。

7. 可拓展性

如果需要一段关键代码运行得更快或者希望某些算法不公开,可以把部分程序用 C 或 C++语言编写,然后在 Python 程序中使用它们。

8. 丰富的库

Python 标准库很庞大,它可以处理各种工作,包括正则表达式、文档生成、单元测试、线程、数据库、网页浏览器、CGI、FTP、电子邮件、XML、XML-RPC、HTML、WAV 文件、密码系统、GUI(图形用户界面)、TK 和其他与系统有关的操作。记住,只要安装了 Python,所有这些功能都是可用的,这被称作 Python 的"功能齐全"理念。除了标准库以外,还有很多其他高质量的库,如 wxPython、Twisted 和 Python 图像等。

9. 规范的代码

Python 采用强制缩进的方式使得代码具有极佳的可读性。

2.1.3 Python 集成开发环境的搭建

使用 Python 进行编程,需要搭建一个 Python 的集成开发环境(Integrated Development Environment,IDE)。

集成开发环境是一种辅助我们进行程序开发的应用,通常包括代码编辑器、编译器、调试器和用户图形界面等。

本书推荐使用 Anaconda 作为首选的 Python 集成开发环境,其下载地址为 http://www.anaconda.com。

Anaconda 是一个优秀的 Python 科学计算环境,它不仅包括 Python,还包括 100 多个常用的 Python 科学计算模块,如 Numpy、Scipy、Pandas 等。

Anaconda 支持 Windows、OSX、Linux,其网站提供了免费的个人版软件,其下载页面如图 2-1 所示。

根据操作系统不同,可选择对应的安装包进行下载并安装。Windows 下 Anaconda 的安装界面如图 2-2 所示。

安装 Anaconda 时,可以自定义安装位置,其余的建议使用默认选项。

Linux 和 Mac 的对应安装流程可以参考网站介绍。

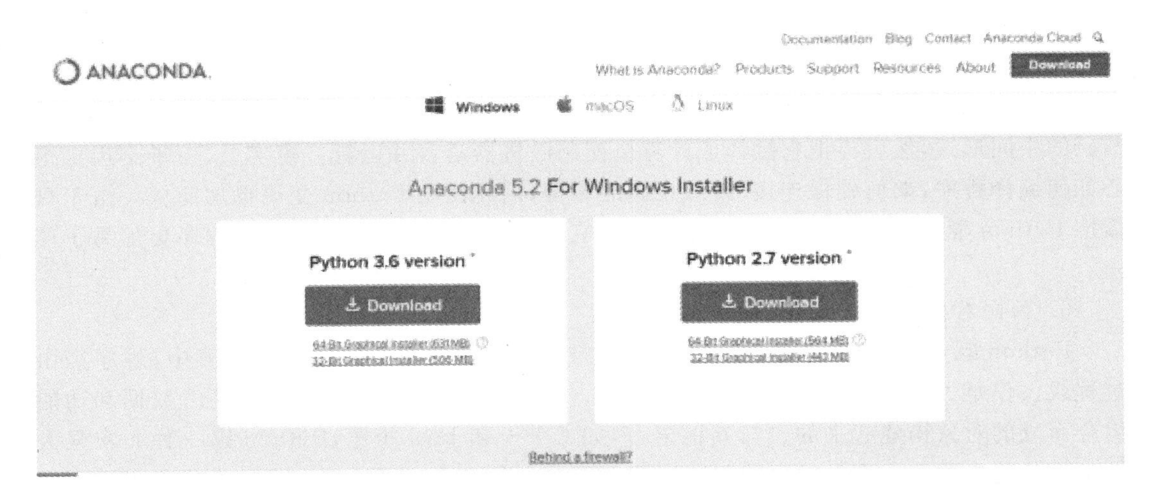

图 2-1 Anaconda 下载页面(Windows 版)

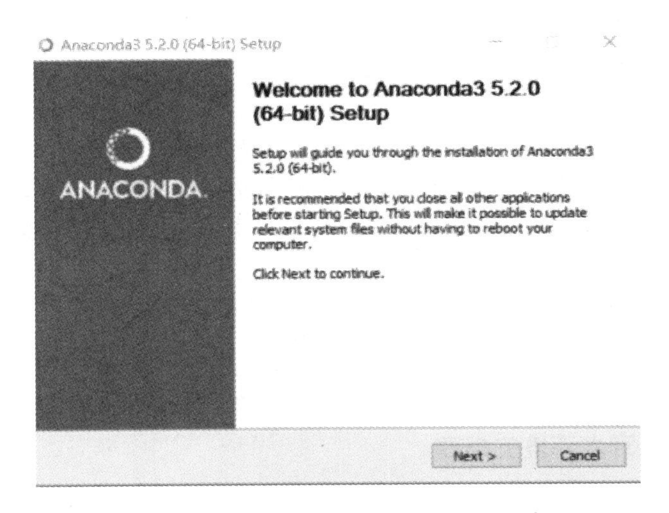

图 2-2 Anaconda 的安装界面(Windows 版)

对于初学者来说,更友好的选择是使用 Jupyter Notebook 进行学习。

Jupyter Notebook 的官网为 http://jupyter.org/。

Anaconda 中已经包含了 Jupyter Notebook,可以通过命令界面打开它:

```
$ jupyter notebook
```

运行命令后,系统浏览器会打开如图 2-3 所示的界面。默认情况下,该界面的内容是当前所在目录的文件和文件夹。

可以使用右上的 New 按钮新建一个 Jupyter Notebook。一个 Jupyter Notebook 的运行实例如图 2-4 所示。其中,带有“In[ ]:”的部分是代码模块,可以用它运行 Python 代码。

使用 Jupyter Notebook 的好处有:可将代码运行结果保存在本地,方便下次运行和查看;可插入或者修改已有的 Jupyter Notebook,并运行得到新的结果。

图 2-3　Jupyter Notebook 初始界面

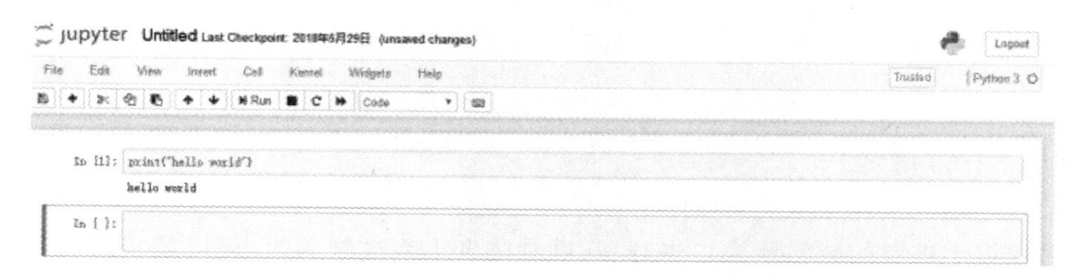

图 2-4　Jupyter Notebook 运行实例

2.2　Python 数据类型

数据类型(Data Type)是编程语言的基础，它决定了数据在计算机内存中的存储方式。每一个变量都有一种对应的数据类型，基于不同的数据类型，可以实现很多复杂的功能。

其中，数字和字符串是 Python 中最基本的类型；列表、元组、字典、集合是 Python 中的内置容器类型；Numpy 数组是一类自定义的容器类型。容器(Container)是用来存放基本对象或者其他容器对象的一种类型。

2.2.1　数字

Python 中的数字类型主要包括四种，分别是整型、浮点型、复数型和布尔型：

```
In [1]: type(6)
Out[1]: int
In [2]: type(6.0)
Out[2]: float
In [3]: type(2 + 3j)
Out[3]: complex
```

```
In [4]: type(True)
Out[4]: bool
```

1. 整型

整数类型(Int)简称整型,它用于表示整数,例如100、2018等。整型的表示方法有四种,分别是十进制、二进制(以0B或0b开头)、八进制(以0或0o开头)、和十六进制(以0x或0X开头)。整型是最基本的数字类型,支持加减乘除运算:

```
In [5]: 1 +2
Out[5]: 3
In [6]: 2 -3
Out[6]: -1
In [7]: 4 *6
Out[7]: 24
In [8]: 18/2
Out[8]: 9.0
```

除了加减乘除,还可以用"%"进行取余操作,用"* *"进行指数计算:

```
In [9]: 22 %3
Out[9]: 1
In [10]: 10 **4
Out[10]: 10000
```

如果想将十进制的数转换为二进制、八进制或者十六进制的数,可以用指定的函数来完成:

```
In [11]: bin(20)     # 将十进制的 20 转换为二进制
Out[11]:'0b10100'
In [12]: oct(20)     # 将十进制的 20 转换为八进制
Out[12]:'0o24'
In [13]: hex(20)     # 将十进制的 20 转换为十六进制
Out[13]:'0x14'
```

2. 浮点型

浮点型(Float)用于表示实数。例如3.14、9.19等都属于浮点型。浮点型的表示方法有十进制或科学计数法。Python中的科学技术法表示如下:

<实数>E或者e<整数>

其中,E或者e表示基为10,后面的整数表示指数,指数的正负使用+或者—表示,其中,+可以省略。例如,1.34E3表示的是1.34×10^3,1.5E—3表示的是1.5×10^{-3}。

需要注意的是,Python浮点型遵循的是IEEE 754双精度标准,每个浮点数占8个字节,能表示的数的范围是$-1.8^{308}\sim1.8^{308}$:

```
In [14]: 1.2e5         # 浮点数为 1.2*10^5
Out[14]: 120000.0
In [15]: -1.8e308      # 浮点数为-1.8*10^308,超出了可以表示的范围
Out[15]: -inf
In [16]: 1.8e308       # 浮点数为 1.8*10^308,超出了可以表示的范围
Out[16]: inf
```

浮点数可以与整数一样进行四则运算，包括取余：

```
In [17]: 3.4 -3.2
Out[17]: 0.19999999999999973
In [18]: 12.3 +32.4
Out[18]: 44.7
In [19]: 2.5 **2
Out[19]: 6.25
In [20]: 3.4 %2.1
Out[20]: 1.2999999999999998
```

表达式 3.4—3.2 得到的结果是 Python 中最接近 0.2 的浮点数：0.199999999999999733546474089962430298328399658203125。

浮点数是一种对实数的近似表示，本身存在一定的误差。Python 显示的结果是该浮点数在内存中的表示，并不是出现了错误。

浮点数还支持整数除法。在 Python 中，整数除法是一种特殊的除法，用“//”表示，返回的是比实际结果小的最大整数值：

```
In [21]: 12.3 // 5.2
Out[21]: 2.0
In [22]: 12.3 // -4
Out[22]: -4.0
```

3. 复数型

复数型(Complex)是表示复数的类型，定义时，Python 只用字母 j 来表示复数的虚部：

```
In [23]: a =2 +3j
```

a 的实部和虚部的求法为：

```
In [24]: a.real
Out[24]: 2.0
In [25]: a.imag
Out[25]: 3.0
```

虽然在定义 a 时，实部和虚部使用的是整型数字，但复数型存储的实部和虚部都是浮点型。

a 的复共轭的求法为：

```
In [26]: a.conjugate( )
Out[26]: (2-3j)
```

4. 布尔型

布尔型(Bool)可以看成是一种取值为 True 或 False 的二值变量，分别对应逻辑上的真和假。

布尔型变量可以使用比较表达式得到：

```
In [27]: 1 >2
Out[27]: False
```

常用的比较符号包括小于“＜”、大于“＞”、不大于“＜＝”、不小于“＞＝”、等于“＝＝”、不等于“！＝”等。

Python 支持链式比较表达式：

```
In [28]: 1 <2 <=3
Out[28]: True
```

5. 混合运算

可以将多个操作放在一起进行混合计算：

```
In [29]: 1 +2 - (3 *  4/6) * *  5 +7 %  5
Out[29]: -27.0
```

与四则运算的规则类似，Python 中的各种运算也有一定的优先级顺序，优先级从高到低排列如下：

(1) ( )，括号；

(2) * *，乘幂运算；

(3) *、/、//、%，乘、除、整数除法、取余；

(4) +、-，加、减。

不同优先级的组合按照优先级次序计算，同一优先级按照先后次序计算。

6. 原地运算

Python 支持原地运算操作，其形式如下：

```
In [30]: b =3.5
In [31]: b +=1
In [32]: b
Out[32]: 4.5
```

其中，b+=1 的作用相当于 b=b+1，类似的运算符还有-=、*=、/=等。

7. 数学函数

Python 提供了一些简单的数学函数对数字进行处理。

例如，求绝对值：

```
In [33]: abs(-13.6)
Out[33]: 13.6
```

四舍五入取整：

```
In [34]: round(24.8)
Out[34]: 25
```

求一组数的最大值、最小值：

```
In [35]: max(2,4,3.0)
Out[35]: 4
In [36]: min(2,3,1,5,6.0)
Out[36]: 1
```

8. 类型转换

不同类型的数字间可以进行类型转换。

int( )函数可以将浮点型转化为整型，但只保留整数部分：

```
In [37]: int(12.4)
Out[37]: 12
In [38]: int(-3.45)
Out[38]: -3
```

整型转浮点型的函数为 float( )：

```
In [39]: float(1)
Out[39]: 1.0
```

整型、浮点型转复数型的函数为 complex( ):

```
In [40]: complex(1)
Out[40]: (1+0j)
```

9. 整型的其他表示方法

通常整型的表示是以十进制为基础的。十进制(Decimal)是以 10 为基数的计数方法,使用数字 0 到 9,十进制下有:9+1=10。

在计算机科学中,还存在其他进制的表示方法,如二进制、八进制和十六进制。

二进制(Binary)是以 2 为基数的计数方法,使用数字 0 和 1,二进制下有:1+1=10。

Python 中的二进制数字以 0B 或 0b 开头:

```
In [41]: 0b101010
Out[41]: 42
```

八进制(Octal)是以 8 为基数的计数方法,使用数字 0 到 7,八进制下有:7+1=10。Python 中的八进制数字以 0 或者 0o 开头:

```
In [42]: 0o67
Out[42]: 55
```

十六进制(Hexadecimal)是以 16 为基数的计数方法,使用数字 0 到 9 及字母 A 到 F(或者 a 到 f),其中 A 到 F 分别对应十进制中的 10 到 15。Python 中的十六进制数字以 0x 或 0X 开头:

```
In [43]: 0xFF
Out[43]: 255
```

除了不同的进制,数字也可以用科学计数法表示。

在科学计数法(Science Notation)中,一个数写成一个绝对值在 1 与 10 之间的实数 a 与一个 10 的 n 次幂的积,并用 e 表示 10 的幂次:

```
In [44]: 1e-6
Out[44]: 1e-06
```

2.2.2 字符串

字符串(String)是由零个或多个字符组成的有限序列,在编程语言中表示文本。

1. 字符串的生成

Python 用一对引号来生成字符串,单引号或者双引号都可以:

```
In [1]: "hello world"
Out[1]: 'hello world'
In [2]: 'hello world'
Out[2]: 'hello world'
```

一对双引号可以生成一个包含单引号的文本:

```
In [3]: print ("I'm good")
Out[3]: I'm good
```

2. 文字的基本操作

字符串支持两种运算:加法和数乘。

加法操作是将两个字符串按照顺序连接，如：

```
In [4]:"hello" +"world"
Out[4]:'helloworld'
```

数乘是将一个字符串和一个整数相乘，得到重复的字符串：

```
In [5]: "abc"*3
Out[5]:'abcabcabc'
```

字符串的长度可以通过 len( )函数得到：

```
In [6]: len('hello world')
Out[6]: 11
```

3. 字符串的方法

Python 是一种面向对象的语言，字符串是一种常见的对象。

在计算机科学中，对象(Object)指在内存中装载的一个实例，有唯一的标识符。对象通常具有属性(Attribute)和方法(Method)。其中，方法是面向对象编程的一个重要特性，Python 使用以下形式来调用方法：

object. method( )

字符串有一些常用的方法。

1) . split( )方法

默认情况下，. split( )方法将字符串按照空白字符分割，并返回一个字符串列表：

```
In [7]: line ="1 2 3 4 5"
In [8]: line.split( )
Out[8]: ['1','2','3','4','5']
```

也可以使用自定义的符号对字符串进行分割：

```
In [9]: line ="1,2,3,4,5"
In [10]: line.split(',')
Out[10]: ['1','2','3','4','5' ]
```

还可以指定分割的最大次数：

```
In [11]: line.split(',',2)          # 最多分割 2 次
Out[11]: ['1','2','3,4,5']
```

字符串分割了两次，得到了 3 个字符串。

字符串还支持. rsplit( )方法，从字符串的结尾开始进行分割。

. rsplit( )方法的参数与. split( )方法的相同，在不指定分割的最大次数时，它的表现与. split( )方法的相同：

```
In [12]: line.rsplit(',')
Out[12]: ['1','2','3','4','5']
```

指定了最大次数时，从字符串右端开始分割：

```
In [13]: line.rsplit(',',2)          # 最多分割 2 次
Out[13]: ['1,2,3','4','5' ]
```

2) . join( )方法

连接是一个与分割相反的操作，. join( )方法的作用是以当前字符串为连接符将字符串序列中的元素连接成一个完整的字符串。

例如，以空格为分隔符将 numbers 连接起来：

```
In [14]: numbers =['1','2','3','4','5']
In [15]: s =' '
In [16]: s.join(numbers)
Out[16]:'1 2 3 4 5'
```

换一种连接符：

```
In [17]:':'.join(numbers)
Out[17]:'1:2:3:4:5'
```

3）. replace( )方法

. replace( )方法将字符中的指定部分替换成新的内容，并得到新的字符串。

例如，将 s 中的“world”替换为“Python”：

```
In [18]: s ='hello world'
In [19]: s.replace('world','Python')
Out[19]:'hello Python'
```

调用. replace( )方法不会改变原始字符串的值：

```
In [20]: s
Out[20]:'hello world'
```

. replace( )方法会将字符串中所有可替换的部分都替换掉：

```
In [21]: s ='1 2 3 4 5'
In [22]: s.replace(' ',':')      # 所有的空格换成冒号
Out[22]:'1:2:3:4:5'
```

可以在. replace( )方法中使用一个额外参数指定替换的次数。

例如，只替换一个空格：

```
In [23]: s.replace(' ',':',1)
Out[23]:'1:2 3 4 5'
```

4）. upper( )和. lower( )方法

. upper( )方法返回字母全部大写的新字符串：

```
In [24]: "hello world".upper( )
Out[24]:'HELLO WORLD'
```

. lower( )方法返回字母全部小写的新字符串：

```
In [25]: s ="HELLO WORLD"
In [26]: s.lower( )
Out[26]:'hello world'
```

调用这两个方法不会改变原来字符串 s 的值：

```
In [27]: s
Out[27]:'HELLO WORLD'
```

5）. strip( )方法

. strip( )方法返回将两端的多余空格除去的新字符串：

```
In [28]: s ="  hello world  "
In [29]: s.strip( )
Out[29]:'hello world'
```

. lstrip( )方法返回将开头的多余空格除去的新字符串：

```
In [30]: s.lstrip()
Out[30]:'hello world  '
```

.rstrip( )方法返回将结尾的多余空格除去的新字符串：

```
In [31]: s.rstrip()
Out[31]:'  hello world'
```

这些方法都不会改变原始字符串的值：

```
In [32]: s
Out[32]:'  hello world  '
```

.strip( )方法也可以传入参数，去除字符串首尾两端的指定字符。

例如，去掉两端所有的"＝"或"－"：

```
In [33]: "---=hello world===".strip("-=")
Out[33]:'hello world'
```

4. 多行字符串的生成

Python 用一对三引号(""")或者(''')来生成多行字符串：

```
In [34]: a ="""hello world.
    it is a nice day."""
In [35]: print (a)
hello world.
it is a nice day.
```

在存储形式上，Python 用转义字符"\n"来表示换行：

```
In [36]: a
Out[36]:'hello world.\n it is a nice day.'
```

转义字符(Escape Sequence)是一种表示字符的机制，它以一个反斜杠"\"开头，后面跟另一个字符、一个 3 位八进制数或者一个十六进制数，用来表示一些不可打印的符号，如换行符"\n"或制表符"\t"。由于反斜杠被用于转义字符的开头，所以在字符串中表示反斜杠需要使用转义字符"\\"。

5. 代码的换行

当某一行的代码太长时，为了美观起见，我们通常将一行太长的代码转化为多行代码。在 Python 中，我们有两种方式可以将单行代码变为多行代码：使用括号"( )"或使用反斜杠"\"。

使用括号换行的例子：

```
In [37]: a= ("hello world."
        "it's a nice day."
        "my name is xxx.")
In [38]: a
Out[38]: "hello world.it's a nice day.my name is xxx."
```

使用反斜杠换行的例子：

```
In [39]: a="hello world."\
      "it's a nice day."\
      "my name is xxx."
In [40]: a
Out[40]:"hello world.it's a nice day.my name is xxx. "
```

6. 字符串的格式化

有时候，我们需要使用字符串向屏幕打印一些文字和数值，最容易想到的方法是将这些文字和数值转化为字符串后与文字拼接，如：

```
In [41]: name,age='John',10
In [42]: name+' is '+str(age)+' years old.'
Out[42]:'John is 10 years old.'
```

在需要输出多变量值的时候，这种形式显得很不方便。Python 提供了一种使用百分号进行格式化输出的方式：

```
In [43]:'%s is %d years old.'%(name,age)
Out[43]:'John is 10 years old.'
```

其中，字符串中以百分号开头的部分表示格式控制符，常用的控制符有：%s 表示字符串；%d 表示整数；%f 表示浮点数。

字符串后的百分号将要格式化的变量按照顺序排列。按照变量的排列顺序，name 的值替代了字符串中的%s，age 的值替代了%d。

此外，Python 还提供了功能更强大的.format( )方法来实现字符串的格式化：

```
In [44]: '{} is {} years old.'.format (name,age)
Out[44]: 'John is 10 years old.'
```

使用.format( )方法时，字符串中的花括号{}会被传入的参数依次替代。

.format( )方法支持在花括号中指定传入参数的位置，位置的计数从 0 开始。例如，我们将上面.format( )方法中的 name 参数与 age 参数互换位置，并指定第一个花括号用位置为 1 的参数 name，第二个花括号用位置为 0 的参数 age：

```
In [45]: '{1} is {0} years old.'.format(age,name)
Out[45]: 'John is 10 years old.'
```

再如，只传入两个参数，指定四处替换：

```
In [46]: x =5
In [47]: ' {0}* {0}* {0} is {1}'.format (x,x * *  3)
Out[47]: ' 5* 5* 5 is 125'
```

还可以在花括号中使用名称对参数进行格式化，并在.format( )方法中指定这些参数的值。

花括号还可以控制输出的类型和格式，其形式为：

{<field name>:<format>}

其中，<field name>是参数的位置或名称，如“1”或者“age”，可以省略；<format>可以是类似 s、d、f 这样的输出类型。

例如，“{:10s}”指定字符串，长度为 10，长度不够时在后面补空格：

```
In [48]:'{:10s} is good'.format('Python')
Out[48]:'Python     is good'
```

“{:10d}”指定整数，长度为 10，长度不够时在前面补空格：

```
In [49]:'{:10d} is good'.format(100)
Out[49]:'       100 is good'
```

“{:010d}”指定整数，长度为 10，长度不够时在前面补 0：

```
In [50]: '{:010d} is good'.format(100)
Out[50]: '0000000100 is good'
```

"{:.2f}"指定浮点数，显示小数点后两位：

```
In [51]: 'pi is around {:.2f}'.format(3.1415926)
Out[51]: 'pi is around 3.14'
```

在指定输出格式时，中间的冒号不能省略。

2.2.3 索引与分片

1. 索引

序列(Sequence)是多个元素按照一定规则组成的对象。对于一个有序序列，我们可以通过索引位置的方法来访问对应位置的值。

索引(Indexing)的作用好比一本书的目录的作用，利用目录中的页码，可以快速找到所需的内容。Python 使用中括号[ ]来对有序序列进行索引。字符串可以看成是由字符元素组成的有序序列：

```
In [1]: s = "hello world"
In [2]: s[0]
Out[2]: 'h'
```

Python 的索引位置是从 0 开始的，所以 0 对应于序列的第 1 个元素。为了得到序列的第 i 个元素，需要使用索引值 i—1：

```
In [3]: s[4]
Out[3]: 'o'
```

Python 还引入了负数索引值，负数表示从后向前的索引，如－1 索引序列的倒数第 1 个元素，－2 索引倒数第 2 个元素：

```
In [4]: s[-2]
Out[4]: 'l'
```

使用超过序列范围的索引值会抛出异常：

```
In [5]: s [20]
---------------------------------------------------------------------------
IndexError                                Traceback (most recent call last)
<ipython-input-4-79ffc22473a3> in<module>()
---->1 s[20]
IndexError: string index out of range
```

2. 分片

索引只能从序列中提取单个元素，想要从序列中提取出多个元素，可以使用分片。

在有序序列中，分片(Slicing)可以看成是一种特殊的索引，只不过它得到的内容是一个子序列。其用法为：

var[lower:upper:step]

分片的范围包括 lower，但不包括 upper。step 表示子序列取值间隔大小，若没有取值，则默认为 1。例如：

```
In [6]: s[1:3]
Out[6]: 'el'
```

在这个例子中，分片的起始为位置1，包含的元素个数为3－1＝2。

分片也支持负数索引值：

```
In [7]: s[1:-2]
Out[7]: 'ello wor'
```

使用分片时，lower和upper也可以省略。

省略lower，相当于使用默认值0：

```
In [8]: s[:3]
Out[8]: 'hel'
```

省略upper，相当于使用默认值len(s)：

```
In [9]: s [-3:]
Out[9]: 'rld'
```

如果都省略，将得到一个复制的字符串：

```
In [10]: s[:]
Out[10]: 'hello world'
```

令step为2，得到一个每两个值取一个的子串：

```
In [11]: s[::2]
Out[11]: 'hlowrd'
```

当step取负值时，开头和结尾会反过来，省略lower对应结尾，省略upper对应开头。因此，s[::－1]表示字符串s的一个反序：

```
In [12]: s[::-1]
Out[12]: 'dlrow olleh'
```

当给定的upper超出字符串的长度时，Python并不会抛出异常，只会计算到结尾：

```
In [13]: s[:100]
Out[13]: 'hello world'
```

2.2.4　列表

列表(List)是一个有序的Python对象序列。

1. 列表的生成

列表可以用一对中括号生成，中间的元素用逗号隔开：

```
In [1]: l =[1,2.0,'hello']
In [2]: l
Out[2]: [1,2.0,'hello']
```

空列表可以用“[ ]”或者list ( )函数生成：

```
In [3]: empty_list =[]
In [4]: empty_list
Out[4]: []
In [5]: list()
Out[5]: []
```

2. 列表的基本操作

与字符串类似，列表也支持使用len( )函数得到长度：

```
In [6]: len(l)
Out[6]: 3
```

列表相加，相当于将这两个列表按顺序连接：

```
In [7]: [1,2,3] +[3.2,'hello']
Out[7]: [1,2,3,3.2,'hello']
```

列表数乘，相当于将这个列表重复多次：

```
In [8]:l*2
Out[8]: [1,2.0,'hello',1,2.0,'hello']
```

3. 列表的索引和分片

列表是个有序的序列，因此也支持索引和分片的操作。

列表的正负索引：

```
In [9]: a =[10,11,12,13,14]
In [10]: a[0]
Out[10]: 10
In [11]: a[-1]
Out[11]: 14
```

列表的分片：

```
In [12]: a[2:-1]
Out[12]: [12,13]
```

与字符串不同，我们可以通过索引和分片来修改列表。

Python 的字符串是一种不可变的类型，一旦创建就不能修改。例如，在尝试使用索引将字符串的首字母大写时，Python 会抛出一个异常：

```
In [13]: s ="hello world"
In [14]: s[0] ='H'
---------------------------------------------------------------
TypeError                               Traceback (most recent call last)
<ipython-input-14-844622ced67a>in <module>( )
---->1 s[0] ='H'
TypeError: 'str' object does not support item assignment
```

列表是一种可变的数据类型，支持通过索引和分片修改自身。例如，将列表的第一个元素改为 100：

```
In [15]: a =[11,12,13,14,15]
In [16]: a[0] =100
In [17]: a
Out[17]: [100,12,13,14,15]
```

这种赋值也适用于分片。例如，将列表 a 中的[12,13]换成[1,2]：

```
In [18]: a =[11,12,13,14,15]
In [19]: a[1:3] =[1,2]
In [20]: a
Out[20]: [11,1,2,14,15]
```

对于间隔为 1 的连续分片，Python 采用的是整段替换的方法，直接用一个新列表替换原来的分片，两者的元素个数并不需要相同。

例如，可以继续将列表 a 中的[1,2]换成[4,4,4,4]：

```
In [21]: a[1:3] =[4,4,4,4]
In [22]: a
Out[22]: [11,4,4,4,4,14,15]
```

这种机制还可以用来删除列表中的连续分片:

```
In [23]: a =[11,12,13,14,15]
In [24]: a[1:3]=[]
In[25]: a
Out[25]: [11,14,15]
```

对于间隔不为 1 的不连续分片,赋值时,两者的元素数目必须一致:

```
In [26]: a =[11,12,13,14,15]
In [27]: a[::2] =[1,3,5]
In [28]: a
Out[28]: [1,12,3,14,5]
```

数目不一致时,就会抛出异常:

```
In [29]: a[::2]=[]
---------------------------------------------------------------------------
ValueError                              Traceback (most recent call last)
<ipython-input-29-7b6c4e43a9fa>in<module>()
---->1 a[::2]=[]
ValueError: attempt to assign sequence of size 0 to extended slice of size 3
```

4. 元素的删除

Python 提供了一种更通用的删除列表元素的方法:关键字 del。

用关键字 del 删除列表位置 0 处的元素:

```
In [30]: a =[1002,'a','b','c']
In [31]: del a[0]
In [32]: a
Out[32]: ['a','b','c']
```

删除第二到最后一个元素:

```
In [33]: a =[1002,'a','b','c']
In [34]: del a[1:]
In [35]: a
Out[35]: [1002]
```

删除间隔为 2 的元素:

```
In [36]: a =['a',1,'b',2,'c']
In [37]: del a[::2]
In [38]: a
Out[38]: [1,2]
```

5. 从属关系的判断

可以用关键字 in 和关键字 not in 判断某个元素是否在某个序列中。例如:

```
In [39]: a=[10,11,12,13,14]
In [40]: 10 in a
Out[40]: True
```

```
In [41]: 10 not in a
Out[41]: False
```

关键字 in 也可以用来测试字符串中的从属关系。对于字符串来说，它的从属关系的范畴比列表的更大，我们可以测试一个字符串是不是在另一个字符串中：

```
In [42]: s ="hello world"
In [43]:"hello" in s
Out[43]: True
```

6. 不改变列表的方法

在调用字符串的时候，不会改变字符串本身的值。列表也提供了一些方法，这些方法不会改变列表本身的值。

1) .count ( )方法

.count ( )方法返回列表中某个特定元素出现的次数：

```
In [44]: a =[11,12,13,11,12]
In [45]: a.count(11)
Out[45]: 2
```

2) .index ( )方法

.index( )方法返回列表中某个元素第一次出现的索引位置：

```
In [46]: a.index(12)
Out[46]: 1
```

元素不存在时抛出异常：

```
In [47]: a.index(100)
-----------------------------------------------------------------
ValuoRrror                                Traceback (most recent call last)
<ipython-input-47-ed16592c2786>in <module>( )
---->1 a.index(100)
ValueError: 100 is not in list
```

7. 改变列表的方法

列表还有一些改变自己值的方法。

1) .append ( )方法

.append ( )方法向列表最后添加单个元素：

```
In [48]: a =[10,11,12]
In [49]: a.append(11)
In [50]: a
Out[50]: [10,11,12,11]
```

该方法每次只向列表中添加一个元素，如果这个元素是序列，那么列表的最后一个元素就是这个序列，并不会将其展开：

```
In [51]: a.append([1,2])
In [52]: a
Out[52]: [10,11,12,11,[1,2]]
```

2) .extend( )方法

.extend( )方法将另一个序列中的元素依次添加到列表的最后：

```
In [53]: a =[10,11,12]
In [54]: a.extend([1,2])
In [55]: a
Out[55]: [10,11,12,1,2]
```

3）. insert（ ）方法

. insert（ ）方法在指定索引位置处插入一个元素，令列表的该位置等于这个元素，插入位置后的元素依次后移：

```
In [56]: a =[10,11,12,13,11]
In [57]: a.insert ([2,'a'])     # 使得 a[2] ='a'
In [58]: a
Out[58]: [10,11,'a',12,13,11]
```

4）. remove（ ）方法

. remove（ ）方法将列表中第一个出现的指定元素删除，若该元素不在列表中，则会抛出异常：

```
In [59]: a =[10,11,12,13,11]
In [60]: a.remove (11)     # 只会移除第一个 11
In [61]: a
Out[61]: [10,12,13,11]
```

5）. pop( )方法

. pop( )方法将列表中指定索引位置处的元素删除，并返回这个元素值。

例如，删除列表位置 2 的元素 12，并返回它的值：

```
In [62]: a =[10,11,12,13,11]
In [63]: a.pop(2)
Out[63]: 12
In [64]: a
Out[64]: [10,11,13,11]
```

. pop（ ）方法支持负数索引的弹出。

6）. sort（ ）方法

. sort( )方法将列表中的元素按照一定的规则从小到大排序：

```
In [65]: a =[10,1,11,13,11,2]
In [66]: a.sort( )
In [67]: a
Out[67]: [1,2,10,11,11,13]
```

对于不同类型元素之间的排序，Python 有一套自己的规则：

```
In [68]: a =[2,1,1.5,'cc','abc',[1,'a'],[1,2,3]]
In [69]: a.sort( )
In [70]: a
Out[70]: [1,1.5,2,[1,2,3],[1,'a'],'abc','cc']
```

可以在调用时加入一个 reverse 参数，如果它等于 True，列表会反过来按照从大到小顺序进行排序：

```
In [71]: a =[10,1,11,13,11,2]
In [72]: a.sort(reverse=True)
In [73]: a
Out[73]: [13,11,11,10,2,1]
```

如果不想改变原来列表的值,可以使用 sorted( )方法得到一个排序后的新列表:

```
In [74]: a =[10,1,11,13,11,2]
In [75]: sorted(a)
Out[75]: [1,2,10,11,11,13]
In [76]: a
Out[76]: [10,1,11,13,11,2]
```

7) .reverse( )方法

.reverse( )方法将列表中的元素逆序排列:

```
In [77]: a =[1,2,3,4,5,6]
In [78]: a.reverse()
In [79]: a
Out[79]: [6,5,4,3,2,1]
```

同样,如果不想改变原来列表中的值,可以使用 reversed( )方法进行反序。

2.2.5 元组

元组(Tuple)是一种与列表类似的序列类型。元组的基本用法与列表的十分类似,只不过元组一旦创建,就不能改变,因此,元组可以看成是一种不可变的列表。

1. 元组的生成和基本操作

Python 用一对括号生成元组,中间的元素用逗号隔开:

```
In [1]: (10,11,12,13,14)
Out[1]: (10,11,12,13,14)
```

对于含有两个或两个以上元素的元组,在构造时可以省略括号:

```
In [2]: t =10,11,12,13,14
In [3]: t
Out[3]: (10,11,12,13,14)
```

元组可以通过索引和切片来查看元素,规则和列表的一样。

索引得到单个元素:

```
In [4]: t[0]
Out[4]: 10
```

切片得到一个元组:

```
In [5]: t[1:3]
Out[5]: (11,12)
```

不过,元组不支持用索引和切片进行修改:

```
In [6]: t[0] =1
---------------------------------------------------------------------------
TypeError                                 Traceback(most recent call last)
<ipython-input-6--da6cabf0b0>in <module>()
```

```
---->1 t[0] =1
TypeError:'tuple' object does not support item assignment
```

2. 只含单个元素的元组

由于括号在表达式中有特殊的含义，因此，对于只含有单个元素的元组，如果我们只加括号，Python 会认为这是普通的表达式：

```
In [7]: a= (10)
In [8]: type(a)
Out[8]: int
```

a 的类型并不是元组，而是整型。

因此，在定义只含一个元素的元组时，需要在元素后面加上一个额外的逗号，告诉 Python 这是一个元组：

```
In [9]: a = (10,)
In [10]: type(a)
Out[10]: tuple
```

单元素元组的括号可以省略，但额外的逗号不可以：

```
In [11]: a =10,
In [12]: type(a)
Out[12]: tuple
```

3. 元组的方法

由于元组是不可变的，所以它只支持. count( )方法和. index( )方法，其用法与列表的一致：

```
In [13]: a = (10,11,12,13,14)
In [14]: a.count(10)
Out[14]: 1
In [15]: a.index(12)
Out[15]: 2
```

4. 列表与元组的相互转换

列表和元组可以使用 tuple( )函数和 list( )函数相互转换：

```
In [16]: list(a)
Out[16]: [10,11,12,13,14]
In [17]: tuple([10,11,12,13,14])
Out[17]: (10,11,12,13,14)
```

5. 元组的不可变性

元组具有不可变性：创建元组后，不能修改元组的形状，也不能给元组的某个元素重新赋值。不过，这种不可变性不是绝对的。如果元组中的元素本身可变，那么我们可以通过调用该元素来修改元组。

考虑这样的一个元组，其第一个元素是列表：

```
In [18]: a = ([1,2],3,4)
In [19]: a
Out[19]: ([1,2],3,4)
In [20]: a[0].append(5)
```

```
In [21]: a
Out[21]: ([1,2,5],3,4)
```

6. 元组与多变量赋值

Python 支持多变量赋值的模式：

```
In [22]: a,b =1,2
In [23]: a
Out[23]: 1
In [24]: b
Out[24]: 2
```

多变量赋值的本质是将两个元组中的元素一一对应，这种情况下，Python 要求等号两边的元素数目必须相等。例如，将有两个元素的元组 t 的值分别赋给 a 和 b：

```
In [25]: t = (1,2)
In [26]: a,b =t
In [27]: a
Out[27]: 1
```

使用多变量赋值，可以轻易地交换 a、b 的值：

```
In [28]: a,b =b,a     # 交换 a、b 的值
In [29]: a,b
Out[29]: (2,1)
```

多变量赋值支持超过两个值的操作，只要等号两边的元素数相同：

```
In [30]: a,b,c =1,2,3
```

多变量赋值还支持嵌套的形式：

```
In [31]: a, (b,c)=1, (2,3)
In [32]: c
Out[32]: 3
```

除了元组，列表也支持多变量赋值：

```
In [33]: a,b =[1,2]
In [34]: a
Out[34]: 1
```

2.2.6 可变与不可变类型

按照创建后是否可以改变，Python 中的对象可以分成两类：可变类型和不可变类型。

可变类型（Mutable Type）可以通过一些操作来改变自身的值。

例如，列表是一种可变类型，我们可以通过索引改变它的值：

```
In [1]: a =[1,2,3,4]
In [2]: a[0] =100
In [3]: a
Out[3]: [100,2,3,4]
```

通过调用方法改变它的值：

```
In [4]: a.append (5)
In [5]: a
Out[5]: [100,2,3,4,5]
```

通过 del 关键字改变它的值：

```
In [6]: del a[0]
In [7]: a
Out[7]: [2,3,4,5]
```

不可变类型(Immutable Type)不能通过这些操作来改变它的值。

例如，字符串是一种不可变类型，不能通过索引来改变它的值：

```
In [8]: s = "hello world"
In [9]: s[0] = 'z'
----------------------------------------------------------------
TypeError                                 Traceback (most recent call last)
<ipython-input-9-83b06971f05e> in<module>()
---->1 s [0] = 'z'
TypeError: 'str' object does not support item assignment
```

调用字符串会返回一个新的字符串，并不改变原来的值。

可以用重新赋值的方法改变字符串的值：

```
In [10]: s = s.replace (' world',' Mars')
In [11]: s
Out[11]: 'hello Mars'
```

对变量 s 重新赋值，Python 会创建一个新的字符串，原来的字符串并没有被修改，因此，这不违反字符串不可变的性质。

我们可以将 Python 中的数据类型大致分为以下两类。

不可变类型：整型、浮点型、复数型、字符串、元组、不可变集合。

可变类型：列表、字典、集合、Numpy 数组、自定义类型。

Python 中的数字和字符串都是不可变类型；常用的容器类型列表、字典、集合等都是可变的；元组和不可变集合相当于是对列表和集合的一种不可变实现。

2.2.7　字典

字典是 Python 中一种由“键-值”组成的常用数据结构。我们可以把“键”类比成单词，把“值”类比成单词对应的意思，这样，“键-值”相当于一种“单词-意思”的对应，我们可以通过查询“单词”，来得到它对应的“意思”。

1. 字典的生成和基本操作

Python 中使用一对花括号{}或者 dict( )函数来创建字典。

空的字典可以用以下两种方法产生：

```
In [1]:a = {}
In [2]: type(a)
Out[2]: dict
In [3]: type (dict( ))
Out[3]: dict
```

我们可以使用索引的方式，向字典中插入键值对：

```
In [4]: a["one"] =1
In [5]: a["two"] =2
```

```
In [6]: a
Out[6]:{'one':1,' two': 2}
```

字符串 “one”和“two” 是索引的键,1 和 2 是对应的值。键可以是数字,也可以是字符串。

可以通过索引查看字典中对应键的值:

```
In [7]: a["one"]
Out[7]: 1
```

可以对它进行直接赋值和修改:

```
In [8]: a["one"] ="No.1"
In [9]: a["one"]
Out[9]: 'No.1'
```

字典中的元素是没有顺序的,因此,字典只支持用键进行索引,不支持用位置索引。如果索引的数字不是字典的键,Python 会抛出一个异常:

```
In[10]: a[1]
---------------------------------------------------------------------------
KeyError                                  Traceback (most recent call last)
<ipython-input-10-cc39af2a359c> in <module> ( )
---->1 a[1]
KeyError: 1
```

Python 用类似于“{'one':1,'two':2}”的结构来表示一个字典,可以直接使用这样的结构来创建字典:

```
In [11]: b ={'one':1,'two': 2}
In [12]: b['one']
Out[12]: 1
```

2. 键的不可变性

字典是一种高效的存储结构,其内部使用基于哈希值的算法,用来保证从字典中读取键值对的效率。不过,哈希值算法要求字典的键必须是一种不可变类型。

使用可变类型作为键时,Python 会抛出异常,如使用列表作为键时:

```
In [13]: a[[1,2]] =1
---------------------------------------------------------------------------
TypeError                                 Traceback(most recent call last)
<ipython-input-13-ebc48df9a079>in<module> ( )
---->1 a[[1,2]] =1
TypeError: unhashable type: 'list'
```

字典中值的类型没有任何限制。

3. 键的常用类型

在不可变类型中,整型和字符串是键最常用的两种类型。由于精度问题,我们一般不使用浮点型作为键的类型。

例如,考虑这样的情况:

```
In [14]: data ={}
In [15]: data[1.1 +2.2] =6.6
```

由于浮点数存在精度问题，虽然看起来字典中的键为 3.3，但是当我们查看键 3.3 的值时，Python 会抛出异常：

```
In [16]: data[3.3]
---------------------------------------------------------------
KeyError                          Traceback (most recent call last)
<ipython-input-16-a48e87d01daa>in<module>()
---->1 data [3.3]
KeyError: 3.3
```

查看 data 的值就会发现，这的确是因为浮点数的精度问题所引起的：

```
In [17]: data
Out[17]: {3.3000000000000003: 6.6}
```

元组也是一种常用的键值。

例如，假设某航空公司从纽约到北京有 15 架航班，从北京到纽约有 20 架航班，从上海到纽约有 25 架航班，我们用一个字典存储这些信息：

```
In [18]: connections = {}
In [19]: connections[('New York','Beijing')] =15
In [20]: connections[('Beijing',' New York')] =20
In [21]: connections[('Shanghai','New York')] =25
In [22]: connections
Out[22]: {(' New York','Beijing'):15,(' Beijing','New York'): 20,(' Shanghai','
New York'):25}
```

元组是有序的，因此，在这个字典中，（'New York'，'Beijing'）和（'Beijing'，'New York'）是两个不同的键。

4. 从属关系的判断

与列表类似，可以用关键字 in 来判断某个键是否在字典中：

```
In [23]: barn ={'cows': 1,'dogs' : 5,' cats': 3}
In [24]: 'chickens' in barn
Out[24]: False
In [25]: 'cows' in barn
Out[25]: True
In [26]: 5 in barn      # 虽然 5 是字典的值，但它不是字典的键
Out[26]: False
```

5. 字典的方法

1）.get( )方法

用索引查询字典中不存在的键时，Python 会抛出异常：

```
In [27]: a ={"one":"this is number 1"," two":"this is number 2"}
In [28]: a["three"]
---------------------------------------------------------------
KeyError                          Traceback (most recent call last)
<ipython-input-27-8a5f2913f00e>in<module>()
---->1 a["three"]
KeyError: 'three'
```

```
In [29]: a.get("three","undefined")
Out[29]: 'undefined'
```

2）. pop( )方法

列表的. pop( )方法可以删除并返回指定索引位置的元素，与之类似，字典的. pop( )方法删除并返回指定键的值。不一样的地方在于，列表会对非法的索引值抛出异常，字典则不会。

. pop( )方法也接受两个参数 key 和 default，其中，参数 default 的默认值是 None。若给定的键不存在，则方法返回参数 default 指定的值：

```
In [30]: a
Out[30]: {'one':'this is number 1','two': ' this is number 2'}
In [31]: a.pop("two")
Out[31]: 'this is number 2'
In [32]: a
Out[32]: {'one' :' this is number 1'}
In [33]: a.pop (' three',' not defined')
Out[33]: 'not defined'
```

也可以用 del 关键字删除字典中的元素：

```
In [34]: del a['one']
In [35]: a
Out[35]: {}
```

3）. update ( )方法

我们已经知道，可以通过索引来插入、修改单个键值对，但是如果想一次性更新多个键值对，这种方法就显得比较麻烦了。字典提供了. update( )方法来一次更新多个键值对。

例如，将字典 b 中的内容一次更新到字典 a 中：

```
In [36]:a = {"one": 2,"three": 3}
In [37]:b = {"one": 1,"two": 2}
In [38]:a.update (b)
In [39]: a
Out[39]: {'one':1,' three' : 3,'two' : 2}
```

可以看到，. update ( )方法会更新原来已有的键值对，同时添加原来没有的键值对。

(4）. keys ( )方法

. keys( )方法返回一个由所有键组成的列表：

```
In [40]: a.keys ( )
Out[40]: ['three',''two','one']
```

5）. values( )方法

. values( )方法返回一个由所有值组成的列表：

```
In [41]: a.values ( )
Out[41]: [3,2,1]
```

注意，虽然在这个例子中，. keys ( )方法返回的值跟. values ( )方法返回的值是一一对应的，但这个关系在一些情况下并不成立。

6）. items ( )方法

. items ( )方法返回一个由所有键值对元组组成的列表：

```
In [42]: a.items ( )
Out[42]: [(' three',3),('two',2),('one',1)]
```

6. 使用 dict( )初始化

除了通常的定义方式,还可以通过 dict( )函数来初始化字典,dict( )函数的参数可以是另一个字典,也可以是一个由键值对元组构成的列表：

```
In [43]: dict ([('three',3),('two',2),('one',1)])
Out[43]: {'one': 1,'three': 3,'two':2}
```

此外,. update ( )方法也可以接受一个由键值对元组构成的列表以代替字典。

2.2.8　集合与不可变集合

字符串和列表都是一种有序序列,而集合(Set)是一种无序序列。集合中的元素具有唯一性,即集合中不存在两个同样的元素。

Python 为了确保集合中不包含相同的元素,规定在集合中放入的元素只能是不可变类型的,如字符串、元组等。浮点数由于存在精度的问题,一般不适合作集合中的元素。

1. 集合的生成

空集合可以用 set( )函数来生成：

```
In [1]: type (set ( ))
Out[1]: set
```

可以在 set ( )函数中传入一个列表,初始化这个集合：

```
In [2]: set ([1,2,3,1])
Out[2]: {1,2,3}
```

因为集合中的元素有唯一性,所以重复的元素 1 只保留了一个。

我们还可以用一对大括号来创建集合：

```
In [3]: {1,2,3,1}
Out[3]:{1,2,3}
```

但是空集合只能用 set( )函数来创建,因为空的大括号创建的是一个空的字典：

```
In [4]: type({})
Out[4]: dict
```

2. 集合的基本运算

如图 2-5 所示,两个圆形分别表示集合 A 和 B,区域 2 表示 A 和 B 的交集;区域 1 表示 A 与 B 的差集;区域 3 表示 B 与 A 的差集;区域 1 和区域 3 一起是 A 和 B 的对称集合;区域 1、区域 2 和区域 3 一起是 A 和 B 的并集。

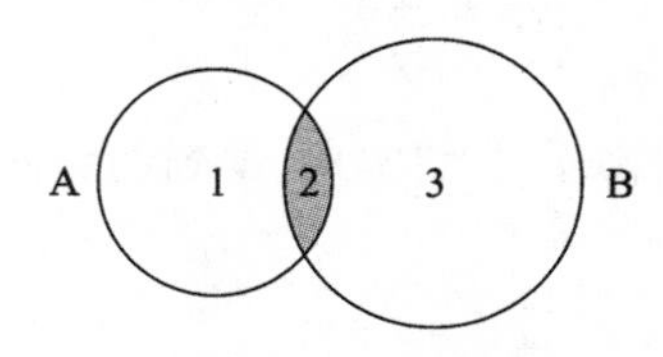

图 2-5　集合

现定义集合a、b：

```
In[5]: a,b={1,2,3,4},{3,4,5,6}
```

1）并集

两个集合的并集可以用操作符“|”实现，返回包含两个集合所有元素的集合：

```
In [6]: a|b
Out[6]: {1,2,3,4,5,6}
In [7]: b|a
Out[7]: {1,2,3,4,5,6}
```

并集运算是可交换的，即a|b与b|a返回的是相同的结果。也可以用.union( )方法得到两个集合的并集：

```
In [8]: a.union (b)
Out[8]: {1,2,3,4,5,6}
```

2）交集

两个集合的交集可以用操作符“&”实现，返回包含两个集合公有元素的集合：

```
In [9]: a & b
Out[9]: {3,4}
In [10]: b & a
Out[10]: {3,4}
```

交集运算也是可交换的，即a& b与b & a返回的是相同的结果。也可以用.intersection ( )方法得到两个集合的交集：

```
In [11]: a.intersection(b)
Out[11]: {3,4}
```

3）差集

两个集合的差集可以用操作符“－”实现，返回在第一个集合而不在第二个集合中的元素组成的集合。

差集运算是不可交换的，因为a－b返回的是在a中而不在b中的元素组成的集合，而b－a返回的是在b中而不在a中的元素组成的集合：

```
In [12]: a -b
Out[12]: {1,2}
In [13]: b -a
Out[13]: {5,6}
```

也可以用.difference( )方法得到两个集合的差集：

```
In [14]: a.difference(b)     # 相当于 a-b
Out[14]: {1,2}
In [15]: b.difference(a)
Out[15]: {5,6}                # 相当于 b-a
```

4）对称集合

两个集合的对称集合可以用操作符“^”实现，得到的为两个集合的并集与交集的差：

```
In [16]: a ^ b
Out[16]: {1,2,5,6}
In [17]: b ^ a
Out[17]: {1,2,5,6}
```

对称集合的运算是可交换的，对应的方法是. symmetric_difference( )：

```
In [18]: a.symmetric_difference(b)
Out[18]:{1,2,5,6}
```

3. 集合的包含关系

如果集合A中的元素都是另一个集合B中的元素，那么A就是B的一个子集。如果A与B不相同，那么A叫作B的一个真子集。因此，B是B自己的子集，但不是自己的真子集。

在Python中，判断子集关系可以用运算符"<="实现：

```
In [19]: a ={1,2,3}
In [20]: b ={1,2}
In [21]: b <=a
Out[21]: True
```

也可以用. issubset( )方法来判断某个集合是不是另一个集合的子集：

```
In [22]: b.issubset(a)
Out[22]: True
```

反过来，我们也可以使用运算符">="或者集合的. issuperset( )方法来验证一个集合是否包含另一个集合：

```
In [23]: a.issuperset(b)
Out[23]: True
In [24]: a >=b
Out[24]: True
```

真子集可以用符号"<"或者">"来判断：

```
In [25]: b <a
Out[25]: True
In [26]: a <a
Out[26]: False
```

4. 集合的方法

1). add( )方法

跟列表的. append ( )方法类似，集合用. add( )方法添加单个元素：

```
In [27]: t ={1,2,3}
In [28]: t.add(5)
In [29]: t
Out [29]: {1,2,3,5}
```

注意：添加的元素必须是不可变类型的。

如果添加的是集合中已有的元素，集合不改变：

```
In [30]: t.add(3)
In [31]: t
Out[31]: {1,2,3,5}
```

2). update( )方法

跟列表的. extend ( )方法类似，. update ( )方法用来向集合添加多个元素，接受一个序列作为参数：

```
In [32]: t.update ([1,6,7])
In [33]: t
Out[33]: {1,2,3,5,6,7}
```

3）. remove( )方法

. remove ( )方法可以从集合中移除单个元素：

```
In [34]: t.remove (1)
In [35]: t
Out[35]: {2,3,5,6,7}
```

元素不存在时会抛出异常：

```
In [36]: t.remove (10)
---------------------------------------------------------------------------
KeyError                              Traceback (most recent call last)
<ipython-input-36-3bc25c5e1ff4>in <module> ( )
---->1 t.remove(10)
KeyError: 10
```

4）. pop( )方法

集合是一种没有顺序的结构，不能像列表一样使用位置进行索引，所以它的. pop( )方法不接受参数，而是随机地从集合中删除并返回一个元素：

```
In [37]: t.pop( )
Out[37]: 2
In [38]: t
Out[38]: {3,5,6,7}
```

如果集合为空，调用. pop( )方法会抛出异常。

5）. discard( )方法

. discard( )方法的作用与. remove( )方法的不一样，区别在于用其删除不存在的元素时不会抛出异常，discard( )方法的使用示例如下：

```
In [39]: t.discard (3)
In [40]: t
Out[40]: {5,6,7}
```

5. 判断从属关系

关键字 in 也可以用来判断集合中的从属关系：

```
In [41]: 5 in t
Out[41]: True
In [42]: 1 in t
Out[42]: False
```

6. 不可变集合

对于集合，Python 提供了一种不可变集合（Frozen Set）的数据结构与之对应。不可变集合是一种不可变类型，一旦创建就不能改变，其构建方法如下：

```
In [43]: s =frozenset([1,2,3,'a',1])
In [44]: s
Out[44]: frozenset ({1,2,3,'a'})
```

不可变集合的一个主要用途是用来作为字典的键。如果用元组作为键，那么(a,b)和(b,a)是两个不同的键。可以使用不可变集合让它们代表同一个键。

例如，之前我们使用元组来表示从城市 A 到城市 B 之间的航班数，现在我们希望表示两个城市之间的飞行距离：

```
In [45]: flight_distance = {}
In [46]: city_pair = frozenset(['Los Angeles','New York'])
In [47]: flight_distance[city_pair] = 2498
In [48]: flight_distance[frozenset(['Austin','Los Angeles'])]=1233
In [49]: flight_distance[frozenset(['Austin','New York'])]=1515
In [50]: flight_distance
Out[50]:
{frozenset ({'Los Angeles','New York'}): 2498
frozenset({'Austin','Los Angeles'}): 1233,
frozenset ({'Austin','New York'}): 1515,}
```

顺序不同不会影响查找的结果：

```
In [51]: flight_distance[frozenset(['New York','Austin'])]
Out[51]: 1515
In [52]: flight_distance[frozenset(['Austin','New York'])]
Out[52]: 1515
```

2.3　判断与循环

判断和循环是程序逻辑的重要组成部分。通过判断和循环，我们可以实现很多复杂的功能。

2.3.1　判断语句

判断语句(If-Statement)通常基于某种条件触发，当条件满足时，执行一些特定的操作。

1. if 语句

Python 使用 if 语句实现判断，最简单的用法为：

```
if <condition>:
    <statements>
```

它包含这样几个部分：

(1) 关键字 if，表示这是一条判断语句；

(2) <condition>表示判断的条件，若这个条件满足(条件为真)，执行<statements>中的代码，若条件不满足，则<statements>中的代码不会被执行；

(3) 冒号表示判断代码块的开始；

(4) <statements>表示条件满足时，执行的代码块。

例如，对于下面的代码：

```
In [1]: x =0.5
In [2]: if x>0:
...:      print ("Hey!")
...:      print ("x is positive")
Hey!
x is positive
```

当 x 满足大于 0 的条件时，程序会打印出相关文字。当 x 不满足大于 0 的条件时，程序不会执行代码块中的部分：

```
In [3]: x =-0.5
In [4]: if x>0:
  ...:    print ("Hey!")
  ...:    print ("x is positive")
...:
```

当判断语句执行的代码块结束时，之后的代码需要判断语句开始时的缩进状态才能继续执行：

```
In [5]: x =0.5
In [6]: if x>0:
  ...:    print("x is positive")
  ...: print ("Continue running")
  ...:
    x is positive
    Continue running
```

x<0 的情况：

```
In [7]: x =-0.5
In [8]: if x>0:
  ...:    print("x is positive")
  ...: print ("Continue running")
...:
    Continue running
```

在这两个例子中，最后一句并不是 if 语句中的内容，所以不管条件满不满足，它都会被执行。

2. elif 和 else 语句

一个完整的 if 结构通常如下：

```
if  <conditon 1>:
    <statements>
elif  <conditon 2>:
      <statements>
        …
elif <condition N>:
    <statements>
else:
     <statements>
```

关键字 elif 是 else if 的缩写。其执行过程为：

(1) 当条件＜condition 1＞满足时，执行 if 后的代码块，跳过 elif 和 else 部分；

(2) 当条件＜condition 1＞不满足时，跳过 if 后的代码块，转到第一个 elif 语句，判断条件＜condition 2＞是否满足，条件＜condition 2＞满足时执行与它对应的代码块，否则转到下一个 elif；

(3) 如果 if 和 elif 的条件都不满足，那么执行 else 对应的代码块。

例如：

```
In [9]: x=-0.5
In [10]: if x >0:
    ...:     print ("x is positive")
    ...: elif x ==0:
    ...:     print ("x is zero")
    ...: else:
    ...:     print ("x is negative")
    ...:
x is negative
```

对于此类语句，elif 的个数没有限制，可以没有，可以有一个，也可以有多个。

例如，不使用 elif：

```
In [11]: x=-0.5
In [12]: if x >0:
    ...:     print ("x is positive")
    ...: else:
    ...:     print ("x is not positive")
    ...:
x is not positive
```

使用多个 elif：

```
In [13]: x=88
In [14]: if x <0:
    ...:     print ("x <0")
    ...: elif x <10:
    ...:     print ("0 <=x <10")
    ...: elif x <100:
    ...:     print ("10 <=x <100")
    ...: else:
    ...:     print ("x >=100")
    ...:
10 <=x <100
```

else 语句最多只有一个，也可以没有，如果出现，其要放在 if 语句和所有的 elif 语句的后面。

3. 判断条件

我们可以在判断语句中使用布尔型变量作为判断条件。事实上，Python 对于判断条件没有任何限制，除了布尔型，判断条件可以是数字、字符串，也可以是列表、元组、字典等。

在 Python 中，大部分值都会被当作真，除了以下几种情况：

(1) False，包括所有计算结果为 False 的表达式；

(2) None，包括所有计算结果为 None 的表达式；

(3) 整数 0 的值，包括所有计算结果为 0 的表达式；

(4) 空字符串、空列表、空字典、空集合、空元组。

浮点数 0.0 的值也会被当作 False：

```
In [15]: if 0.0:
    ...:     print ("hello!")
    ...:
```

但是不推荐使用浮点数作为判断条件，因为浮点数存在精度问题：

```
In [16]: if 1.4 -1.3 -0.1:
    ...:     print ("hello!")
    ...:
hello!
```

虽然计算的结果是 0.0，但是 if 条件却执行了。

复杂的判断条件可以通过对关键字 and、or、not 进行组合得到，它们分别对应与、或、非操作：

```
In [17]: x =10
In [18]: y =-5
In [19]: x >0 and y <0
Out[19]: True
In [20]: not x >0
Out[20]: False
In [21]: x <0 or y <0
Out[21]: True
```

组合的对象可以不是布尔型的：

```
In [22]: 10 and 2333
Out[22]: 2333
In [23]: not [1,2,3]
Out[23]: False
In [24]: (1,2)or 0
Out[24]: (1,2)
```

对于关键字 and：

(1) 如果两个值都为真，那么返回第二个值；

(2) 如果至少一个值为假，那么返回第一个为假的值。

and 的返回值是传入表达式的值，而不是 True 或者 False，如：

```
In [25]: [ ] and 2333
Out[25]: [ ]
```

与 and 相反，对于关键字 or 来说：

(1) 如果两个值都为假，那么返回第二个值；

（2）如果至少一个值为真，那么返回第一个为真的值。

如：

```
In[26]:[ ] or 0
Out[26]:0
```

4. 判断的简单实例

【例 2-1】 用判断语句来判断一个年份是不是闰年。

闰年（Leap Year）的定义：普通年能被 4 整除且不能被 100 整除的为闰年，如 2016 年是闰年，2017 年不是闰年；逢百的世纪年能被 400 整除的为闰年，如 1900 年不是闰年，2000 年是闰年。

按照上面的逻辑，若年份变量为 year，则第一个判断逻辑为：

year % 4 == 0 and year % 100 ! = 0

第二个判断逻辑为：

year % 400 ==0

因此，程序可以写为：

```
if year %4 ==0 and year %100 ! =0:
  print ("This is a leap year!")
elif year %400==0:
  print ("This is a leap year!")
else:
  print ("This is not a leap year.")
```

或者使用关键字 or 将两个条件合并：

```
if (year %4==0 and year %100! =0)or year %400 ==0:
  print ("This is a leap year!")
else:
  print ("This is not a leap year.")
```

关键字 and、or、not 是有运算先后顺序的：先运算 not，再运算 and，最后运算 or。为了避免混淆，我们将第一个 and 的内容用括号放在了一起（即使这样是多余的），方便看清程序的逻辑。

除了正常的判断语句，关键字 if 还可以写到一行中：

```
In[27]: a =5
In[28]: b ="big " if a <10 else "small"
In[29]: b
Out[29]:'big'
```

if 构成了这样的一个表达式：

<value1> if <condition> else <value2>

当条件<condition>满足时，表达式的值为<value1>，否则为<value2>。

2.3.2　循环语句

循环（Loop）的作用是将一段代码重复执行多次。

在 Python 中，循环结构主要有以下两种：while 循环和 for 循环。

1. while 循环

while 循环的基本形式为：

　　while <condition>:

　　　　<statements>

Python 执行<statements>代码块，直到条件<condition>不满足为止。

例如，我们用 while 循环来计算数字 1 到 99999 的和：

```
In [1]: i,total =1,0
In [2]: while i <100000:
   ...:     total +=i
   ...:     i+=1
   ...:
In [3]: total
Out[3]: 4999950000
```

循环在 i 等于 100000 时停止。

再如，我们可以将列表作为循环的判断条件，在循环中每次抛出列表中的一个元素，直到列表为空，因为空的列表会被当作 False：

```
In [4]: country =[' China',' US',' England' ]
In [5]: while country:
   ...:     c =country.pop (0)
   ...:     print ("Visiting",c)
   ...:
Visiting China
Visiting US
Visiting England
```

2. for 循环

for 循环是 Python 中另一种实现循环的形式，其结构为：

　　for <variable> in <sequence>:

　　　<statements>

for 循环与 while 循环不同的地方在于，for 循环是遍历一个序列<sequence>，每次将遍历得到的值放入变量<variable>中，而 while 循环则是执行到条件不满足为止。可以用于 for 循环的序列包括有序序列和无序序列。

例如，列表是一种有序序列，所以上面的例子用 for 循环可改写成：

```
In [6]: country =['China',' US',' England' ]
In [7]: for c in country:
   ...:     print ("Visiting",c)
Visiting China
Visiting US
Visiting England
```

for 循环每次从列表 country 中取出一个元素，赋给变量 c，然后在循环中处理 c。for 循环在列表中所有的元素都被遍历完时结束。

我们用 for 循环实现数字 1 到 99999 的和的计算：

```
In [8]: total =0
In [9]: for i in range(100000):
  ...:   total +=i
  ...:
In [10]: total
Out[10]: 4999950000
```

range( )函数可以用来生成一个连续的整数列表,其基本用法如下:

(1) range (stop):生成由 0 到 stop−1 的整数组成的列表;

(2) range (start,stop):生成由 start 到 stop−1 的整数组成的列表;

(3) range (start,stop,step):生成由 start 到 stop−1,间隔为 step 的整数组成的列表。

几个 range( )函数的例子:

```
In [11]: range(5)
# 表示整数列表[0,1,2,3,4]
In [12]: range(1,5)
# 表示整数列表[1,2,3,4]
In [13]: range(1,5,2)
# 表示整数列表[1,3]
```

3. 不同类型序列的 for 循环遍历

除了列表,其他的序列也支持使用 for 循环进行遍历。

有序序列,包括字符串、列表、元组等的遍历方式,都是按顺序从第一个元素开始进行遍历的,如元组:

```
In [14]: values = (5,4,3,2)
In [15]: for i in values:
    ...:  print (i)
    ...:
5
4
3
2
```

无序序列,如集合、字典等,按照某种设定的内部顺序进行 for 循环遍历,这种顺序不一定是有序的,如集合:

```
In [16]:values ={5,4,3,2}
In [17]: for i in values:
  ...:   print (i)
  ...:
2
3
4
5
```

字典的 for 循环会按照键的某种顺序进行遍历:

```
In [18]: values ={1: "one",2:"two",3: "three"}
In [19]: for i in values:
    ...:     print (i)
    ...:
1
2
3
```

如果想要同时得到字典的键对应的值，可以使用以下两种方式。

第一种是用索引进行遍历：

```
In [20]: values ={1: "one",2: "two",3: "three"}
In [21]: for k in values:
    ...:     print (k,values[k])
1 one
2 two
3 three
```

第二种是使用.items( )方法进行遍历：

```
In [22]:for k,v in values.items( ):
   ...:     print (k,v)
1 one
2 two
3 there
```

事实上，.items ( )方法返回的值为：

```
In [23]: values.items( )
Out[23]: dict_items([(1,'one'),(2,'two'),(3,'three')])
```

for 循环使用多变量赋值机制将键值对分别赋值给了 k 和 v。

4. continue 和 break

continue 和 break 都是循环中用来执行特定功能的关键字。这两个关键字通常与判断语句一起使用，用来处理循环中的一些特殊情况。在执行某次循环时，如果遇到 continue，那么程序停止执行这次循环，直接开始下一次循环。

例如，在遍历列表时，我们使用 continue 来忽略所有的奇数值：

```
In [24]: values =[7,6,4,7,19,2,1]
In [25]: for i in values:
    ...:     if i%2 !=0:
    ...:         continue
    ...:     print (i)
    ...:
6
4
2
```

在循环过程中，如果 i 为奇数(除以 2 的余数不为 0)，那么 continue 后面的 print 语句就会被跳过，直接循环下一个 i；如果 i 为偶数，那么 continue 语句不会被执行，此时会打印出相应的结果。

在执行某次循环时，若遇到break，不管循环条件是否满足，也不管序列是否已经被遍历完毕，程序都会在这个地方停止，并跳出循环。

例如，在遍历列表时，当列表中有大于10的值时，停止循环：

```
In [26]:for i in values:
   ...:     if i >10:
   ...:         break
   ...:     print (i)
   ...:
7
6
4
7
```

在循环的过程中，如果i大于10，break语句被执行。

除了在for循环中，continue和break语句也可以在while循环中使用。循环和判断都可以多层嵌套，即判断中可以有新的判断或循环，循环中可以有新的循环，对于continue和break语句来说，它们只对当前的循环有效，对更外层的循环不起作用。

5. *循环中的else语句*

while循环和for循环的后面可以跟else语句，这种else语句要和关键字break一起连用。循环后的else语句在break没被触发时执行。

例如，我们在上面的例子中加入else语句：

```
In [27]:for i in values:
   ...:     if i >10:
   ...:         print (i)
   ...:         break
   ...:else:
   ...:     print("All value <=10")
   ...:
19
```

当break没有被执行时，else语句被执行：

```
In [28]: values =[7,6,4,7]
In [29]: for i in values:
   ...:     if i>10:
   ...:         print (i)
   ...:         break
   ...: else:
   ...:     print("All value <=10")
   ...:
All value <=10
```

6. *列表推导式*

假设我们想得到一组数的平方，一个简单的想法是使用循环实现：

```
In [30]: values=[10,21,4,7,12]
In [31]: squares=[]
In [32]: for i in values:
...: squares.append (x **2)
In [33]: squares
Out[33]: [100,441,16,49,144]
```

Python 提供了列表推导式(List Comprehension)的机制,可使用更简单的方式来创建这个列表:

```
In [34]: [x**2 for x in values]
Out[34]: [100,441,16,49,144]
```

列表推导式的基本形式是使用一个 for 循环,对序列的元素依次进行操作,从而得到另一个序列。在上面的例子中,这个操作是对 values 中的每个值进行平方运算。在列表推导式的最后还可以加入判断语句,实现对序列中的元素的筛选。

例如,只保留列表中不大于 10 的数的平方:

```
In [35]:[x**2 for x in values if x <=10]
Out[35]: [100,16,49]
```

字典也可以用推导式生成,只不过要写成键值对(k: v)的形式:

```
In [36]: {x: x**2 for x in values if x <=10}
Out[36]: {10: 100,4: 16,7 : 49}
```

7. enumerate( )和 zip( )函数

在 Python 中,enumerate( )函数和 zip( )函数常与 for 循环一起使用。

for 循环会直接遍历容器类型中的元素:

```
In [37]: x =[2,4,6]
In [38]: for n in x:
    ...:     print (n)
    ...:
2
4
6
```

有时候,我们希望在得到这些元素的同时,也得到相应的位置信息。

Python 提供了 enumerate( )函数来实现这样的功能,其用法为:

```
In [39]: for i,n in enumerate (x):
    ...:  print ("pos {} is {}" .format (i,n))
    ...:
pos 0 is 2
pos 1 is 4
pos 2 is 6
```

enumerate ( )函数在 for 循环的每一轮会将一个形如(index,value)的元组分别传给 i 和 n。如果只需要位置信息,我们可以将 range( )函数和 len( )函数相结合:

```
In [40]:for i in range(len(x)):
    ...:     print (i)
    ...:
```

```
0
1
2
```

在 for 循环中,另一个常用的函数是 zip( )函数,其用法为:

zip(seq1[,seq2 [⋯]])－＞[(seq1[0],seq2[0]⋯),(⋯)]

它接受多个序列,返回一个元组列表。该列表的第 i 个元素是一个元组,由所有序列的第 i 个元素组成:

```
In [41]:y =['a','b','c']
In [42]:zip(x,y)
Out[42]:[(2,'a'),(4,'b'),(6,'c')]
```

可以用 for 循环迭代 zip( )函数返回的结果:

```
In [43]:for i,j in zip(x,y):
  ...:  print (i,j)
  ...:
2 a
4 b
6 c
```

对于 zip ( )函数来说:

(1) 接受的序列可以是列表,也可以是其他类型的序列;

(2) 可以接受两个或以上的序列;

(3) 当序列的长度不同时,zip( )函数返回的序列的长度与序列中长度最短的一个的相同。

例如,接受第三个序列,字典 z:

```
In [44]: z={1,2,3,4,5}
In [45]: zip(x,y,z)
Out[45]: [(2,'a',1),(4,'b',2),(6,'c',3)
```

如果参数是字典,zip( )函数会保留它的键:

```
In [46]: w ={1:'one',2: 'two',3: 'three'}
In [47]: zip(x,w)
Out[47]: [(2,1),(4,2),(6,3)]
```

2.3.3 实例

【例 2-2】 if 案例——猜拳游戏。

相信大家都玩过猜拳游戏,其中“剪刀、石头、布”是猜拳的一种,在游戏规则中,石头胜剪刀,剪刀胜布,布胜石头。接下来,我们模拟一个用户和计算机比赛的案例,比赛流程如图 2-6 所示。

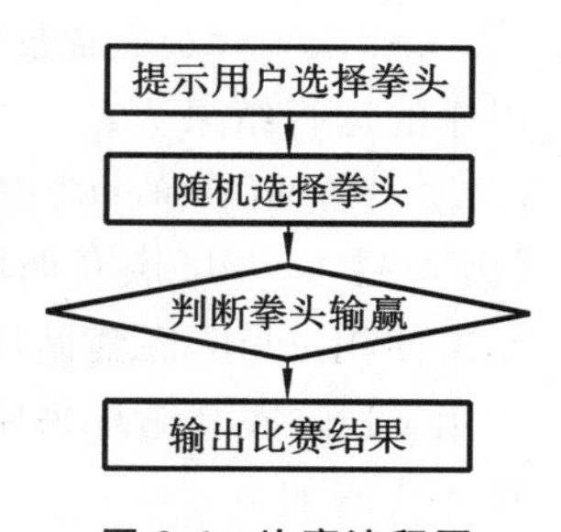

图 2-6 比赛流程图

接下来,使用代码实现上述过程,具体代码如下:

```
import random
playerInput=input("请输入(0剪刀、1石头、2布:)")
player=int(playerInput)
computer=random.randint(0,2)
if(player==0 and computer==2)or (player==1 and computer==0)or(player==2
and computer==1):
    print("计算机出的拳头是% s,你赢了!"% computer)
elif(player==0 and computer==0)or (player==1 and computer==1)or (player==2
and computer==2):
    print("计算机出的拳头是% s,打成平局了!"% computer)
else:
    print("计算机出的拳头是% s,你输了,再接再厉!"% computer)
```

由于计算机出的拳头是随机的,因此比赛结果可能会出现下列三种情况。

比赛结果1:

```
请输入(0剪刀、1石头、2布:)1
计算机出的拳头是1,打成平局了!
```

比赛结果2:

```
请输入(0剪刀、1石头、2布:)1
计算机出的拳头是2,你输了,再接再厉!
```

比赛结果3:

```
请输入(0剪刀、1石头、2布:)1
计算机出的拳头是0,你赢了!
```

【例2-3】 while循环案例——计算1～101间偶数的和。

在整数中,能被2整除的数,叫作偶数。接下来,我们来开发一个计算1～101间偶数的和的程序,具体代码如下:

```
i=0
sumResult=0
while i<101:
    if i% 2==0:
        sumResult+=i
    i+=1
print("1-101间偶数的和为:%d"%sum Result)
```

程序的运行结果为:

```
1-100间偶数的和为:2550
```

【例2-4】 while嵌套循环案例——九九乘法表。

要求使用while嵌套循环,打印九九乘法表,如图2-7所示。

使用while嵌套循环来实现,同样使用变量i来控制行,用变量j来控制每行显示点的数。具体代码如下:

1×1=1								
1×2=2	2×2=4							
1×3=3	2×3=6	3×3=9						
1×4=4	2×4=8	3×4=12	4×4=16					
1×5=5	2×5=10	3×5=15	4×5=20	5×5=25				
1×6=6	2×6=12	3×6=18	4×6=24	5×6=30	6×6=36			
1×7=7	2×7=14	3×7=21	4×7=28	5×7=35	6×7=42	7×7=49		
1×8=8	2×8=16	3×8=24	4×8=32	5×8=40	6×8=48	7×8=56	8×8=64	
1×9=9	2×9=18	3×9=27	4×9=36	5×9=45	6×9=54	7×9=63	8×9=72	9×9=81

图 2-7 九九乘法表

```
i=0
while i<10:
    j=1
    while j<=i:
        print("%d*%d=%-2d"%(j,i,i*j),end='')
        j+=1
    print("\n")
    i+=1
```

程序的运行结果为：

```
1*1=1
1*2=2  2*2=4
1*3=3  2*3=6  3*3=9
1*4=4  2*4=8  3*4=12 4*4=16
1*5=5  2*5=10 3*5=15 4*5=20 5*5=25
1*6=6  2*6=12 3*6=18 4*6=24 5*6=30 6*6=36
1*7=7  2*7=14 3*7=21 4*7=28 5*7=35 6*7=42 7*7=49
1*8=8  2*8=16 3*8=24 4*8=32 5*8=40 6*8=48 7*8=56 8*8=64
1*9=9  2*9=18 3*9=27 4*9=36 5*9=45 6*9=54 7*9=63 8*9=72 9*9=81
```

2.4 函数与模块

函数和模块是 Python 可扩展性的一个重要组成部分。函数可以帮助我们复用代码，减少代码量；模块可以让我们使用已有的现成代码，避免重复工作。

2.4.1 Python 函数

在计算机科学中，函数(Function)是程序负责完成某项特定任务的代码单元，具有一定的独立性。函数通常通过名称进行调用，调用时用一个小括号接受参数，并得到返回值。例如：c = max (a,b)。

1. 函数的定义

在 Python 中，函数在定义时需要满足以下规则：

(1) 使用关键字 def 引导；

(2) def 后面是函数的名称，括号中是函数的参数，不同的参数用逗号隔开，参数可以为空，但括号不能省略；

(3) 函数的代码块要缩进；

(4) 用包含一对"""的字符串作为函数的说明，用来解释函数的用途，该字符串可省略，在查看函数帮助时会显示；

(5) 使用关键字 return 返回一个特定的值，若省略，则返回 None。

例如，我们定义这样一个加法函数，它接受两个变量 x 和 y，计算 x 与 y 的和 a，并返回 a 的值：

```
In [1]: def add (x,y):
   ...:     """ Add two numbers"""
   ...:     a=x+y
   ...:     return a
   ...:
```

2. 函数的调用

定义好函数后，函数并不会自动执行，我们需要调用它才能执行相关的内容。

函数的调用使用函数名加括号的形式，将参数放在括号中：

```
In [2]: add(2,3)
Out[2]: 5
In [3]: add('foo','bar')
Out[3]: ' foobar '
```

Python 不限定函数参数的输入类型，因此，我们可以使用不同类型的对象作为参数，只要传入的这些参数支持相关操作即可。

对于 add( )函数，由于数字和字符串都支持加法操作，因此上面的调用都是合法的。

当传入的两个参数不支持加法时，Python 将会抛出异常：

```
In [4] : add (2,'foo')
---------------------------------------------------------------------------
TypeError                                 Traceback (most recent call last)
<ipython-input-4-6f8dcf7eb280> in<module> ( )
---->1 add (2,"foo")
<ipython-input-1-e831943cfaf2> in add(x,y)
      1def add (x,y):
      2""Add two numbers""
---->3a =x +y
       4 return a
TypeError: unsupported operand type (s)for +:' int' and 'sir'
```

当传入的参数数目与实际不符时，也会抛出异常：

```
In [5]: add (1,2,3)
--------------------------------------------------------------------------
TypeError                                 Traceback (most recent call last)
<ipython-input-5-ed7bae31fc7d> in<module>( )
---->1 add (1,2,3)

TypeError: add( )takes exactly 2 arguments (3 given)
In [6]: add(1)
--------------------------------------------------------------------------
TypeError                                 Traceback (most recent call last)
<ipython-input-6-ed7bae31 fc7d> in<module>( )
---->1 add(1)
TypeError: add( )takes exactly 2 arguments (1 given)
```

传入参数时,Python 提供了两种模式,一种是按照参数的顺序传入,另一种是使用键-值模式,按照参数名称传入参数。

例如,使用键-值模式,上面的例子可以写成:

```
In [7]: add(x=2,y=3)
Out[7]: 5
In [8]: add(x='foo',y='bar')
Out[8]: 'foobar'
```

两种模式可以混用:

```
In [9]: add (2,y=3)
Out[9]: 5
```

在混合使用时,需要注意不能给同一个变量赋值多次,类似于 add(2,x=3)的形式会抛出异常。

3. 带默认参数的函数

我们可以给函数参数设定默认值,默认参数要在定义函数时设定。

例如,定义一个一元二次函数,并让参数 a、b、c 带有默认值:

```
In [10]:def quad(x,a=1,b=0,c=0):
   ...:     return a* x* * 2+b* x+c
   ...:
```

定义时,所有带默认值的参数必须放在不带默认值的参数的后面。

只传入 x,其他的都用默认参数:

```
In [11]: quad(2.0)
Out[11]: 4.0
```

传入 x 和 b:

```
In [12]: quad (2.0,b=3)
Out[12]: 10.0
```

传入 x、a 和 c,参数 b 使用默认参数:

```
In [13]: quad (2.0,2,c=4)
Out[13]: 12.0
```

4. 接受不定数目参数的函数

有些函数可以接受不定数目的参数，如 max( )和 min( )等。不定数目参数的功能，可以在定义函数时使用“ * ”来实现。

例如，我们修改 add( )函数，使其能实现两个或多个值的相加：

```
In [14]:def add (x,* ys):
   ...:  total =x
   ...:  for y in ys:
   ...:    total +=y
   ...:  return total
   ...:
In [15]: add(1,2,3,4)
Out[15]: 10
```

参数中的 * ys 是一个可变数目的参数，我们可以把它看成元组。

调用 add(1,2,3,4)时，第一个参数 1 传给了 x，剩下的参数组成一个元组传给了 * ys，因此，* ys 的值为(2,3,4)。

我们还可以使用任意键值作为参数，这种功能可以在定义函数时使用两个星号(* *)实现：

```
In [16]: def add(x,* * ys):
   ...:    total =x
   ...:    for k,v in ys.items( ):
   ...:        print ("adding",k)
   ...:        total +=v
   ...:    return total
   ...:
In [17]: add(1,y=2,z=3,w=4)
adding y
adding z
adding w
Out[17]: 10
```

* * ys 表示这是一个不定名字的参数，它的本质是一个字典。

调用 add(l,y=2,z=3,w=4)时，* * ys 为字典{‘y’: 2,‘z’ :3,‘w’: 4}。

这两种模式可以混用，不过要按顺序传入参数，先传入位置参数，再传入关键字参数：

```
In [18]: def foo(* args,* * kwargs):
   ...:  print (args)
   ...:  print (kwargs)
In [19]: foo(2,3,x=' bar',z=10)
(2,3)
{'x' :'bar','z':10}
```

反过来，我们可以在元组或者字典前加星号，将其作为参数传递给函数，不过这样的用法不是特别常见：

```
In [20]:def add(x,y):
   ...:"""Add two numbers"""
   ...:    a=x+y
   ...:    return a
   ...:
In [21]: z = (2,3)
In [22]: add (* z)
Out[22]: 5
In [23]: w ={'x' : 2,'y' :3}
In [24]: add(* * w)
Out[24]: 5
```

5. 返回多个值的函数

函数可以返回多个值。例如，下面的函数返回一个序列的最大值和最小值：

```
In [25]: def min_max(x):
   ...:        return min(x),max(x)
   ...:
In [26]: t =[1,3,5,7,9]
In [27]: a,b=min_max(t)
In [28]: a
Out[28]: 1
In [29]: b
Out[29]: 9
```

事实上，Python 返回的是一个元组，只不过元组的括号被省略了。对于返回的元组，我们使用 Python 的多变量赋值机制将它赋给了两个值：

```
In [30]: min_ max(t)
Out[30]: (1,9)
```

2.4.2　内置函数

内置函数在 Python 中可以直接使用。这里对常用的 Python 内置函数进行介绍。

1. 数字相关的内置函数

1）绝对值的计算：abs( )函数

函数 abs (x)返回数字 x 的绝对值，x 可以是整数、长整数、浮点数；若 x 是复数，则返回它的模：

```
In [1]: abs(-12)
Out[1]: 12
In [2]: abs(3+4j)
Out[2]: 5.0
```

2）进制的转换：bin( )、oct( )和 hex( )函数

bin( )、oct( )和 hex( )函数分别将整数转化为二进制、八进制和十六进制的字符串：

```
In [3]: bin(255),oct(255),hex(255)
Out[3]: ('0b11111111','0377','0xff')
```

3) ASCII 码与字符的转换:chr( )和 ord( )函数

chr( )函数可以将 ASCII 码数字转化为对应的字符,而 ord( )函数正好相反,它将单个字符转为对应的 ASCII 码数字:

```
In [4]: chr(89)
Out[4]: 'Y'
In [5]: ord('Y')
Out[5]: 89
```

对于 Unicode 字符,可以用 unichr( )和 ord( )函数进行转换。

4) 商和余数的计算:divmod( )函数

函数 divmod(a,b)返回一个元组。若参数是整数,则返回(a//b,a%b);若参数是浮点数,则返回(q,a% b),其中,q 通常是 a /b 向下取整得到的结果,不过由于浮点数的精度问题,q 有可能比真实值小 1:

```
In [6]: divmod(14,3)
Out[6]: (4,2)
In [7]: divmod (2.3,0.5)
Out[7]: (4.0,0.2999999999999998)
```

5) 幂的计算:pow( )

求幂函数的用法为:pow(x,y,z)。在不给定 z 的情况下,函数返回 x 的 y 次方,相当于 x * * y;给定参数 z 时,返回 x 的 y 次方再除以 z 得到的余数:

```
In [8]: pow(2,50)
Out[8]: 1125899906842624L
In [9]: pow(2,50,10000)
Out[9]: 2624
```

pow(x,y,z)要比使 pow(x,y)% z 高效。

6) 近似值的计算:round( )函数

近似函数的用法为:round(num[,ndigits])。参数 ndigits 用来指定近似到小数点后几位,默认为 0,即默认返回近似到整数的无浮点数值:

```
In [10]: round(3.14159)
Out[10]: 3
In [11]: round(3.14159,2)
Out[11]: 3.14
```

round( )函数规定,将数字 5 近似到离 0 更远的一边,所以 round (0.5)=1.0;round (-0.5)=-1.0。

不过,由于浮点数存储的精度问题,可能会出现类似 round(2.675,2)不等于 2.68 的情况,这时不符合设定的规则:

```
In [12]: round (2.675,2)
Out[12]: 2.67
```

2. 序列相关的内置函数

1) 序列的真假判断:all( )、any( )函数

函数 all( )接受一个序列,当序列中所有的元素都计算为真时,返回 True,否则为 False;而函数 any ( )则在序列中的任意一个元素为真时返回 True,否则返回 False。

判断真假的规则与判断语句中的判断条件一致：

```
In [13]: all(["abc",1,2.3,[1,2,3]])
Out[13]: True
In [14]: any(["",0,[],False,{1,2}])
Out[14]: True
```

2）连续序列的生成：range( )函数

range( )函数可以生成一个整数序列，但是不产生列表，而是一个 range( )对象，可以通过 list( )函数转换为 list：

```
In [15]: range(10)
Out[15]: range(10)
In [16]: list(range(10))
Out[16]: [0,1,2,3,4,5,6,7,8,9]
```

当我们使用 for 循环时，range( )函数因为不会额外产生列表，能节约一定的时间和空间，提高效率。

3）序列的迭代：enumerate( )和 zip( )函数

enumerate( )函数可以在迭代序列时输出序列号和值：

```
In [17]:for i,c in enumerate("abc"):
    ...:    print (i,c)
    ...:
0 a
1 b
2 c
```

我们还可以在函数中指定序号的开始值，比如 enumerate(x,1)表示计数从 1 开始。

zip( )函数则可以将多个序列放在一起迭代：

```
In[18]: for i,c in zip("123","abc"):
   ...:    print (i,c)
   ...:
1 a
2 b
3 c
```

4）序列的最值：max( )和 min( )函数

可以用 max( )函数和 min ( )函数来求最值：

```
In [19]: max([1,3,2])
Out[19]: 3
In [20]: max (1,3,2)
Out[20]: 3
In [21]: min(1,3,2)
Out[21]: 1
In [22]: min([1,3,2])
Out[22]: 1
```

5）序列的切片：slice( )函数

我们在调用切片时使用了 start:stop:step 的形式。可以通过 slice( )函数来生成这样的一个 slice 对象，如“5:10:2”：

```
In [23]: slice (5,10,2)
Out[23]: slice (5,10,2)
```

但是不能直接使用“5:10:2”本身：

```
In [24]: 5:10:2
File "<ipython-input-24-1a46de73c1e2>",line 1
5:10:2
SyntaxError: invalid syntax
```

slice 对象的作用与 start:stop:step 的相同：

```
In [25]: range (20)[slice (5,10,2)]
Out[25]: range(5,10,2)
In [26]: range(20)[5:10:2]
Out[26]: range(5,10,2)
```

6）序列的排序与反序：sorted( )与 reversed( )函数

sorted( )函数和 reversed( )函数可以分别实现将列表排序和反序的过程。它们的返回值有所区别，排序函数 sorted( )返回的是一个列表；而反序函数 reversed( )返回的则是一个迭代器（我们将在后面介绍迭代器）：

```
In [27]: sorted ([2,3,4,1])
Out[27]: [1,2,3,4]
In [28]: reversed ([1,2,3,4])
Out[28]: <listreverseiterator at 0x485b2b0>
```

7）序列的和：sum( )函数

sum( )函数可以对序列进行求和：

```
In [29]: sum([1,2,3,4])
Out[29]: 10
```

3. 类型相关的内置函数

与基本类型相关的内置函数主要有 int、bool、long、float、set、dict、list、tuple、frozenset、file 等，它们可以初始化一个实例，也可以配合函数 isinstance( )来判断一个对象是否为指定的类型：

```
In [30]: a =[1,2,3]
In [31]: isinstance(a,list)
Out[31]: True
In [32]: isinstance(a,dict)
Out[32]: False
```

2.4.3 模块

1. 模块简介

退出 IPython 解释器并再次将其启动时，之前定义的函数和变量都会丢失。如果要写一个稍微长一点的程序，使用解释器不是很方便，此时需要使用脚本模式。

在使用脚本模式时，随着代码的增长，我们可能需要将一个文件切分成多个，以便进行管理和维护。在多个文件中使用一些公共的函数和变量时，我们不希望在每个文件里都复制、粘贴一次其定义。Python 提供了模块机制来完成这种功能。

使用模块机制需要将公用的函数和变量放到一个文件中，然后从别的脚本或者解释器模式中导入这个文件中的内容。这个包含 Python 函数和变量的文件就是一个模块。通过模块，我们可以复用现成的代码，减少工作量。

在 Python 中，所有以. py 结尾的文件都可以被当作一个模块使用。

例如，有这样一个文件 ex1. py：

```
PI =3.1416
def my_sum(lst):
    tot =lst[0]
    for value in lst[1:]:
        tot =tot +value
    return tot
w=[0,1,2,3]
print (my_sum(w),PI)
```

在 IPython 解释器中，可以使用魔术命令%%writefile 来创建这个文件：

```
In [1]: %% writefile ex1.py
   ...: PI =3.1416
   ...: def my_sum (lst):
   ...:     tot =lst[0]
   ...:     for value in lst[1:]:
   ...:         tot=tot+value
   ...:     return tot
   ...: w=[0,1,2,3]
   ...: print (my_sum(w),PI)
```

如果直接使用魔术命令%run 来运行这个脚本，会输出结果：

```
In [2]: % run ex1.py
6 3.1416
```

这个脚本可以被当作一个模块，导入到解释器或者其他脚本中。

在 Python 中，导入模块使用关键字 import：

import<module>

<module>是不带. py 后缀的文件名，即：

```
In [3]: import ex1
6 3.1416
```

ex1 是一个被导入的模块：

```
In [4]: ex1
<module'ex1' from 'ex1.py'>
```

在导入时，Python 会执行一遍模块中的所有内容，所以 ex1. py 中 print 的结果就被输出了。

导入模块之后，ex1. py 的变量都被载入了当前命名环境中，不过我们需要使用“<module>. <variable>”的形式来调用它们：

```
In [5]: ex1.PI,ex1.W
Out[5]: (3.1416,[0,1,2,3])
```

变量可以被修改：

```
In [6]: ex1.PI =3.14
```

可以用“<module>.<function>”的形式来调用模块里面的函数：

```
Out[7]: ex1.my_sum([2,3,4])
```

为了提高效率，在同一个程序中再次导入已经导入的模块时，Python 并不会真正执行导入操作，即使模块的内容已经改变。

例如，再次导入模块时，程序 ex1. py 的结果不会再次输出：

```
In [8]: import ex1
```

在导入模块时，Python 会对 ex1. py 文件进行一次编译，得到以. pyc 结尾的文件 ex1. pyc，这是 Python 生成的二进制程序表示。

2. _ _name_ _变量

我们导入模块时，有时候不希望执行脚本中的某些语句，如 ex1. py 中的 print 语句等，这种效果可以借助_ _name_ _变量来实现。

_ _name_ _变量在 Python 文件中作为脚本执行或者作为模块导入时的值有一定的差异。作为脚本执行时，变量_ _name_ _对应的值是字符串“_ _main_ _”；而作为模块导入时，变量_ _name_ _对应的值是模块的名称。因此，可以在 ex1. py 中的 print 语句前面加上对_ _name_ _变量的判断语句，得到文件 ex2. py：

```
PI =3.1416
def my_sum(lst):
    tot =lst[0]
    for value in lst[1:]:
        tot =tot +value
    return tot
if _ _name_ _ =' _ _main_ _':
    w =[0,1,2,3]
print (my_sum (w),PI)
```

作为脚本执行时，条件满足：

```
In [9]: %run ex2.py
6 3.1416
```

作为模块导入时，条件不满足，判断里面的内容不会被执行：

```
In [10]: import ex2
```

3. 模块的导入

除了用 import 关键字直接导入模块的形式，还可根据实际需要选择合适的方式导入模块。

模块的导入方式如表 2-1 所示。

表 2-1 模块的导入方式

导入方式	调用方式	备注
import ex2	ex2. my_sum	常用
import ex2 as e2	e2. my_sum	对比较长的模块进行缩写

续表

导入方式	调用方式	备注
import ex2. my_sum	ex2. my_sum	只导入 ex2. my_sum 函数
import ex2. my_sum as e2s	e2s	对比较长的函数进行改写
from ex2 import my_sum,PI	my_sum,PI	直接导入需要的内容
from ex2 import *	my_sum,PI	从模块导入所有变量,不推荐

导入模块时,Python 会优先在当前程序的工作目录中寻找模块,若找不到模块,则会在 Python 系统的工作目录中寻找。路径的查找顺序可以用 sys 模块的变量 sys. path 查看。

默认情况下,模块会导入脚本中所有已定义的内容,这样做有可能会导入一些不需要的内容。为此,我们可以通过设置_ _all_ _变量来限制导入的内容。在 Python 中,_ _all_ _变量可以用来控制模块导入的内容。

4. dir( )函数

我们可以用 dir( )函数查看一个模块中包含的所有对象:

```
In[11]: dir(ex2)
Out[11]: ['__name__','my_sum','PI']
```

如果不给定参数,那么 dir( )函数返回当前已定义的所有变量。

5. 包

包(Package)是一个由多个模块组成的集合,用来管理多个模块。

一个 Python 包的基本结构如下:

```
foo/
    __init__.py
  bar.py (定义了函数 func)
  baz.py (定义了函数 funz)
```

foo 是一个文件夹,其他的是文件。其中,_ _init_ _. py 文件必不可少,它可以是一个空文件,也可以通过调用 import foo 来导入_ _init_ _. py 文件中的内容。

包内的两个子模块 bar. py、baz. py 可以通过这样的方式来调用:

```
import foo.bar
from foo import baz
import foo.bar.func
from fun.baz import funz
```

使用 from<package>import<item>的形式时,<item>既可以是一个子模块,也可以是模块中的一个函数或变量。

除了子模块,包内还可以含有子包。例如,foo 是一个含有子包的 Python 包:

```
foo/
    __init__.py
    format/
      bar.py
      baz.py
```

```
    ...
    helper
    echo.py
    ...
```

子包中的模块可以相互调用。假设我们在 foo/format 文件夹中的 bar.py 文件中，希望导入 foo 包中其他的子模块或子包，可以使用以下方式：

```
from . import baz
from .. import helper
from ..helper import echo
```

其中，“.”代表当前文件夹，“..”代表当前文件夹的父文件夹。

在后文中，为了方便叙述，我们将包和模块统称为模块。

2.4.4 阶段案例——学生管理系统

学生管理系统负责编辑学生的信息，适时地更新学生的资料。例如，新生入校时，要在学生管理系统中录入刚入学学生的信息。编写一个学生管理系统，要求如下：

(1) 使用自定义函数，完成对程序的模块化；

(2) 学生信息至少包含姓名、性别、手机号码；

(3) 该系统应具有添加、删除、修改、显示、退出等功能。

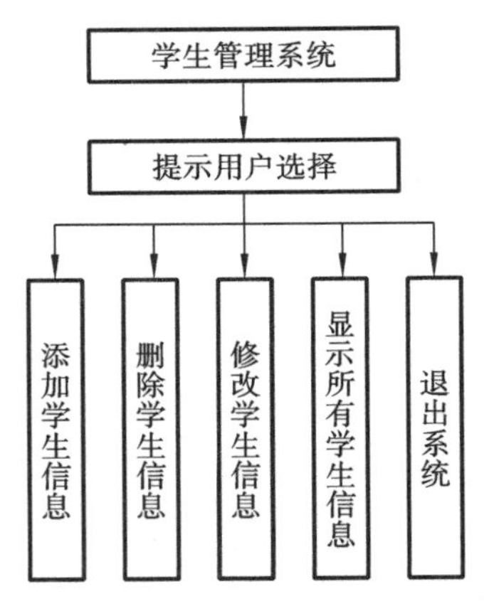

图 2-8 学生管理系统的具体功能

设计思路如下：

(1) 提示用户选择功能操作；

(2) 获取用户选择的功能；

(3) 根据用户的选择，分别调用不同的函数，以执行相应的功能。

学生管理系统的具体功能如图 2-8 所示。

接下来，根据上述要求，编写代码，具体实现步骤如下。

(1) 新建一个列表，用来保存学生的所有信息，代码如下：

```
# 用来保存学生的所有信息
stuInfos=[]
```

(2) 定义一个打印功能菜单的函数，代码如下：

```
# 打印功能提示
def printMenu():
    print("="* 30)
    print("学生管理系统")
    print("1.添加学生信息")
    print("2.删除学生信息")
    print("3.修改学生信息")
    print("4.显示所有学生信息")
```

```
    print("0.退出系统")
    print("="* 30)
```

（3）定义添加学生信息的函数，代码如下：

```
# 添加一个学生的信息
def addStuInfo( ):
    # 提示并获取学生的姓名
    newName=input("请输入新学生的名字:")
    # 提示并获取学生的性别
    newSex=input("请输入新学生的性别:(男/女)")
    # 提示并获取学生的手机号码
    newPhone=input("请输入新学生的手机号码:")
    newInfo={}
    newInfo['name']=newName
    newInfo['sex']=newSex
    newInfo['phone']=newPhone
    stuInfos.append(newInfo)
```

（4）定义删除学生信息的函数，代码如下：

```
# 删除一个学生的信息
def delStuInfo(student):
    delNum=int(input("请输入要删除的序号:"))-1
    del student[delNum]
```

（5）定义修改学生信息的函数，代码如下：

```
# 修改一个学生的信息
def modifyStuInfo( ):
    stuId=int(input("请输入要修改的学生的序号:"))
    newName=input("请输入新学生的名字")
    newSex=input("请输入新学生的性别:(男/女)")
    newPhone=input("请输入新学生的手机号码:")
    stuInfos[stuId-1]['name'] =newName
    stuInfos[stuId-1]['sex']=newSex
    stuInfos[stuId-1]['phone']=newPhone
```

（6）定义显示所有学生信息的函数，代码如下：

```
# 定义一个显示所有学生信息的函数
def showStuInfo( ):
    print("="*30)
    print("学生的信息如下:")
    print("="*30)
    print("序号  姓名  性别  手机号码")
    i=1
    for tempInfo in stuInfos:
        print("%d    %s    %s    %s"%(i,tempInfo['name'],
        tempInfo['sex'],tempInfo['phone']))
        i+=1
```

(7) 在 main( )函数中执行不同的功能,代码如下:

```
def main():
    while True:
        printMenu()      # 打印菜单
        key=input("请输入功能对应点的数字:")      # 获得用户输入的序号
        if key=='1':      # 添加学生信息
            addStuInfo()
        elif key=='2':      # 删除学生信息
            addStuInfo(stuInfos)
        elif key=='3':      # 修改学生信息
            modifyStuInfo()
        elif key=='4':      # 显示所有学生信息
            showStuInfo()
        elif key=='0':      # 退出系统
            quitConfirm=input("亲,真的要退出吗? (Yes or No):")
            if quitConfigfirm=="Yes":
              break      # 结束循环
            else:
              print("输入有误,请重新输入")
```

调用 main( )函数,代码如下:

```
main()
```

添加学生信息的执行结果如图 2-9 所示。

删除学生信息和显示所有学生信息的执行结果如图 2-10 所示。

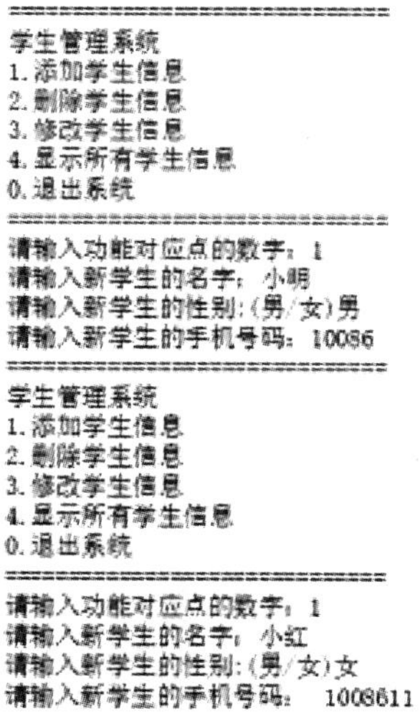

```
==============================
学生管理系统
1.添加学生信息
2.删除学生信息
3.修改学生信息
4.显示所有学生信息
0.退出系统
==============================
请输入功能对应点的数字: 1
请输入新学生的名字: 小明
请输入新学生的性别:(男/女)男
请输入新学生的手机号码: 10086
==============================
学生管理系统
1.添加学生信息
2.删除学生信息
3.修改学生信息
4.显示所有学生信息
0.退出系统
==============================
请输入功能对应点的数字: 1
请输入新学生的名字: 小红
请输入新学生的性别:(男/女)女
请输入新学生的手机号码:  1008611
```

图 2-9　运行结果(1)

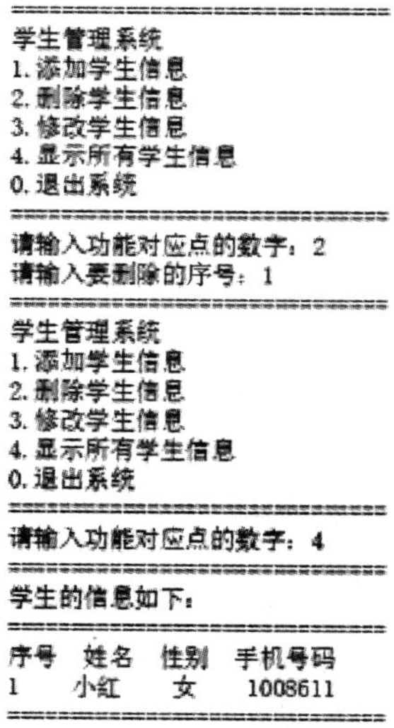

```
==============================
学生管理系统
1.添加学生信息
2.删除学生信息
3.修改学生信息
4.显示所有学生信息
0.退出系统
==============================
请输入功能对应点的数字: 2
请输入要删除的序号: 1
==============================
学生管理系统
1.添加学生信息
2.删除学生信息
3.修改学生信息
4.显示所有学生信息
0.退出系统
==============================
请输入功能对应点的数字: 4
==============================
学生的信息如下:
==============================
序号  姓名  性别  手机号码
1     小红   女    1008611
==============================
```

图 2-10　运行结果(2)

修改学生信息和显示所有学生信息的执行结果如图 2-11 所示。

退出系统的执行结果如图 2-12 所示。

```
==============================
学生管理系统
1.添加学生信息
2.删除学生信息
3.修改学生信息
4.显示所有学生信息
0.退出系统
==============================
请输入功能对应点的数字：3
请输入要修改的学生的序号：1
请输入新学生的名字:小兰
请输入新学生的性别:(男/女)女
请输入新学生的手机号码：1008612
==============================
学生管理系统
1.添加学生信息
2.删除学生信息
3.修改学生信息
4.显示所有学生信息
0.退出系统
==============================
请输入功能对应点的数字：4
==============================
学生的信息如下：
==============================
序号　姓名　性别　手机号码
1　　小兰　　女　　1008612
==============================
```

图 2-11　运行结果(3)

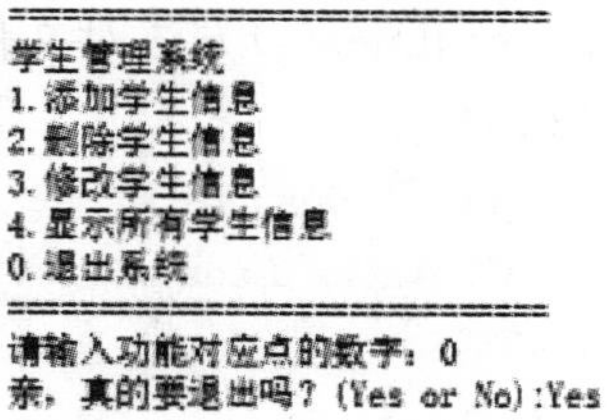

```
==============================
学生管理系统
1.添加学生信息
2.删除学生信息
3.修改学生信息
4.显示所有学生信息
0.退出系统
==============================
请输入功能对应点的数字：0
亲，真的要退出吗？(Yes or No):Yes
```

图 2-12　运行结果(4)

2.5　文件的读/写

读/写文件是我们经常会遇到的问题。Python 提供了一个方便的文件读/写模式。

2.5.1　读文件

假设我们有一个文件“test. txt ”,内容为：

this is a test file.

hello world!

python is good!

today is a good day.

在 Python 中,我们可以使用 open( )或者 file( )函数来读文件。两者都将文件名作为参数来打开文件：

```
In [1]: f =file('test.txt')
In [2]: f =open('test.txt')
```

两种方式基本没有区别,Python 推荐使用 open( )函数进行操作。

open( )函数返回一个打开的文件对象：

```
In [3]: f
Out[3]: <open file'test.txt',mode 'r' at 0x00000000048B6270>
```

其中,“r”表示只读模式。

open( )函数默认以只读的方式打开文件,如果文件不存在,那么程序会抛出异常。只读模式 (Read-Only Mode)指的是只能读取文件的内容而不能修改它。

我们可以调用.read( )方法来一次性读取文件中的所有内容：

```
In [4]: f.read( )
Out[4]:'this is a test file.\nhello world! \npython is good! \ntoday is a good day.'
```

当读取完一个文件时，需要使用.close( )方法将这个文件关闭：

```
In [5]: f.close( )
```

刚才的.close( )方法已经将文件关闭，再次读取需要重新打开该文件：

```
In [6]: f =open('test.txt')
```

也可以使用.readlines( )方法对文件内容按行读取，该方法返回一个列表，每个元素为文件中每一行的内容：

```
In [7]: f.readlines( )
Out[7]: [' this is a test file.\n,'hello world! \n','python is good! \n','today is a good day.' ]
In [8]: f.close( )
```

返回的列表中，每一行行末的回车符“\n”会被保留。

for 循环支持文件对象的迭代，每次读取一行，直到不能读取为止：

```
In [9]: f =open ('test.txt')
In [10]: for line in f:
    ...:     print (line)
    ...:
this is a test file.
hello world!
python is good!
today is a good day.
In [11]: f.close ( )
```

还可以使用.readline( )函数只读取文件的一行：

```
In [12]: f =open(' test.txt')
In [13]: f.readline( )
Out[13]:'this is a test file\n'
```

在这种情况下，文件并没有被完整读取，我们可以继续读取后续的内容。

例如，如果我们调用.read( )方法，会得到除第一行之外的所有内容：

```
In [14]: f.read( )
Out[14]:'hello world! \npython is good! \ntoday is a good day.'
In [15]: f.close ( )
```

2.5.2　写文件

写文件同样使用 open( )函数，只不过我们需要改变它的文件打开方式。

open( )函数默认的打开方式为只读，即 mode=‘r’：

open (name,mode=‘r’)

写文件的时候，可以将模式转化为写：

```
In [1]: f =open('myfile.txt','w')
```

“w”表示文件是只写模式(Write-Only Mode),在该模式下,如果文件不存在,那么这个文件会被创建出来;如果文件存在,那么文件中的内容将被清空。

可以使用文件对象的.write()方法向其中写入文字:

```
In [2]: f .write('hello world! ')
```

文件写入完成后,和读文件一样,需要关闭这个文件:

```
In [3]: f.close ( )
```

我们可以通过读取这个文件的内容来验证是否已经将文字写入这个文件:

```
In [4]: open ('myfile.txt').read ( )
Out[4]: 'hello world! '
```

如果文件已经存在,那么只写模式会清除之前文件的所有内容,重新开始写入,在这种情况下,文件中之前的数据是不可恢复的:

```
In [5]: f =open('myfile.txt','w')
In [6]: f.write ('another hello world! ')
In [7]: f.close( )
In [8]: open('myfile.txt').read( )
Out[8]: 'another hello world! '
```

除了只读、只写模式外,open()函数还执行其他类型的操作模式,比如以a表示的追加模式(Append Mode)。追加模式不会覆盖原有的内容,而是从文件的结尾开始写入:

```
In [9]: f =open ('myfile.txt','a')
In [10]: f.write('and more! ')
In [11]: f.close ( )
In [12]: open ('myfile.txt').read ( )
Out[12]: 'another hello world! and more! '
```

处于只读或者追加模式的文件对象不能同时进行读取操作,而处于只读模式的文件不能同时进行写入操作。我们可以借助用“w+”表示的读/写模式实现同时读取和写入文件。读/写模式仍然会清除之前已有的内容,不过增加了读取当前写入的内容的功能:

```
In [13]: f =open ('myfile.txt','w+')
In [14]: f.write ('hello world! ')
In [15]: data =f.read( )
In [16]: f.close ( )
In [17]: data
Out[17]: 'hello world! '
```

打开文件之后,需要使用.close()方法关闭这个文件。在Python中,当一个文件对象不再被其他变量引用时,Python会自动调用.close()方法来关闭这个文件。因此,大多数情况下,即使我们忘记调用.close()方法,文件最终还是会被正常关闭。

不过在少数情况下,如果我们在写文件时没有关闭文件,可能会遇到文件没有及时写入的问题:

```
In [18]: f =open('newfile.txt','w')
In [19]: f.write ('hello world! ')
In [20]: g =open('newfile.txt','r')
In [21]: g.read( )
Out[21]: ' '
```

虽然写入了“hello world!”，但是在文件关闭之前，这个内容并没有被完全写入磁盘。

2.5.3 文件的常用方法与属性总结

1. 文件打开模式

模式	说　明
r	读模式(默认模式，可省略)，如果文件不存在则抛出异常
w	写模式，如果文件已存在，先清空原有内容
x	写模式，创建新文件，如果文件已存在则抛出异常
a	追加模式，不覆盖文件中原有内容
b	二进制模式(可与其他模式组合使用)
t	文本模式(默认模式，可省略)
+	读、写模式(可与其他模式组合使用)

2. 文件对象的常用属性

属性	说　明
closed	判断文件是否关闭，若文件已关闭则返回 True
mode	返回文件的打开模式
name	返回文件的名称

3. 文件对象的常用方法

方法	功能说明
flush( )	把缓冲区的内容写入文件，但不关闭文件
close( )	把缓冲区的内容写入文件，同时关闭文件，并释放文件对象
read([size])	从文件中读取 size 个字节(Python2. x)或字符(Python3. x)的内容作为结果返回，如果省略 size 则表示读取所有内容
readline( )	从文本文件中读取一行内容作为结果返回
readlines( )	把文本文件中的每行文本作为一个字符串存入列表中，返回该列表
seek(offset[,whence])	把文件指针移到新的位置，offset 表示相对于 whence 的位置。whence 为 0 表示从文件头开始计算，1 表示从当前位置开始计算，2 表示从文件尾开始计算，默认为 0
tell( )	返回文件指针的当前位置
truncate([size])	删除从当前指针位置到文件末尾的内容。如果指定了 size，则不论指针在什么位置都只留下前 size 个字节，其余的删除
write(s)	把字符串 s 的内容写入文件
wielines(s)	把字符串列表写入文本文件，不添加换行符
writable( )	测试当前文件是否可写
readable( )	测试当前文件是否可读

特别说明的是，文件读写操作相关的函数都会自动改变文件指针的位置。例如，以读模式打开一个文本文件，读取 10 个字符，会自动把文件指针移动到第 11 个字符，再次读取字符的时候总是从文件指针的当前位置开始读取。写入文件的操作函数也有相同的特点。

2.6　异常与警告

异常和警告是编写程序过程中经常遇到的问题。为了更好地处理编程中遇到的问题，我们需要了解与异常和警告相关的知识。

2.6.1　异常

1. 捕捉异常

我们在运行代码时经常遇到程序出错的情况，在 Python 中，这些错误通常叫作异常(Exception)。

例如，有这样一个用于计算以 10 为底的对数的程序，该程序使用 raw_input( )函数从命令行读取输入信息，计算它的对数并输出结果，直到输入为 q 为止：

```
import math
while True:
    text = raw_input('>')
    if text[0] == 'q':
        break
    x = float(text)
    y = math.log10(x)
    print ("log10({0})={1}".format(x,y))
```

乍看起来，程序似乎没什么问题，然而，当我们输入一个负数时，程序抛出了一个 ValueError 异常，因为对数函数不能接受一个非正数：

```
>-1
---------------------------------------------------------------------------
ValueError                                Traceback (most recent call last)
<ipython-input-1-ceb8cf66641b> in <module>()
      6     break
      7     x = float(text)
----> 8         y = math.log10 (x)
      9       print ("log10({0})={1}".format(x,y))
ValueError: math domain error
```

正常情况下，Python 程序在抛出异常后就会停止执行。如果不希望程序停止运行，那么可以使用一对关键字 try 和 except 来处理异常，基本形式如下：

```
try:
    <statements>
except <error>:
    <statements>
```

我们将可能抛出异常的代码，放入 try 块中，然后使用 except 块处理相应的异常。

当 try 块中的代码遇到异常时，这个异常会首先被传到 except 块。如果 except 块能处理这个异常，那么执行 except 块相应的内容，然后继续执行程序；如果不能，该异常将被继续传递。

在上面的例子中，代码抛出的异常类型是 ValueError，因此，我们改写程序，将可能出错的部分放入 try 块，并用关键字 except 处理 ValueError 类型的异常：

```
import math
while True:
    try:
        text = raw_input ('>' )
        if text[0] == 'q' :
          break
        x = float(text)
        y = math.log10(x)
        print ("log10({0}) = {1}".format (x,y))
    except ValueError:
        print ("the value must be greater than 0")
```

再执行这个程序时，输入负数或者 0 都不会中断程序，而是会打印出 expect 块输出的信息：

```
>-1
the value must be greater than 0
>0
the value must be greater than 0
>1
log10(1.0)=0.0
>q
```

2. 处理不同类型的错误信息

我们对上面的代码进行修改，将 y 的值改为 1/math.log10(x)：

```
import math
while True:
    try:
        text = raw_input(' >')
        if text[0] == 'q' :
          break
        x = float(text)
        y = 1/math.log10(x)
        print ("1/log10({0}) = {1}" .format(x,y))
    except ValueError:
        print ("the value must be greater than 0")
```

如果输入 1：

```
>1
---------------------------------------------------------
ZeroDivisionError                          Traceback (most recent call last)
<ipython-input-3-7607f1ae6af9>in<module>()
      7             break
      8             x=float(text)
----> 9           y=1/math.log10(x)
     10          print ("1/log10({0})={1} ".format(x,y))
     11          except ValueError:
ZeroDivisionError: float division by zero
```

因为1的对数为0,而1/0是一个非法操作,所以Python抛出了一个ZeroDivisionError类型的异常。

这个异常首先传到except块中,但我们定义的except块并不能处理这种类型的异常,因此,该异常被继续传递,程序停止运行。

对于这个问题有以下几种解决方式。

(1) 可以使用Exception替换ValueError,直接捕获所有的异常。Exception类型是各种异常的总称,所以ZeroDivisionError类型和ValueError类型都是一种特殊的Exception:

```
import math
while True:
    try:
        text=raw_input('>')
        if text[0]=='q':
          break
        x=float(text)
        y=1/math.log10(x)
        print ("1/log10({0})={1}".format (x,y))
    except Exception:
        print ("invalid value")
```

因此,下面的异常都会被except块处理:

```
>1
invalid value
>0
invalid value
>-1
invalid value
>2
1/log10(2.0)=3.32192809489
>q
```

(2) 我们可以在一个except块中声明多个异常类型:

```
import math
while True:
    try:
```

```
            text = raw_input('>')
            if text[0] == 'q' :
                break
            x = float (text)
            y = 1/math.log10(x)
            print ("1/log10({0})={1}" .format (x,y))
        except (ValueError,ZeroDivisionError):
            print ("invalid value")
```

程序运行时抛出其中任意一种类型的异常都会被 except 块处理。

(3) 通过多个 except 块分别处理各种类型的异常，每个 except 块负责处理一种类型的异常：

```
import math
while True:
    try:
        text = raw_input('>')
        if text[0] == 'q' :
          break
        x = float(text)
        y = 1/math.log10(x)
        print ("1/log10({0})={1}".format (x,y))
    except ValueError:
        print ("the value must be greater than 0")
    except ZeroDivisionError:
        print ("the value must not be 1")
```

在这种情况下，两种类型的异常会被程序分别处理：

```
>1
the value must not be 1
>-1
the value must be greater than 0
>abcde
the value must be greater than 0
>2
1/log10(2.0)=3.32192809489
>q
```

3. 得到异常的具体信息

当我们输入字符串"abcde"时，上面的程序会提示："the value must be greater than 0"，这与实际情况不符。抛出 ValueError 异常的部分并不是 math. log10( )函数，而是 float ( )函数。

调用 float('abcde')时，由于所给字符串不能转化为浮点数，Python 会抛出一个"ValueError: could not convert string to float: abcde"的异常。这个异常包含两部分内容：前面的部分表示异常的类型，后面的部分表示异常的具体说明。

在 except 块中，我们可以这样获得异常的具体信息：

```
except SomeError as e:
print e.message
```

利用这种方式，我们首先将捕获到的异常保存在变量 e 中，并用属性.message 查看相关的说明信息。

为了得到异常的具体信息，修改 except 块的部分：

```
import math
while True:
    try:
        text = raw_input ('>')
        if text[0] == 'q' :
          break
        x = float(text)
        y = 1/math.log10(x)
        print("1/log10({0})={1}".format(x,y))
    except Exception as e:
        print e.message
```

运行后，当我们输入非法值时，就能得到异常的具体信息：

```
>1
float division by zero
>-1
math domain error
>abcde
could not convert string to float: abcde
>2
1/log10(2.0)=3.32192809489
>q
```

4. 抛出异常

在程序运行过程中，我们可以使用关键字 raise 抛出异常。

例如，当变量 month 为不合法的月份时，抛出异常：

```
if month >12 or month <1:
  Raise ValueError("month must be between 1 and 12")
```

抛出的异常类型为 ValueError，括号中的为具体说明信息。

5. 关键字 finally

异常处理时，我们还可以加入一个以关键字 finally 开头的代码块，其作用为：不管 try 块中的代码是否抛出异常，finally 块中的内容总是会被执行。

当没有异常时，finally 块会在 try 块的代码执行完毕后执行；当出现异常时，finally 块会在抛出异常前执行。因此，finally 块可以用来作为程序抛出异常时的安全保证，比如确保打开的文件被正确关闭。

例如，一个没有异常的 finally 块：

```
In [1]:try:
  ...:    print (1)
```

```
   ...:finally:
   ...:     print ('finally was called.')
  1
  finally was called.
```

抛出异常的 try 块,如果异常没有被处理,那么 finally 块在抛出异常前执行:

```
In [2]: try:
   ...:     print (1/0)
   ...:finally:
   ...:     print ('finally was called.')
   ...:
finally was called
---------------------------------------------------------------------------
ZeroDivisionError                         Traccback (most recent call last)
<i python-input-13-87ecdf8b9265> in <module> ( )
      1 try:
----> 2   print (1/0)
      3   finally:
      4   print ('finally was called.')
ZeroDivisionError: integer division or modulo by zero
```

如果异常被 except 块处理了,那么 finally 块在异常被处理后执行:

```
In [3]: try:
   ...:     print (1/0)
   ...: except ZeroDivisionError:
   ...:     print ('divide by 0.')
   ...: finally:
   ...:     print ('finally was called.')
   ...:
divide by 0.
finally was called.
```

finally 块的执行顺序总结如下:

当没有异常时,在 try 块结束后执行 finally 块;

当异常抛出,且 except 块没有处理异常时,在抛出异常前执行 finally 块;

当异常抛出,且 except 块处理了异常时,在异常被处理后执行 finally 块。

2.6.2 警告

在 Python 中,警告(Warning)通常用来告知用户某种做法是不好的,但这种做法不会影响程序的正常运行。

使用警告需要预先导入相关的模块:

```
In [1]: import warnings
```

然后调用 warnings 模块中的 warn( )函数来抛出警告:

```
warn(msg,WarningType =UserWarning)
```

msg 是警告的提示信息,WarningType 用来指定警告的类型,如果不指定,那么默认的类型是UserWarning(用户警告)：

```
In [2]: warnings.warn("test")
C:\Miniconda2\Scripts\ipython-script.py:1: UserWarning: test
```

常见的警告类型主要有：

(1) Warning,所有警告的父类,所有警告都能被看成一个Warning类；

(2) UserWarning,用户警告,warn( )函数的默认类型；

(3) DeprecationWarning,表示用户使用了未来会被废弃的功能；

(4) FutureWarning,表示用户使用了未来可能会改变的功能；

(5) RuntimeWarning,运行时警告。

有时候,我们在运行程序时不希望看见某种类型的警告,可以使用warnings模块中的filterwarnings来对其进行筛选：

```
In [3]: warnings.filterwarnings(action='ignore',category=RuntimeWarning)
```

在程序运行时,所有RuntimeWarning类型的警告都不会被显示。

2.7 本章小结

至此,完成了对Python基本使用的介绍。Python的基本使用主要包括两部分,一是基本语法结构,二是主要数据类型。掌握了这两部分内容,我们才能使用Python编程以解决实际问题。

2.8 习题

1. 填空题

(1) Python中可变的数据类型有________和________。

(2) 在列表中查找数据时可用________和in运算符。

(3) 切片选取的区间是左闭右________型的,不包含结束位的值。

(4) 如果要从小到大地排列列表的元素,可以使用________方法实现。

(5) 元组使用________存放元素,列表使用的是方括号。

(6) 函数可以有多个参数,参数之间使用________分隔。

(7) 使用________语句可以返回函数值并退出函数。

(8) 在函数内部定义的变量称作________。

(9) 在函数里面调用另外一个函数,是函数________调用。

(10) 通过________结束函数,可选择性地返回一个值给调用方。

2. 简答题

(1) 请找出下面程序中的错误：

```
k=-9
if k>=0:
    with="正数"
    print(with)
    else:
print(k+"为负数")
```

(2) 简述 break 和 continue 的区别。

(3) 简述元组、字典、列表的区别。

(4) 请简要说明函数定义的规则。

(5) 简述异常的处理方式。

(6) 解释 Python 脚本程序“_ _name_ _”的作用。

(7) 简述模块的概念。

3. 上机编程题

(1) 请遍历出下面变量 a 中的元素：

a=[{‘职业’:‘诗人’,‘爱好’:‘喝酒’,‘姓名’:‘李白’},{‘职业’:‘工程师’,‘爱好’:‘读书’,‘姓名’:‘张明’}]

(2) 逆序输出乘法口诀表，即输出如下形式的乘法口诀表：

9×9=81 9×8=72 9×7=63 9×6=54 9×5=45 9×4=36 9×3=27 9×2=18 9×1=9

8×8=64 8×7=56 8×6=48 8×5=40 8×4=32 8×3=24 8×2=16 8×1=8

7×7=49 7×6=42 7×5=35 7×4=28 7×3=21 7×2=14 7×1=7

6×6=36 6×5=30 6×4=24 6×3=18 6×2=12 6×1=6

5×5=25 5×4=20 5×3=15 5×2=10 5×1=5

4×4=16 4×3=12 4×2=8 4×1=4

3×3=9 3×2=6 3×1=3

2×2=4 2×1=2

1×1=1

(3) 编写一个函数，判断输入的三个数字是否能构成三角形的三条边。

(4) 编写函数，求两个正整数的最小公倍数。

(5) 创建一个模块文件，它用于交换两个数的值。

第3章 数据分析与可视化

本章学习目标

- 了解 Python 数据分析包
- 理解数据准备，即数据类型、数据结构、数据的导入和导出
- 掌握利用 Pandas 库进行数据处理
- 掌握利用 Pandas 库进行数据分析
- 掌握利用 Pandas 库进行数据可视化

通过对 Python 基础知识的学习，相信读者已经对 Python 有了一定的了解。本章将主要利用 Pandas 来介绍 Python 在数据处理、数据分析 、数据可视化方面的常用方法和技巧。相信通过本章的学习，读者会对数据分析和可视化有一定的认识。

3.1 Python 数据分析包

3.1.1 Pandas

Pandas 是 Python 的一个数据分析包，最初由 AQR Capital Management 于 2008 年 4 月开发，并于 2009 年年底开源面市，目前由专注于 Python 数据包开发的 PyData 开发团队继续开发和维护，属于 PyData 项目的一部分。

Pandas 最初被作为金融数据分析工具开发出来，因此，Pandas 为时间序列分析提供了很好的支持。Pandas 的名称来自于面板数据（Panel Data）和 Python 数据分析（Data Analysis）。面板数据是经济学中关于多维数据集的一个术语，在 Pandas 中，也提供了 Panel 的数据类型。

Pandas 基于 Numpy 构建，提供了一些快速、强大而又简单易用的数据结构来处理表格、数据库、时间序列、矩阵等形式的数据，是一个强大的数据分析基础模块。Pandas 在数据分析，特别是金融数据分析领域应用广泛。

Pandas 模块中有两种主要的数据结构：一维数据结构 Series 和二维数据结构

DataFrame,这两种数据结构能处理各种常见类型的数据。其中,又以二维数据结构DataFrame最为常用。除了这两种数据结构,Pandas模块还提供了三维数据结构Panel,限于篇幅,在本书中不做介绍。

Pandas提供了一些基本的数据分析功能,包括:

(1) 支持缺失值的处理;

(2) 支持数据的插入和删除;

(3) 支持类似数据库中的"group by"、"join"之类的操作;

(4) 支持与其他常用数据类型的转化;

(5) 支持对数据的索引和筛选;

(6) 支持CSV、Excel、网页、数据库类型文件的读/写。

Anaconda中已经继承了Pandas模块,常用的导入形式如下(pd为Pandas模块的简写):

```
import pandas as pd
```

本书利用Pandas进行数据处理、数据分析 、数据可视化一系列操作。

3.1.2 Numpy

Numpy是Python的一个基础科学计算模块,一些高级的第三科学计算模块,如Scipy、Matplotlib、Pandas等,都是基于Numpy构建的。Numpy模块具有以下特性:

(1) 强大的多维数组类型;

(2) 实用的函数;

(3) C/C++/Fortran语言为底层的实现;

(4) 线性代数、傅里叶变换和随机数支持;

(5) 高效的数据存储容器。

Anaconda环境中已经集成了Numpy模块,不需要再次安装。

Numpy模块可以在命令行中用pip更新:

```
$ pip install numpy-U
```

Numpy模块的源代码放在GitHub上,网址为https://github.com/numpy/numpy.git。

官方文档的网址为http://www.numpy.org/。

通常,使用以下方式导入Numpy模块(np为Numpy模块的简写):

```
import numpy as np
```

3.1.3 Scipy

Anaconda中已经集成了Scipy模块。Scipy模块是基于Numpy构建的,通常的导入方式为:

```
In[1]: import numpy as np
In[2]: import scipy as sp
```

Scipy模块从Numpy中继承了很多函数,如:

```
In [3]: np.mean is sp.mean
Out[3]: True
```

Scipy模块由很多不同的科学计算子模块组成,常用的主要有如下几种。

(1) scipy.cluster:聚类算法。

（2）scipy.fftpack：快速傅里叶变换。

（3）scipy.integrate：积分和常微分方程求解。

（4）scipy.interpolate：插值相关。

（5）scipy.io：输入/输出。

（6）scipy.optimize：优化相关。

（7）scipy.signal：信号处理。

（8）scipy.sparse：稀疏矩阵。

（9）scipy.stats：统计相关。

Scipy 模块通常以“子模块.函数”的形式进行调用：

```
from scipy import some_module
some_module.some_function( )
```

由于 io 是 Python 的标准库模块之一，为了防止命名冲突，子模块 scipy.io 的导入方式有所不同：

```
import scipy.io as spio
```

3.1.4 Matplotlib

Matplotlib 模块是 Python 中一个常用的第三方数据可视化模块，支持很多不同类型的数据可视化操作。

Matplotlib 模块具有以下优点：

（1）丰富的代码示例；

（2）使用 Tex 语法显示公式；

（3）精准的图像控制；

（4）高质量的图像输出。

Matplotlib 模块官方文档的网址为 http://www.matplotlib.org.cn/。

Matplotlib 模块的可视化可以在脚本模式、Python 或 IPython 解释器及 Jupyter NoteBook 中使用。Anaconda 环境中预先安装好了 Matplotlib 模块。可以在命令行使用 pip 命令以更新模块：

```
$ pip install matplotlib-U
```

在 Matplotlib 模块中，Pyplot 是一个核心子模块，通过该子模块，我们可以完成很多基本的可视化操作。该子模块通常这样导入(plt 为 Pyplot 子模块的简写)：

```
import matplotlib.pyplot as plt
```

3.2 数据准备

3.2.1 数据类型

Python 常用的三种数据类型是 logical、numeric、character。

logical 即布尔型，只有两种取值，0 和 1，或真和假（True 和 False）。运算规则：&（与，有一个为假则为假）、|（或，有一个为真则为真）、not（非，取反），具体如表 3-1 所示。

表 3-1 布尔运算规则

运算符	注释	运算规则
&	与	两个逻辑型数据中，若其中一个数据为假，则结果为假
|	或	两个逻辑型数据中，若其中一个数据为真，则结果为真
not	非	取相反值，非真的逻辑型数据为假，非假的逻辑型数据为真

numeric 即数值型。运算规则：+、-、×、/。

character 即字符型，使用单引号（‘’）或者双引号（“”）包起来。

Python 数据类型变量的命名规则如下。

（1）变量名可以由 a～z、A～Z、数字、下划线组成，首字母不能是数字和下划线。

（2）大小写敏感。

（3）变量名不能为 Python 中的保留字，如不能是 and、continue、lambda、or 等。

3.2.2 数据结构

数据结构是指相互间存在的一种或多种特定关系的数据类型的集合，主要有 Series（系列）和 DataFrame（数据库）。

1. Series

Series 也称序列，用于存储一行或一列数据，以及与之相关的索引的集合。使用方法如下：

Series（[数据 1，数据 2，…]，index =[索引 1，索引 2，…]）

例如：

```
In [1]: from pandas import Series
    X=Series(['a',2,'螃蟹'],index=[1,2,3])
In [2]: X
Out[2]:
1     a
2     2
3     螃蟹
dtype:object

In  [3]: X[3]
Out [3]:'螃蟹'
```

一个系列允许存放多种数据类型，索引也可以省略。可以通过位置或者索引访问数据。Series 的索引 index 可以省略，默认从 0 开始，也可以指定索引。

在 Spyder 中写入代码：

```
from pandas import Series
A=Series([1,2,3])      # 定义系列时，数据类型不限
print(A)
                       # 输出如下
```

```
0    1      # 第一列的 0 到 2 就是数据的索引,也就是位置,计数从 0 开始
1    2
2    3
dtype: int64

from pandas import Series
A=Series([1,2,3],index=[1,2,3])      # 可自定义索引,如 123,ABC 等
print(A)

1    1
2    2
3    3
dtype: int64         # dtype 指向数据类型,int64 是指 64 位整数

from pandas import Series
A=Series([1,2,3],index=['A','B','C'])
print(A)

A     1
B    2
C    3
dtype: int64
```

容易犯的错误:

```
from pandas import Series
A=Series([1,2,3],index=[A,B,C])
print(A)
Traceback(most recent call last):
  File"<ipython-input-10-d5dd51933cbd>",line 3,in<module>
A=Series([1,2,3],index=[A,B,C])

NameError: name 'B' is not defined
```

上面程序中的 A、B、C 都是字符串,需要使用引号。

访问系列值时,需要通过索引值来访问,系列索引 index 和系列值是一一对应的关系,如表 3-2 所示。

表 3-2　系列索引与系列值一一对应

系列索引	系列值
0	14
1	26
2	31

例如:

```
from pandas import Series
A=Series([14,26,31])
print(A)
print(A[1])     # 系列的位置从 0 开始,第一个数从 0 开始计数
print(A[5])     # 超出 index 的总长度会报错

0    14
1    26
2    31
dtype: int64
26
KeyError: 5     # print(A[5])是因为索引越界而出错

from pandas import Series
A=Series([14,26,31],index=['first','second','third'])
print(A)
print(A['second'])      # 如果设置了 index 参数,也可通过参数来访问系列值

first     14
second    26
third     31
dtype: int64
26
```

执行下面代码,看看运行的结果:

```
from pandas import Series
# 可以混合定义一个序列
x=Series(['a',True,1],index=['first','second','third'])
# 访问
x[1]
# 根据 index 访问
x['second']
# 不能越界访问
x[3]
# 不能追加单个元素,但可以追加系列
x.append('2')
# 追加一个系列
n=Series(['2'])
x.append(n)
# 需要使用一个变量来承载变化,即 x.append(n)返回的是一个新序列
x=x.append(n)
# 判断值是否存在,数字和逻辑型(True/False)是不需要加引号的
2 in x.values
'2' in x.values
```

```
# 切片
x[1:3]
# 定位获取,这个方法经常用于随机抽样
x[[0,2,1]]
# 根据 index 删除
x.drop(0)
x.drop('first')
# 根据位置删除,返回新的序列
x.drop(x.index[3])
# 根据值删除,显示值不等于 2 的序列,即删除 2,返回新序列
x[2! =x.values]
# 通过值访问序列号 index
x.index[x.values=='a']
# 修改 Series 中的 index,可以通过赋值更改,也可以通过 reindex( )方法更改
x.index=[0,1,2,3,4]
# 可将字典转化为 Series
s=Series({'a':1,'b':2,'x':3})
```

Series 的 Sort_index(ascending＝True)方法可以对 index 进行排序操作,ascending 参数用于控制升序或降序,默认为升序。也可使用 reindex( )方法进行重新排序。

在 Series 上调用 reindex( )以重排数据,使得它符合新的索引,如果索引的值不存在,就引入缺失数据值:

```
# reindex( )重排序
obj=Series([4.5,7.2,-5.3,3.6],index=['d','b','a','c'])
obj
Out[4]:
d    4.5
b    7.2
a    -5.3
c    3.6
dtype:float64

obj2=obj.reindex(['a','b','c','d','e'])
obj2
Out[5]:
a    -5.3
b    7.2
c    3.6
d    4.5
e    NaN
dtype:float64

obj.reindex(['a','b','c','d','e'],fill_value=0)
```

```
Out[6]:
a    -5.3
b    7.2
c    3.6
d    4.5
e    0.0
dtype:float64
```

Series 对象在本质上是一个 Numpy 的数组，因此 Numpy 的数组处理函数可以直接对 Series 进行处理。但是 Series 除了可以使用位置作为下标存取元素外，还可以使用标签存取元素，这一点与字典相似。每个 Series 对象实际上都由两个数组组成。

（1）index：它是从 Numpy 数组继承的 index 对象，保存标签信息。

（2）values：保存值的 Numpy 数组。

注意如下几点：

（1）Series 是一种类似于一维数组（ndarray）的对象；

（2）它的数据类型没有限制（各种 Numpy 数据类型）；

（3）它有索引，把索引当作数据的标签（key）看待，类似于字典（只是类似，实质上是数组）；

（4）Series 同时具有数组和字典的功能，因此它也支持一些字典的方法。

2. DataFrame

DataFrame 是用于存储多行和多列数据的数据集合，是 Series 的容器。使用方式如下：

DataFrame(columnsMap)

例如：

```
from pandas import Series
from pandas import DataFrame
df=DataFrame( {'age':Series([26,29,24]),'name':Series(['Ken','Jerry','Ben'])},
index=[0,1,2])
print(df)
   age  name
0  26    Ken
1  29  Jerry
2  24    Ben
```

注意 DataFrame 单词中字母的大小写。使用 DataFrame 时，要先从 Pandas 中导入 DataFrame，数据访问方式如表 3-3 所示。

表 3-3　数据访问方式

访问位置	方法	备注
访问列	变量名[列名]	访问对应的列，如 df['name']
访问行	变量名[n:m]	访问 n 行到 n−1 行的数据，如 df[2:3]
访问块（行和列）	变量名.iloc[n1:n2,m1:m2]	访问 n1 到(n2−1)行，m1 到(m2−1)列的数据，如 df.iloc[0:3,0:2]
访问位置	变量名.at[行名,列名]	访问(行名,列名)位置的数据，如 df.at[1,'name']

具体示例如下：

```
A=df['age']          # 获取 age 的列值
print(A)
  0    26
  1    29
  2    24
Name: age,dtype: int64

B=df[1:2]             # 获取第 1 行的值(实际的第 2 行)
print(B)
  age  name
1  29  Jerry
C=df.iloc[0:2,0:2]  # 获取第 0 行到第 2 行(不含)与第 0 列到第 2 列(不含)的数据
print(C)
  age  name
0  26    Ken
1  29  Jerry
D=df.at[0,'name']  # 获取第 0 行与 name 的交叉值
print(D)
Ken
```

执行下面的代码并查看运行结果：

```
from pandas import DataFrame
df1=DataFrame({
    'age':[21,22,23],
    'name':['Ken','John','Jimi']});
df2=DataFrame(data={
    'age':[21,22,23],
    'name':['Ken','John','Jimi']
},index=['first','second','third']);
# 按列访问
df1['age']
# 按行访问
df1[1:2]
# 按列序号访问
df1.iloc[0:1,0:1]
# 按行索引名、列名访问
df2.at['first','name']
# 修改列名
df1.columns=['age2','name2']
# 修改行索引
df1.index=range(1,4)
# 访问指定列的值
```

```
df1.[df1.columns[0:2]]      # 等价于 column_names=df1.columns,df1[column_names
[0:2]]
# 根据行索引删除
df1.drop(1,axis=0)          # axis=0 表示行轴,也可以省略
# 根据列名进行删除
df1.drop('age2',axis=1)   # axis=1 表示列轴,不可以省略
# 第二种删除列的方法
del df1['age2']
# 增加列
df1['newColumn']=[2,4,6]
# 增加行,这种方法效率较低
df2.loc[len(df2)]=[24,"Kenken"]
```

可以通过合并两个 DataFrame 来增加行。例如:

```
df=DataFrame([[1,2],[3,4]],columns=list('AB'))
df
Out[7]:
   A  B
0  1  2
1  3  4
df2=DataFrame([[5,6],[7,8]],columns=list('AB'))
df2
Out[8]:
   A  B
0  5  6
1  7  8
# 方法一,合并两个 DataFrame,并生成一个新的 DataFrame,简单的“叠加”,不修改 index df.
append(df2)
# 仅把 df 和 df2“叠加”起来了,没有修改合并后 df2 部分的 index Out[9]:
   A  B
0  1  2
1  3  4
0  5  6
1  7  8
# 方法二,合并生成一个新的 DataFrame,并修改 index
df.append(df2,ignore_index=True)     # 修改 index,对 df2 部分重新索引了
Out[10]:
   A  B
0  1  2
1  3  4
2  5  6
3  7  8
```

3.2.3 数据导入

数据存在的形式多种多样，有文件（TXT、CSV、Excel）和数据库（MySQL、Access、SQL Server）等形式。

1）导入 TXT 文件

导入格式如下：

read_table(file,names=[列名 1,列名 2,…],sep=" ",…)

其中，file 为文件路径与文件名；names 为列名，默认为文件中的第一行；sep 为分隔符，默认为空，表示默认导入一列。

【例 3-1】 读取（导入）TXT 文件。

示例代码如下：

```
from pandas import read_table
df=read_table('D://rz1.txt',
names=['YHM','DLSJ','TCSJ','YWXT','IP','REMARK'],sep=",")
print(df)
YHM              DLSJ       TCSJ  YWXT            IP              \
0   S1402048  2014-11-04  08:44:46  NaN  1.225790e+17    221.205.98.55
1   S1411023  2014-11-04  08:45:06  NaN  1.225790e+17    183.184.226.205
2   S1402048  2014-11-04  08:46:39  NaN           NaN    221.205.98.55
3   20031509  2014-11-04  08:47:41  NaN           NaN    222.31.51.200
4   S1405010  2014-11-04  08:49:03  NaN  1.225790e+17    120.207.64.3

      REMARK
0  单点登录研究生系统成功!
1  单点登录研究生系统成功!
2  用户名或密码错误。
3  统一身份用户登录成功!
4  单点登录研究生系统成功!
```

注意：TXT 文本文件要保存成 UTF-8 格式才不会报错。

2）导入 CSV 文件

导入格式如下：

read_csv(file,names=[列名 1,列名 2,…],sep=" ",…)

其中，file 为文件路径与文件名；names 为列名，默认为文件中的第一行；sep 为分隔符，默认为空，表示默认导入一列。

【例 3-2】 读取（导入）CSV 文件。

示例代码如下：

```
from pandas import read_csv
df=read_csv('D://rz20.csv',
names=['YHM','DLSJ','TCSJ','YWXT','IP','REMARK'],sep=",")
prinf(df)
```

```
    YHM  DLSJ  TCSJ  YWXT  IP  REMARK
  0  id    band     num     price  NaN     NaN
  1  1    130LT    123     159    NaN     NaN
  2  2    131      124     753    NaN     NaN
  3  3    132      125     456    NaN     NaN
  4  4    133DX    126     852    NaN     NaN
```

3）导入 Excel 文件

导入格式如下：

read_excel(file,sheetname,header=0)

其中,file 为文件路径与文件名;sheetname 为 sheet 的名称,例如 sheet1;header 为列名,默认为 0,文件的第一行为列名,只接受布尔型 0 和 1。

【例 3-3】 读取(导入)Excel 文件。

示例代码如下：

```
from pandas import read_excel
df=read_excel('D://rzl.xlsx',sheetname='Sheet2',header=1)
print(df)
   S1411023  2014-11-04  08:45:06  0122579031373493731  183.184.226.205  \
0  S1402048  2014-11-04  08:46:39                  NaN  221.205.98.55
1  20031509  2014-11-04  08:47:41                  NaN  222.31.51.200
2  S1405010  2014-11-04  08:49:03         1.225790e+17  120.207.64.3
3  20031509  2014-11-04  08:47:41                  NaN  222.31.51.200
4  S1405010  2014-11-04  08:49:03         1.223790e+17  120.207.64.3

单点登录研究生系统成功!
0  用户名或密码错误。
1  统一身份用户登录成功!
2  单点登录研究生系统成功
3  统一身份用户登录成功!
4  单点登录研究生系统成功!
```

注意:header 取值为 0 和 1 是有差别的,取值为 0 表示将第一行作为表头显示,取值为 1 表示丢弃第一行,不将其作为表头显示。有时可以跳过首行或者读取多个表,例如：

df=pd. read_excel(filefullpath,sheetname=[0,2],skiprows[0])

其中,sheetname 可以指定读取几个 sheet,数目从 0 开始,若 sheetname=[0,2],则代表读取第 0 页和第 2 页的 sheet;skiprows=[0]代表读取时跳过第 0 行。

4）导入 MySQL 库

导入格式如下：

read_sql(sql,con=数据库)

sql 为从数据库中查询数据的 SQL 语句。

con 为数据库的连接对象,需要在程序中选择创建。

示例代码如下：

```
import pandas
import MySQLdb
connection=MySQLdb.connect(
    host='127.0.0.1',                       # 本机的访问地址
    user='root',                            # 登录名
    passwd=' ',                             # 访问密码,此处无密码
    db='test',                              # 访问的数据库
    port=5029,                              # 访问端口
    charset='utf8')                         # 编码格式
data=pandas.read_sql("select *  from t_user;",con=connection)
                                            # t_user是test库中的表
connection.close()                          # 调用完要关闭数据库
```

3.2.4 数据导出

1）导出 CSV 文件

导出格式如下：

to_csv(file_path,sep=“,”,index=True,header=True)

其中,file_path 为文件路径;sep 为分隔符,默认是逗号;index 代表是否导出行号,默认是 True,导出行号;header 代表是否导出列号,默认是 True,导出列号。

【例 3-4】 导出 CSV 文件。

示例代码如下：

```
from pandas import DataFrame
from pandas import Series
df=DataFrame(
  {'age':Series([26,85,64]),'name':Series(['Ben','John','Jerry'])})
print(df)

   age  name
0  26    Ben
1  85   John
2  64   Jerry
df.to_csv('d:\\01.csv')                       # 默认带上 index
df.to_csv('d:\\02.csv',index=False)           # 无 index
```

结果如图 3-1 所示。

	A	B	C	D
1		age	name	
2	0	26	Ben	
3	1	85	John	
4	2	64	Jerry	
5				
6				

	A	B	C
1	age	name	
2	26	Ben	
3	85	John	
4	64	Jerry	
5			
6			

图 3-1 导出数据 01.csv 和 02.csv 的结果

2）导出 Excel 文件

导出格式如下：

to_excel(file_path,index=True,header=True)

其中，file_path 为文件路径；index 表示是否导出行号，默认是 True，导出行号；header 表示是否导出列号，默认是 True，导出列号。

【例 3-5】 导出 Excel 文件。

示例代码如下：

```
from pandas import DataFrame
from pandas import Series
df=DataFrame(
  {'age':Series([26,85,64]),
   'name':Series(['Ben','John','Jerry'])})
df.to_excel('d:\\01.xlsx')                          # 默认带上 index
df.to_excel('d:\\02.xlsx',index=False)        # 无 index
```

结果如图 3-2 所示。

	A	B	C	D
1		age	name	
2	0	26	Ben	
3	1	85	John	
4	2	64	Jerry	
5				

	A	B	C	D
1	age	name		
2	26	Ben		
3	85	John		
4	64	Jerry		
5				

图 3-2 导出数据 01. xlsx 和 02. xlsx 的结果

注意：凡是在 Python2.7 中要写中文字符串的地方，都要在前面加 u。在 to_csv 里，就要多加 encoding=“utf8”这个参数；若要用 Excel 直接打开，则 encoding=“GBK”，或者 encoding=“GB2312”，因为 Excel 默认的是这种编码。在 Python3.4 后就不需要了。

3）导出到 MySQL 库

导出格式如下：

to_sql(tableName,con=数据库连接)

其中，tableName 为数据库中的表名；con 表示数据库的连接对象，需要在程序中选择创建。

示例代码如下：

```
import MySQLdb
from pandas import DataFrame
connection=MySQLdb.connect(
    host='127.0.0.1'
    port=5029
    passwd=' '
    db='test'
    charset='utf8')
connections.autocommmit(True)                  # 自动递交数据连接
```

```
df=DataFrame({
    'age':[85,64,26],
    'name':['John','Jerry','Ben']
});
df.to_sql("table_1",connections,flavor='mysql',if_exists='append')
                # 导入 MySQL 数据库 test 库下的 table_1 表中,以 append 追加的模式
connections.close()
```

3.3 数据处理

3.3.1 数据清洗

数据分析的第一步是提高数据质量。数据清洗是指处理缺失数据及清洗无意义的信息。这是数据价值链中最关键的步骤。对于“垃圾”数据,即使对其进行最好的分析,也将产生错误的结果,并误导业务本身。因此,在数据分析过程中,数据清洗占据了很大的工作量。

1. 重复值的处理

drop_duplicates( ):把数据结构中行相同的数据去除掉(保留其中的一行)。

【例 3-6】 数据去重。

```
from pandas import DataFrame
from pandas import read_excel
df=read_excel('d://rz2.xlsx')
df
Out[1]:
```

	YHM	TCSJ	YWXT	IP
0	S1402048	1.892225e+10	1.225790e+17	221.205.98.55
1	S1411023	1.352226e+10	1.225790e+17	183.184.226.205
2	S1402048	1.342226e+10	NaN	221.205.98.55
3	20031509	1.882226e+10	NaN	222.31.51.200
4	S1405010	1.892225e+10	1.225790e+17	120.207.64.3
5	20140007	NaN	1.225790e+17	222.31.51.200
6	S1404095	1.382225e+10	1.225790e+17	222.31.59.220
7	S1402048	1.332225e+10	1.225790e+17	221.205.98.55
8	S1405011	1.892226e+10	1.225790e+17	183.184.230.38
9	S1402048	1.332225e+10	1.225790e+17	221.205.98.55
10	S1405011	1.892226e+10	1.225790e+17	183.184.230.38

```
newDF=df.drop_duplicates()
newDF
```

```
Out[2]:
```

	YHM	TCSJ	YWXT	IP
0	S1402048	1.892225e+10	1.225790e+17	221.205.98.55
1	S1411023	1.352226e+10	1.225790e+17	183.184.226.205
2	S1402048	1.342226e+10	NaN	221.205.98.55
3	20031509	1.882226e+10	NaN	222.31.51.200
4	S1405010	1.892225e+10	1.225790e+17	120.207.64.3
5	20140007	NaN	1.225790e+17	222.31.51.200
6	S1404095	1.382225e+10	1.225790e+17	222.31.59.220
7	S1402048	1.332225e+10	1.225790e+17	221.205.98.55
8	S1405011	1.892226e+10	1.225790e+17	183.184.230.38

在上面的 df 中，第 7 行(以行号为参考)和第 9 行数据相同，第 8 行和第 10 行数据相同，去重后，newDF 中，第 7 行、第 9 行和第 8 行、第 10 行各保留一行数据。

2. 缺失值保留

对于缺失数据的处理方式有数据补齐、删除对应缺失行、不处理等方法。

(1) dropna( )：去除数据结构中值为空的数据行。

【例 3-7】 删除数据为空的数据行。

示例代码如下：

```
from pandas import DataFrame
from pandas import read_excel
df=read_excel('d://rz2.xlsx')
newDF=df.dropna( )
newDF
Out[3]:
```

	YHM	TCSJ	YWXT	IP
0	S1402048	1.892225e+10	1.225790e+17	221.205.98.55
1	S1411023	1.352226e+10	1.225790e+17	183.184.226.205
4	S1405010	1.892225e+10	1.225790e+17	120.207.64.3
6	S1404095	1.382225e+10	1.225790e+17	222.31.59.220
7	S1402048	1.332225e+10	1.225790e+17	221.205.98.55
8	S1405011	1.892226e+10	1.225790e+17	183.184.230.38
9	S1402048	1.332225e+10	1.225790e+17	221.205.98.55
10	S1405011	1.892226e+10	1.225790e+17	183.184.230.38

df 中的第 2、3、5 行有空值 NaN，在 newDF 中已经被删除。

(2) df. fillna( )：用其他数值替代 NaN。

有些时候，直接删除空数据会影响分析结果，此时可以对数据进行填补。

【例 3-8】 使用数值或者任意字符替代缺失值。

示例代码如下：

```
from pandas import DataFrame
from pandas import read_excel
df=read_excel('d://rz2.xlsx')
df.fillna('? ')
Out[4]:
```

	YHM	TCSJ	YWXT	IP
0	S1402048	1.892225e+10	1.225790e+17	221.205.98.55
1	S1411023	1.352226e+10	1.225790e+17	183.184.226.205
2	S1402048	1.342226e+10	?	221.205.98.55
3	20031509	1.882226e+10	?	222.31.51.200
4	S1405010	1.892225e+10	1.225790e+17	120.207.64.3
5	20140007	?	1.225790e+17	222.31.51.200
6	S1404095	1.382225e+10	1.225790e+17	222.31.59.220
7	S1402048	1.332225e+10	1.225790e+17	221.205.98.55
8	S1405011	1.892226e+10	1.225790e+17	183.184.230.38
9	S1402048	1.332225e+10	1.225790e+17	221.205.98.55
10	S1405011	1.892226e+10	1.225790e+17	183.184.230.38

df 中的第 2、3、5 行有空值，在 newDF 中用“?”替代了缺失值。

(3) df. fillna(method=‘pad’)：用前一个数据值替代 NaN。

【例 3-9】 用前一个数据值替代缺失值。

示例代码如下：

```
from pandas import DataFrame
from pandas import read_excel
df=read_excel('d://rz2.xlsx')
df.fillna(method='pad')
Out[5]:
```

	YHM	TCSJ	YWXT	IP
0	S1402048	1.892225e+10	1.225790e+17	221.205.98.55
1	S1411023	1.352226e+10	1.225790e+17	183.184.226.205
2	S1402048	1.342226e+10	1.225790e+17	221.205.98.55
3	20031509	1.882226e+10	1.225790e+17	222.31.51.200
4	S1405010	1.892225e+10	1.225790e+17	120.207.64.3
5	20140007	1.892225e+10	1.225790e+17	222.31.51.200
6	S1404095	1.382225e+10	1.225790e+17	222.31.59.220
7	S1402048	1.332225e+10	1.225790e+17	221.205.98.55
8	S1405011	1.892226e+10	1.225790e+17	183.184.230.38
9	S1402048	1.332225e+10	1.225790e+17	221.205.98.55
10	S1405011	1.892226e+10	1.225790e+17	183.184.230.38

(4) df.fillna(method='bfill'):用后一个数据值替代 NaN。

与 pad 相反,bfill 表示用后一个数据替代 NaN。可以用 limit 限制每列可以替代 NaN 的数目。

【例 3-10】 用后一个数值替代 NaN。

示例代码如下:

```
from pandas import DataFrame
from pandas import read_excel
df=read_excel('d://rz2.xlsx')
df.fillna(method='bfill')
Out[6]:
```

	YHM	TCSJ	YWXT	IP
0	S1402048	1.892225e+10	1.225790e+17	221.205.98.55
1	S1411023	1.352226e+10	1.225790e+17	183.184.226.205
2	S1402048	1.342226e+10	1.225790e+17	221.205.98.55
3	20031509	1.882226e+10	1.225790e+17	222.31.51.200
4	S1405010	1.892225e+10	1.225790e+17	120.207.64.3
5	20140007	1.382225e+10	1.225790e+17	222.31.51.200
6	S1404095	1.382225e+10	1.225790e+17	222.31.59.220
7	S1402048	1.332225e+10	1.225790e+17	221.205.98.55
8	S1405011	1.892226e+10	1.225790e+17	183.184.230.38
9	S1402048	1.332225e+10	1.225790e+17	221.205.98.55
10	S1405011	1.892226e+10	1.225790e+17	183.184.230.38

(5) df.fillna(df.mean( )):用均值或者其他描述性统计量来替代 NaN。

【例 3-11】 使用均值来填补数据。

示例代码如下:

```
from pandas import DataFrame
from pandas import read_excel
df=read_excel('d://rz2_0.xlsx')
df
Out[7]:
```

	No	math	physical	chinese
0	1	76.0	85	78.0
1	2	85.0	56	NaN
2	3	76.0	95	85.0
3	4	NaN	75	58.0
4	5	87.0	52	68.0

```
df.fillna(df.mean( ))
Out[8]:
```

	No	math	physical	chinese
0	1	76.0	85	78.00
1	2	85.0	56	72.25
2	3	76.0	95	85.00
3	4	81.0	75	58.00
4	5	87.0	52	68.00

(6) df.fillna(df.mean( )[‘one’:‘two’])：选择列进行缺失值的处理。

【例 3-12】 为某列使用该列的均值来填补数据。

示例代码如下：

```
from pandas import DataFrame
from pandas import read_excel
df=read_excel('d://rz2_0.xlsx')
df.fillna(df.mean( )['math':'physical'])
Out[9]:
```

	No	math	physical	chinese
0	1	76.0	85	78.0
1	2	85.0	56	NaN
2	3	76.0	95	85.0
3	4	81.0	75	58.0
4	5	87.0	52	68.0

(7) strip( )：清除字符型数据左右(首位)指定的字符，默认为空格，中间的不清除。

【例 3-13】 删除字符串左右或首位指定的字符。

示例代码如下：

```
from pandas import DataFrame
from pandas import read_excel
df=read_excel('d://rz2.xlsx')
newDF=df['IP'].str.strip( )        # 因为 IP 是一个对象，所以先转为 str
print(newDF)
Out[10]:
0      221.205.98.55
1    183.184.226.205
2      221.205.98.55
3      222.31.51.200
4       120.207.64.3
5      222.31.51.200
6      222.31.59.220
7      221.205.98.55
8     183.184.230.38
9      221.205.98.55
```

```
10    183.184.230.38
Name: IP,dtype: object
```

3.3.2 数据抽取

（1）字段抽取：抽出某列上指定位置的数据，做成新的列。使用方式如下：

slice(start,stop)

其中，start 为开始位置；stop 为结束位置。

【例 3-14】 从数据中抽出某列。

示例代码如下：

```
from pandas import DataFrame
from pandas import read_excel
df=read_excel('d://rz2.xlsx')
df=['TCSJ']=df['TCSJ'].astype(str)
df['TCSJ']
Out[1]:
0     18922254812.0
1     13522255003.0
2     13422259938.0
3     18822256753.0
4     18922253721.0
5               NaN
6     13822254373.0
7     13322252452.0
8     18922257681.0
9     13322252452.0
10    18922257681.0
Name: TCSJ,dtype: object

bands=df['TCSJ'].str.slice(0,3)
bands
Out[2]:
0     189
1     135
2     134
3     188
4     189
5     NaN
6     138
7     133
8     189
9     133
10    189
```

```
Name: TCSJ,dtype: object

areas=df['TCSJ'].str.slice(3,7);
areas
Out[3]:
0    2225
1    2225
2    2225
3    2225
4    2225
5
6    2225
7    2225
8    2225
9    2225
10   2225
Name: TCSJ,dtype: object

tell=df['TCSJ'].str.slice(7,11);
tell
Out[4]:
0    4812
1    5003
2    9938
3    6753
4    3721
5
6    4373
7    2452
8    7681
9    2452
10   7681
Name: TCSJ,dtype: object
```

(2) 字段拆分:按指定的字符拆分已有的字符串。使用方式如下:

split(sep,n,expend=False)

其中,sep 是用于分隔字符串的分隔符;n 为分割后新增的列数;expend 代表是否展开为数据框,默认为 False。

返回值:expend 为 True,返回 DaraFrame;为 False,返回 Series。

【例 3-15】 拆分字符串为指定的列数。

示例代码如下:

```
from pandas import DataFrame
from pandas import read_excel
```

```
df=read_excel('d://rz2.xlxs')
newDF=df['IP'].str.strip()                    # IP先转为str,再删除首位空格
newDF=df['IP'].str.split('.',1,True)          # 按第一个'.'分成两列,1表示新增的列数
newDF
Out[5]:
```

	0	1
0	221	205.98.55
1	183	184.226.205
2	221	205.98.55
3	222	31.51.200
4	120	207.64.3
5	222	31.51.200
6	222	31.59.220
7	221	205.98.55
8	183	184.230.38
9	221	205.98.55
10	183	184.230.38

```
newDF.columns=['IP1','IP2-4']          # 给第一列和第二列增加列名称
newDF
Out[6]:
```

	IP1	IP2-4
0	221	205.98.55
1	183	184.226.205
2	221	205.98.55
3	222	31.51.200
4	120	207.64.3
5	222	31.51.200
6	222	31.59.220
7	221	205.98.55
8	183	184.230.38
9	221	205.98.55
10	183	184.230.38

(3) 记录抽取:根据一定的条件,对数据进行抽取。使用方式如下:

DataFrame[condition]

其中,condition为过滤条件;返回值为DataFrame。

常用的condition类型如下。

①比较运算:＜、＞、＞＝、＜＝、！＝,如df[df.comments＞10000]。

②范围运算：between(left,right)，如 df[df. comments. between(1000,10000)]。

③空置运算：pandas. isnull(column)，如 df[df. title. isnull( )]。

④字符匹配：str. contains(patten,na＝False)，如 df[df. title. str. contains('电台',na＝False)]。

⑤逻辑运算：&（与）、|（或）、not（非），如 df[(df. comments＞＝1000)&(df. comments＜＝10000)]，其跟 df[df. comments. between(1000,10000)]等价。

【例 3-16】 按条件抽取数据。

示例代码如下：

```
import pandas
from pandas import read_excel
df=read_excel('d://rz2.xlsx')
df[df.TCSJ==13322252452]
Out[7]:
```

	YHM	TCSJ	YWXT	IP
7	S1402048	1.332225e+10	1.225790e+17	221.205.98.55
9	S1402048	1.332225e+10	1.225790e+17	221.205.98.55

```
df[df.TCSJ>13500000000]
Out[8]:
```

	YHM	TCSJ	YWXT	IP
0	S1402048	1.892225e+10	1.225790e+17	221.205.98.55
1	S1411023	1.352226e+10	1.225790e+17	183.184.226.205
3	20031509	1.882226e+10	NaN	222.31.51.200
4	S1405010	1.892225e+10	1.225790e+17	120.207.64.3
6	S1404095	1.382225e+10	1.225790e+17	222.31.59.220
8	S1405011	1.892226e+10	1.225790e+17	183.184.230.38
10	S1405011	1.892226e+10	1.225790e+17	183.184.230.38

```
df[df.TCSJ.between(13400000000,13999999999)]
Out[9]:
```

	YHM	TCSJ	YWXT	IP
1	S1411023	1.352226e+10	1.225790e+17	183.184.226.205
2	S1402048	1.342226e+10	NaN	221.205.98.55
6	S1404095	1.382225e+10	1.225790e+17	222.31.59.220

```
df[df.YWXT.isnull()]
Out[10]:
```

	YHM	TCSJ	YWXT	IP
2	S1402048	1.342226e+10	NaN	221.205.98.55
3	20031509	1.882226e+10	NaN	222.31.51.200

```
df[df.IP.str.contains('222.',na=False)]
Out[11]:
```

	YHM	TCSJ	YWXT	IP
3	20031509	1.882226e+10	NaN	222.31.51.200
5	20140007	NaN	1.225790e+17	222.31.51.200
6	S1404095	1.382225e+10	1.225790e+17	222.31.59.220

（4）随机抽样：随机从数据中按照一定的行数或者比例抽取数据。使用方式如下：

numpy. random. randint(start,end,num)

其中，start 为范围的开始值；end 为范围的结束值；num 为抽样个数；返回值为行的索引值序列。

【例 3-17】 随机抽取数据。

示例代码如下：

```
import numpy
import pandas
from pandas import read_excel
df=read_excel('d://rz2.xlsx')
df
Out[12]:
```

	YHM	TCSJ	YWXT	IP
0	S1402048	1.892225e+10	1.225790e+17	221.205.98.55
1	S1411023	1.352226e+10	1.225790e+17	183.184.226.205
2	S1402048	1.342226e+10	NaN	221.205.98.55
3	20031509	1.882226e+10	NaN	222.31.51.200
4	S1405010	1.892225e+10	1.225790e+17	120.207.64.3
5	20140007	NaN	1.225790e+17	222.31.51.200
6	S1404095	1.382225e+10	1.225790e+17	222.31.59.220
7	S1402048	1.332225e+10	1.225790e+17	221.205.98.55
8	S1405011	1.892226e+10	1.225790e+17	183.184.230.38
9	S1402048	1.332225e+10	1.225790e+17	221.205.98.55
10	S1405011	1.892226e+10	1.225790e+17	183.184.230.38

```
r=numpy.random.randint(0,10,3)
r
Out[13]:
array([7,8,1])
df.loc[r,:]                    # 抽取 r 行数据
```

	YHM	TCSJ	YWXT	IP
7	S1402048	1.332225e+10	1.225790e+17	221.205.98.55
8	S1405011	1.892226e+10	1.225790e+17	183.184.230.38
1	S1411023	1.352226e+10	1.225790e+17	183.184.226.205

接下来我们来说明如何按照指定条件抽取数据。

①使用 index 标签选取数据：

df. loc[行标签,列标签]

例如：

```
df.loc['a':'b']        # 选取 a、b 两行数据,假设 a、b 为行索引
df.loc[:,'TCSJ']       # 选取 TCSJ 列的数据
```

df. loc 的第一个参数是行标签，第二个参数是列标签(可选参数，默认为所有列标签)，两个参数既可以是列表，也可以是单个字符，若两个参数都为列表，则返回的是 DataFrame，否则为 Series。

②使用切片位置选取数据：

df. iloc[行位置,列位置]

例如：

```
df.iloc[1,1]           # 选取第 2 行,第 2 列的值,返回的为单个值
df.iloc[[0,2],:]       # 选取第 1 行和第 3 行的数据
df.iloc[0:2,:]         # 选取第 1 行到第 3 行 (不包含) 的数据
df.iloc[:,1]           # 选取所有记录的第一列的值,返回的为一个 Series
df.iloc[1,:]           # 选取第一行数据,返回的为一个 Series
```

说明：loc 为 location 的缩写，iloc 则为 integer&location 的缩写。更广义的切片方式是使用. ix，它自动根据给出的索引类型判断是使用位置还是标签进行切片。即 iloc 为整型索引；loc 为字符串索引；ix 是 iloc 和 loc 的合体。

Python 默认的行号是从 0 开始的，我们称其为行位置；但实际上行位置为 0 的行我们在计数时为第 1 行，即行号，行号是从 1 开始的；有时 index 会被命名为'one'、'two'、'three'、'four'或'a'、'b'、'c'、'd'等字符串，我们称其为标签。loc 索引的是行号、标签，不是行位置，如下例中，df2. loc[1]索引的是第 1 行(行号为 1)，其行位置为 0；iloc 索引的是位置，不能是标签或行号；ix 则皆可。

```
import pandas as pd
index_loc=['a','b']
index_iloc=[1,2]
data=[[1,2,3,4],[5,6,7,8]]
columns=['one','two','three','four']
df1=pd.DataFrame(data=data,index=index_loc,columns=columns)
df2=pd.DataFrame(data=data,index=index_iloc,columns=columns)

print(df1.loc['a'])
one      1
two      2
three    3
four     4
Name: a,dtype: int64

print(df1.iloc['a'])       # iloc不能索引字符串
TypeErrorTraceback (most recent call last):
TypeError:cannot do label indexing on <class 'pandas.core.index.Index'>
with these indexers [a]  of <class 'str'>
```

```
print(df2.iloc[1])        # 索引的是行位置
one       5
two       6
three     7
four      8
Name: 2,dtype: int64

print(df2.loc[1])      # 索引的是行号,对应的行位置为 0 行
one       1
two       2
three     3
four      4
Name: 1,dtype: int64

print(df1.ix[0])
one       1
two       2
three     3
four      4
Name: a,dtype: int64

print(df1.ix['a'])
one       1
two       2
three     3
four      4
Name: a,dtype: int64
```

③通过逻辑指针进行数据切片：

df[逻辑条件]

例如：

```
df[df.TCSJ>=18822256753]      # 单个逻辑条件
df[(df.TCSJ>=13422259938)&(df.TCSJ<13822254373)]      # 多逻辑条件组合
```

用这种方式获取的数据切片都是 DataFrame。例如：

```
df[df.TCSJ>=18822256753]
Out[14]:
```

	YHM	TCSJ	YWXT	IP
0	S1402048	1.892225e+10	1.225790e+17	221.205.98.55
3	20031509	1.882226e+10	NaN	222.31.51.200
4	S1405010	1.892225e+10	1.225790e+17	120.207.64.3
8	S1405011	1.892226e+10	1.225790e+17	183.184.230.38
10	S1405011	1.892226e+10	1.225790e+17	183.184.230.38

(5) 字典数据:将字典数据抽取为 DataFrame,有三种方法:

```
import pandas
from pandas import DataFrame
# 1.字典的 key 和 value 各作为一列
d1={'a':'[1,2,3]','b':'[0,1,2]'}
a1=pandas.DataFrame.from_dict(d1,orient='index')
# 将字典转化为 DataFrame,且 key 列做成了 index
a1.index.name='key'            # 将 index 的列名改成'key'
b1=a1.reset_index()            # 重新增加 index,并将原 index 改成'key'列
b1.columns=['key','value']     # 对列重新命名为'key'
b1
Out[15]:
```

	key	value
0	a	[1,2,3]
1	b	[0,1,2]

```
# 2.字典里的每一个元素作为一列(同长)
d2={'a':[1,2,3],'b':[4,5,6]}     # 字典的 value 必须长度相等
a2=DataFrame(d2)
a2
Out[16]:
```

	a	b
0	1	4
1	2	5
2	3	6

```
# 3.字典里的每一个元素作为一列(不同长)
d={'one':pandas.Series([1,2,3]),'two':pandas.Series([1,2,3,4])}     # 字典的
value 长度可以不相等
df=pandas.DataFrame(d)
df
Out[17]:
```

	one	two
0	1.0	1
1	2.0	2
2	3.0	3
3	NaN	4

也可以像下面这样处理:

```
import pandas
from pandas import Series
import numpy as np
from pandas import DataFrame
```

```
d=dict(A=np.array([1,2]),B=np.array([1,2,3,4]))
DataFrame(dict([(k,Series(v))for k,v in d.items()]))
Out[18]:
```

	A	B
0	1.0	1
1	2.0	2
2	NaN	3
3	NaN	4

还可以做如下处理：

```
import numpy as np
import pandas as pd
my_dict=dict(A=np.array([1,2]),B=np.array([1,2,3,4]))
df=pd.DataFrame.from_dict(my_dict,orient='index').T
df
Out[19]:
```

	A	B
0	1.0	1.0
1	2.0	2.0
2	NaN	3.0
3	NaN	4.0

3.3.3 排名索引

1. 排序和排名

Series 的. sort_index(ascending=True)方法可以对 index 进行排序操作，ascending 参数用于控制升序或降序，默认为升序。

在 DataFrame 上，. sort_index(axis，by=None，ascending=True)方法多一个轴向的选择参数，以及一个 by 参数，by 参数的作用是针对某一(些)列进行排序(不能对行使用 by 参数)。

例如：

```
from pandas import DataFrame
df0={'ohio':[0,6,3],'texas':[7,4,1],'california':[2,8,5]}
df=DataFrame(df0,index=['a','c','d'])
df
Out[1]:
```

	california	ohio	texas
a	2	0	7
c	8	6	4
d	5	3	1

```
df.sort_index(by='ohio')
Out[2]:
```

	california	ohio	texas
a	2	0	7
d	5	3	1
c	8	6	4

```
df.sort_index(by=['california','texas'])
Out[3]:
```

	california	ohio	texas
a	2	0	7
d	5	3	1
c	8	6	4

```
df.sort_index(axis=1)
Out[4]:
```

	california	ohio	texas
a	2	0	7
c	8	6	4
d	5	3	1

排名(Series.rank(method='average',ascending=True))的作用与排序的不同之处在于,它会把对象的 values 替换成名次(从 1 到 n),对于平级项,可以通过方法里的 method 参数来处理,method 参数有 4 个可选项:average、min、max、first。举例如下:

```
In [5]:ser=Series([3,2,0,3],index=list('abcd'))
       ser
Out[5]:a    3
       b    2
       c    0
       d    3
       dtype: int64
In [6]:ser.rank()
Out[6]:a    3.5
       b    2.0
       c    1.0
       d    3.5
       dtype: float64
In [7]:ser.rank(method='min')
Out[7]:a    3.0
       b    2.0
       c    1.0
       d    3.0
       dtype: float64
```

```
In [8]:ser.rank(method='max')
Out[8]:a    4.0
       b    2.0
       c    1.0
       d    4.0
       dtype: float64
In [9]:ser.rank(method='first')
Out[9]:a    3.0
       b    2.0
       c    1.0
       d    4.0
       dtype: float64
```

注意：在 ser[0]和 ser[3]这对平级项上，不同 method 参数表现出的名次不同。DataFrame 的.rank(axis=0,method='average',ascending=True)方法多了 axis 参数，可选择按行或者按列对其分别进行排名，暂时没有针对全部元素排名的方法。

2. 重新索引

Series 对象的重新索引通过其.reindex(index=None, * * kwargs)方法来实现。* * kwargs 中常用的参数有两个：method=None 和 fill_value=np.NaN。

例如：

```
In [10]:from pandas import Series
        ser=Series([4.5,7.2,-5.3,3.6],index=['d','b','a','c'])
        A=['a','b','c','d','e']
        ser.reindex(A)
Out[10]:a   -5.3
        b    7.2
        c    3.6
        d    4.5
        e    NaN
        dtype: float64

In [11]:ser=ser.reindex(A,fill_value=0)
        ser
Out[11]:a   -5.3
        b    7.2
        c    3.6
        d    4.5
        e    0.0
        dtype: float64
```

.reindex( )方法会返回一个新对象，其 index 严格遵循给出的参数，method(可为'backfill','bfill','pad','ffill',None)参数用于指定插值(填充)方式，当没有给出时，默认用 fill_value 填充，值为 NaN(ffill=pad,bfill=back fill,分别指插值时向前还是向后取值)。

DataFrame 对象的重新索引方法.reindex(index=None,columns=None, * * kwargs)

仅比 Series 多了一个可选的参数 columns,用于给列索引。其用法与 Series 的类似,只不过 method 参数只能应用于行,即轴 axis=0。

例如:

```
state=['texas','utha','california']
df.reindex(columns=state,method='ffill')
```

	texas	utha	california
a	7	7	NaN
c	4	4	NaN
d	1	1	NaN

可不可以通过 df.reindex(index,method='* *')这样的方式来实现在列上的插值呢?答案是肯定的,另外要注意,使用.reindex(index,method='* *')时,index 必须是单调的,否则就会引发一个错误(ValueError:Must be monotonic for forward fill),比如上例中的最后一次调用,如果使用 index=['a','b','c','d'],就会报错。

3.3.4 数据合并

(1) 合并记录:将两个结构相同的数据框合并成一个数据框,也就是在一个数据框中追加另一个数据框的数据记录。使用方式如下:

concat([DataFrame1,DataFrame2,…])

其中,DataFrame1,DataFram2,…为数据框;返回值为 DataFrame。

【例 3-18】 合并两个数据框,即合并记录。

示例代码如下:

```
import pandas
from pandas import DataFrame
from pandas import read_excel
df1=read_excel('d://rz2.xlsx')
df1
Out[1]:
```

	YHM	TCSJ	YWXT	IP
0	S1402048	1.892225e+10	1.225790e+17	221.205.98.55
1	S1411023	1.352226e+10	1.225790e+17	183.184.226.205
2	S1402048	1.342226e+10	NaN	221.205.98.55
3	20031509	1.882226e+10	NaN	222.31.51.200
4	S1405010	1.892225e+10	1.225790e+17	120.207.64.3
5	20140007	NaN	1.225790e+17	222.31.51.200
6	S1404095	1.382225e+10	1.225790e+17	222.31.59.220
7	S1402048	1.332225e+10	1.225790e+17	221.205.98.55
8	S1405011	1.892226e+10	1.225790e+17	183.184.230.38
9	S1402048	1.332225e+10	1.225790e+17	221.205.98.55
10	S1405011	1.892226e+10	1.225790e+17	183.184.230.38

```
df2=read_excel('d://rz3.xlsx')
df2
Out[2]:
```

	YHM	TCSJ	YWXT	IP
0	S1402011	18603514812	1.225790e+17	221.205.98.55
1	S1411022	13103515003	1.225790e+17	183.184.226.205
2	S1402033	13203559930	NaN	221.205.98.55

```
df=pandas.concat([df1,df2])
df
Out[3]:
```

	YHM	TCSJ	YWXT	IP
0	S1402048	1.892225e+10	1.225790e+17	221.205.98.55
1	S1411023	1.352226e+10	1.225790e+17	183.184.226.205
2	S1402048	1.342226e+10	NaN	221.205.98.55
3	20031509	1.882226e+10	NaN	222.31.51.200
4	S1405010	1.892225e+10	1.225790e+17	120.207.64.3
5	20140007	NaN	1.225790e+17	222.31.51.200
6	S1404095	1.382225e+10	1.225790e+17	222.31.59.220
7	S1402048	1.332225e+10	1.225790e+17	221.205.98.55
8	S1405011	1.892226e+10	1.225790e+17	183.184.230.38
9	S1402048	1.332225e+10	1.225790e+17	221.205.98.55
10	S1405011	1.892226e+10	1.225790e+17	183.184.230.38
0	S1402011	1.860351e+10	1.225790e+17	221.205.98.55
1	S1411022	1.310352e+10	1.225790e+17	183.184.226.205
2	S1402033	1.320356e+10	NaN	221.205.98.55

两个文件的数据记录都合并到一起了,实现了数据记录的“叠加”或者记录顺延。

(2) 合并字段:对同一个数据框中不同的列进行合并,形成新的列。使用方式如下:

X＝x1＋x2

其中,x1 为数据列 1;x2 为数据列 2;返回值为 Series,即合并后的系列(要求合并的系列长度一致)。

【例 3-19】 将多个字段合并成一个新的字段。

示例代码如下:

```
import pandas
from pandas import DataFrame
from pandas import read_csv
df=read_csv('d://rz4.csv',sep=" ",names=['band','area','num'])
print(df)
Out[4]:
```

```
   band   area   num
0  189    2225   4812
1  135    2225   5003
2  134    2225   9938
3  188    2225   6753
4  189    2225   3721
5  134    2225   9313
6  138    2225   4373
7  133    2225   2452
8  189    2225   7681
df=df.astype(str)
tel=df['band']+df['area']+df['num']
tel
Out[5]:
0    18922254812
1    13522255003
2    13422259938
3    18822256753
4    18922253721
5    13422259313
6    13822254373
7    13322252452
8    18922257681
dtype:object
```

(3) 字段匹配：将不同结构的数据框（两个或两个以上的数据框）按照一定的条件进行合并，即追加列。使用方式如下：

merge(x,y,left_on,right_on)

其中，x 是第一个数据框；y 是第二个数据框；left_on 是第一个数据框的用于匹配的列；right_on 是第二个数据框的用于匹配的列；返回值为 DataFrame。

【例 3-20】 按指定唯一字段匹配增加列。

示例代码如下：

```
import pandas
from pandas import DataFrame
from pandas import read_excel
df1=read_excel('d://rz2.xlsx',sheetname='Sheet3')
df1
Out[6]:
  id  band  num
0  1  130   123
1  2  131   124
2  4  133   125
3  5  134   126
```

```
df2=read_excel('d://rz2.xlsx',sheetname='Sheet4')
df2
Out[7]:
  id  band  area
0  1  130   351
1  2  131   352
2  3  132   353
3  4  133   354
4  5  134   355
5  5  135   356
pandas.merge(df1,df2,left_on='id',right_on='id')
Out[8]:
  id  band_x  num  band_y  area
0  1  130     123  130     351
1  2  131     124  131     352
2  4  133     125  133     354
3  5  134     126  134     355
4  5  134     126  135     356
```

这里只匹配了有相同序号的行，如 df1 中没有 id＝3，结果中也没有 id＝3，但是在 df2 中有两个 id＝5，在结果中也有两个 id＝5，但是只匹配第一个 id＝5。

3.3.5 数据计算

（1）简单计算：对各字段进行加、减、乘、除等四则运算，将计算结果作为新的字段。

例如：

```
from pandas import read_csv
df=read_csv('d://rz2.csv',sep=',')
df
Out[1]:
  id  band  num  price
0  1  130   123  159
1  2  131   124  753
2  3  132   125  456
3  4  133   126  852
result=df.price* df.num
result
Out[2]:
0    19557
1    93372
2    57000
3    107352
dtype:int64
df['result']=result
```

```
Out[3]:
   id  band  num  price  result
0  1  130   123  159   19557
1  2  131   124  753   93372
2  3  132   125  456   57000
3  4  133   126  852   107352
```

(2) 数据标准化：将数据按照比例缩放，使之落入特定的区间，一般使用区间[0,1]来对其进行标准化。

```
X* =(x-min)/(max-min)
```

例如：

```
from pandas import read_csv
df=read_csv('d://rz2.csv',sep=',')
df
Out[4]:
   id  band  num  price
0  1   130   123  159
1  2   131   124  753
2  3   132   125  456
3  4   133   126  852
scale=(df.price-df.price.min())/(df.price.max()-df.price.min())
scale
Out[5]:
0    0.000000
1    0.857143
2    0.428571
3    1.000000
Name:price,dtype:float64
```

3.3.6　数据分组

数据分组是指根据数据分析对象的特征，按照一定的数据指标，把数据划分为不同的区间来进行研究，以揭示其内在的联系和规律性。简单地说，就是新增一列，将原来的数据按照其性质归入新的类型中。数据分组的语法如下：

cut(series,bins,right=True,labels=NULL)

其中，series为需要分组的数据；bins为分组的依据数据；right用于设置分组时右边是否闭合；labels为分组的自定义标签，可以不自定义。

例如：

```
import pandas
from pandas import DataFrame
from pandas import read_csv
df=read_csv('e://rz2.csv',sep=',')
df
Out[1]:
```

```
   id  band  num  price
0  1   130   123  159
1  2   131   124  753
2  3   132   125  456
3  4   133   126  852

bins=[min(df.price)-1,500,max(df.price)+1]
labels=["500以下","500以上"]
pandas.cut(df.price,bins)
Out[2]:
0    (158,500]
1    (500,853]
2    (158,500]
3    (500,853]
Name: price,dtype: category
Categories (2,interval[int64]): [(158,500] < (500,853]]

pandas.cut(df.price,bins,right=False)
Out[3]:
0    [158,500)
1    [500,853)
2    [158,500)
3    [500,853)
Name: price,dtype: category
Categories (2,interval[int64]): [[158,500)<[500,853)]

pa=pandas.cut(df.price,bins,right=False,labels=labels)
Pa
Out[4]:
0    500以下
1    500以上
2    500以下
3    500以上
Name: price,dtype: category
Categories (2,object): [500以下 <500以上]

df['label']=pandas.cut(df.price,bins,right=False,labels=labels)
df
Out[5]:
   id  band  num  price  label
0  1   130   123  159    500以下
1  2   131   124  753    500以上
```

```
2  3  132   125   456   500以下
3  4  133   126   852   500以上
```

3.3.7 日期处理

（1）日期转换：将字符型的数据转换为日期型的数据的过程。使用方式如下：

to_datetime(dateString,format)

format 的格式为：

%Y(年份)、%m(月份)、%d(日期)、%H(小时)、%M(分钟)、%S(秒)。

【例 3-21】 使用 to_datetime(df.注册时间,format='%Y/%m/%d')转换。

示例代码如下：

```
from pandas import read_csv
from pandas import to_datetime
df=read_csv('d://rz3.csv',sep=',',encoding='utf8')
df
Out[1]:
```

	num	price	year	month	date
0	123	159	2016	1	2016/6/1
1	124	753	2016	2	2016/6/2
2	125	456	2016	3	2016/6/3
3	126	852	2016	4	2016/6/4
4	127	210	2016	5	2016/6/5
5	115	299	2016	6	2016/6/6
6	102	699	2016	7	2016/6/7
7	201	599	2016	8	2016/6/8
8	154	199	2016	9	2016/6/9
9	142	899	2016	10	2016/6/10

```
df_dt=to_datetime(df.date,format='% Y/% m/% d')
df_dt
Out[2]:
0  2016-06-01
1  2016-06-02
2  2016-06-03
3  2016-06-04
4  2016-06-05
5  2016-06-06
6  2016-06-07
7  2016-06-08
8  2016-06-09
9  2016-06-10
Name: date,dtype: datetime64[ns]
```

注意 CSV 的格式是否是 utf8 格式，否则会报错。另外，CSV 里 date 的格式应是文本(字符串)格式。

(2) 日期格式化：将日期型的数据按照给定的格式转化为字符型的数据。使用方式如下：

apply(lambda x:处理逻辑)

处理逻辑即 datetime. strftime(x,format)。

【例 3-22】 将日期型数据转化为字符型数据。

示例代码如下：

```
# df_dt=to_datetime(df.注册时间,format='% Y/% m/% d');
# df_dt_str=df_dt.apply(df.注册时间,format='% Y/% m/% d')
from pandas import read_csv
from pandas import to_datetime
from datetime import datetime
df=read_csv('d://rz3.csv',sep=',',encoding='utf8')
df_dt_str=df_dt.apply(lambda x:datetime.strftime(x,'% Y/% m/% d'))
df_dt_str
Out[3]:
0     2016/06/01
1     2016/06/02
2     2016/06/03
3     2016/06/04
4     2016/06/05
5     2016/06/06
6     2016/06/07
7     2016/06/08
8     2016/06/09
9     2016/06/10
Name: date,dtype: object
```

注意，当希望将函数应用到 DataFrame 对象的行或列时，可以使用. apply(f,axis=0,args=( ),* * kwds)方法按列运算，axis=1 表示按行运算。例如：

```
from pandas import DataFrame
df=DataFrame({'ohio':[1,3,6],'texas':[1,4,5],'california':[2,5,8]},index=['a',
'c','d'])
df
Out[4]:
    california   ohio   texas
a       2          1      1
c       5          3      4
d       8          6      5
f=lambda x:x.max( )-x.min( )
df.apply(f)    # 默认按列运算，同 df.apply(f,axis=0)
Out[5]:
```

```
california  6
ohio        5
texas       4
dtype:int64

df.apply(f,axis=1)  # 按行运算
Out[6]:
a  1
c  2
d  3
dtype:int64
```

(3) 日期抽取:从日期格式中抽取出需要的部分属性。使用方式如下:

Data_dt. dt. property

属性取值的相关含义如下。

second:1～60 秒,从 1 到 60。

minute:1～60 分,从 1 到 60。

hour:1～24 小时,从 1 到 24。

day:1～31 日,一个月中的第几天,从 1 到 31。

month:1～12 月,从 1 到 12。

year:年份。

weekday:星期一～星期日,一周中的第几天,从 1 到 7。

【例 3-23】 对日期进行抽取。

示例代码如下:

```
from pandas import read_csv
from pandas import to_datetime
df=read_csv('d://rz3.csv',sep=',',encoding='utf8')
df
Out[7]:
```

	num	price	year	month	date
0	123	159	2016	1	2016/6/1
1	124	753	2016	2	2016/6/2
2	125	456	2016	3	2016/6/3
3	126	852	2016	4	2016/6/4
4	127	210	2016	5	2016/6/5
5	115	299	2016	6	2016/6/6
6	102	699	2016	7	2016/6/7
7	201	599	2016	8	2016/6/8
8	154	199	2016	9	2016/6/9
9	142	899	2016	10	2016/6/10

```
df_dt=to_datetime(df.date,format='% Y/% m/% d')
df_dt
Out[8]:
0  2016-06-01
1  2016-06-02
2  2016-06-03
3  2016-06-04
4  2016-06-05
5  2016-06-06
6  2016-06-07
7  2016-06-08
8  2016-06-09
9  2016-06-10
Name: date,dtype: datetime64[ns]

df_dt.dt.year
Out[9]:
0    2016
1    2016
2    2016
3    2016
4    2016
5    2016
6    2016
7    2016
8    2016
9    2016
Name: date,dtype: int64

df_dt.dt.day
Out[10]:
0    1
1    2
2    3
3    4
4    5
5    6
6    7
7    8
8    9
9    10
Name: date,dtype: int64
```

```
df_dt.dt.month
df_dt.dt.weekday
df_dt.dt.second
df_dt.dt.hour
...
```

3.4 数据分析

3.4.1 基本统计

基本统计分析又叫描述性统计分析，一般用于统计某个变量的最小值、第一个四分位值、中值、第三个四分位值、最大值。

describe( )为描述性统计分析函数。

常用的统计函数如下。

size：计数函数(此函数不需要括号)。

sum( )：求和函数。

mean( )：平均值函数。

var( )：方差函数。

std( )：标准差函数。

【例 3-24】 数据的基本统计。

示例代码如下：

```
from pandas import read_csv
df=read_csv('d:\\rz3.csv',sep=',',encoding='utf8')
df
Out[1]:
```

	num	price	year	month	date
0	123	159	2016	1	2016/6/1
1	124	753	2016	2	2016/6/2
2	125	456	2016	3	2016/6/3
3	126	852	2016	4	2016/6/4
4	127	210	2016	5	2016/6/5
5	115	299	2016	6	2016/6/6
6	102	699	2016	7	2016/6/7
7	201	599	2016	8	2016/6/8
8	154	199	2016	9	2016/6/9
9	142	899	2016	10	2016/6/10

```
df.num.describe()
```

```
Out[2]:
count        10.00000
mean        133.90000
std          27.39201
min         102.00000
25%         123.25000
50%         125.50000
75%         138.25000
max         201.00000
Name: num,dtype: float64

df.num.size     # 注意:这里没有括号()
Out[3]:10

df.num.max()
Out[4]:201

df.num.min()
Out[5]:102

df.num.sum()
Out[6]:1339

df.num.mean()
Out[7]:133.9

Df.num.var()
Out[8]:750.3222222222221

df.num.std()
Out[9]:27.392010189510046
```

3.4.2 分组分析

分组分析是指根据分组字段将分析对象划分成不同的部分,以对比分析各组之间差异性的一种分析方法。

常用的统计指标有计数、求和、平均值。

常用形式为:

df.groupby(by=['分类 1','分类 2',...])['被统计的列'].agg({列别名 1:统计函数 1,列别名 2:统计函数 2,...})

其中,by 为用于分组的列;[ ]为用于统计的列;.agg 为统计别名,用于显示统计值的名称和统计函数。

【例 3-25】 分组分析。

示例代码如下：

```
import numpy
from pandas import read_excel
df=read_excel('d:\\rz4.xlsx')
df
Out[1]:
```

	学号	班级	姓名	性别	英语	体育	军训	计算机基础	总分
0	2308024241	23080242	李华	女	76	78	40	89	283
1	2308021244	23080242	王明	男	66	91	57	88	302
2	2308024251	23080242	周天驰	男	85	81	46	78	290
3	2308024249	23080242	朱婷	女	65	50	55	82	252
4	2308024219	23080242	李佳	女	73	88	60	79	300
5	2308024201	23080242	林建国	男	60	50	54	77	241
6	2308024347	23080243	苏美丽	女	67	61	54	80	262
7	2308024307	23080243	王强	男	76	79	78	82	315
8	2308024326	23080243	郝静	女	66	67	71	85	289
9	2308024320	23080243	王辉	男	62	60	70	75	267
10	2308024342	23080243	迟爽	女	76	90	66	76	308
11	2308024310	23080243	陈浩	男	79	67	62	70	278
12	2308024435	23080243	姜义涛	男	77	71	66	80	294
13	2308024432	23080243	樊璐	女	74	74	77	88	313
14	2308024446	23080244	李大国	男	76	80	70	78	304
15	2308024421	23080244	王慧	女	72	72	60	77	281
16	2308024433	23080244	陈田	男	79	76	63	88	306
17	2308024428	23080244	李晓亮	男	64	96	58	89	307
18	2308024402	23080244	郭岩	男	73	74	70	89	306
19	2308024422	23080244	于浩	男	85	60	80	88	313

```
df.groupby(by=[u'班级',u'性别'])[u'军训'].agg({u'总分':numpy.sum,u'人数':
numpy.size,u'平均值':numpy.mean,u'方差':numpy.var,u'标准差':numpy.std,u'最高
分':numpy.max,u'最低分':numpy.min})
Out[2]:
```

班级	性别	平均值	方差	最高分	最低分	标准差	总分	人数
23080242	女	51.666667	108.333333	60	40	10.408330	155	3
	男	52.333333	32.333333	57	46	5.686241	157	3
23080243	女	67.000000	95.333333	77	54	9.763879	268	4
	男	69.000000	46.666667	78	62	6.831301	276	4
23080244	女	60.000000	NaN	60	60	NaN	60	1
	男	68.200000	69.200000	80	58	8.318654	341	5

3.4.3 分布分析

分布分析是指根据分析的目的，将数据（定量数据）进行等距或不等距的分组，其是研究各组分布规律的一种分析方法。

【例 3-26】 分布分析。

示例代码如下：

```
import numpy
import pandas
from pandas import read_excel
df=read_excel('d:\\rz4.xlsx')
df
Out[1]:
```

	学号	班级	姓名	性别	英语	体育	军训	计算机基础	总分
0	2308024241	23080242	李华	女	76	78	40	89	283
1	2308021244	23080242	王明	男	66	91	57	88	302
2	2308024251	23080242	周天驰	男	85	81	46	78	290
3	2308024249	23080242	朱婷	女	65	50	55	82	252
4	2308024219	23080242	李佳	女	73	88	60	79	300
5	2308024201	23080242	林建国	男	60	50	54	77	241
6	2308024347	23080243	苏美丽	女	67	61	54	80	262
7	2308024307	23080243	王强	男	76	79	78	82	315
8	2308024326	23080243	郝静	女	66	67	71	85	289
9	2308024320	23080243	王辉	男	62	60	70	75	267
10	2308024342	23080243	迟爽	女	76	90	66	76	308
11	2308024310	23080243	陈浩	男	79	67	62	70	278
12	2308024435	23080243	姜义涛	男	77	71	66	80	294
13	2308024432	23080243	樊璐	女	74	74	77	88	313
14	2308024446	23080244	李大国	男	76	80	70	78	304
15	2308024421	23080244	王慧	女	72	72	60	77	281
16	2308024433	23080244	陈田	男	79	76	63	88	306
17	2308024428	23080244	李晓亮	男	64	96	58	89	307
18	2308024402	23080244	郭岩	男	73	74	70	89	306
19	2308024422	23080244	于浩	男	85	60	80	88	313

```
bins=[min(df.总分)-1,250,300,max(df.总分)+1]    # 将数据分为三段
bins
Out[2]:[240,250,300,316]

labels=['250及以下','250到300','300及以上']    # 给三段数据贴标签
labels
Out[3]:['250及以下','250到300','300及以上']

总分分层=pandas.cut(df.总分,bins,labels=labels)
总分分层
Out[4]:
0     250到300
1     300及以上
2     250到300
3     250到300
4     250到300
5     250及以下
6     250到300
7     300及以上
8     250到300
9     250到300
10    300及以上
11    250到300
12    250到300
13    300及以上
14    300及以上
15    250到300
16    300及以上
17    300及以上
18    300及以上
19    300及以上
Name:总分,dtype: category
Categories (3,object):[250及以下 <250到300 <300及以上]

df['总分分层']=总分分层
df
Out[5]:
```

	学号	班级	姓名	性别	英语	体育	军训	计算机基础	总分	总分分层
0	2308024241	23080242	李华	女	76	78	40	89	283	250 到 300
1	2308021244	23080242	王明	男	66	91	57	88	302	300 及以上
2	2308024251	23080242	周天驰	男	85	81	46	78	290	250 到 300
3	2308024249	23080242	朱婷	女	65	50	55	82	252	250 到 300
4	2308024219	23080242	李佳	女	73	88	60	79	300	250 到 300
5	2308024201	23080242	林建国	男	60	50	54	77	241	250 及以下
6	2308024347	23080243	苏美丽	女	67	61	54	80	262	250 到 300
7	2308024307	23080243	王强	男	76	79	78	82	315	300 及以上
8	2308024326	23080243	郝静	女	66	67	71	85	289	250 到 300
9	2308024320	23080243	王辉	男	62	60	70	75	267	250 到 300
10	2308024342	23080243	迟爽	女	76	90	66	76	308	300 及以上
11	2308024310	23080243	陈浩	男	79	67	62	70	278	250 到 300
12	2308024435	23080243	姜义涛	男	77	71	66	80	294	250 到 300
13	2308024432	23080243	樊璐	女	74	74	77	88	313	300 及以上
14	2308024446	23080244	李大国	男	76	80	70	78	304	300 及以上
15	2308024421	23080244	王慧	女	72	72	60	77	281	250 到 300
16	2308024433	23080244	陈田	男	79	76	63	88	306	300 及以上
17	2308024428	23080244	李晓亮	男	64	96	58	89	307	300 及以上
18	2308024402	23080244	郭岩	男	73	74	70	89	306	300 及以上
19	2308024422	23080244	于浩	男	85	60	80	88	313	300 及以上

```
df.groupby(by=['总分分层'])['总分'].agg({'人数':numpy.size})
Out[6]:
总分分层   人数
250 及以下   1
250 到 300   10
300 及以上   9
```

3.4.4 交叉分析

交叉分析通常用于分析两个或两个以上分组变量之间的关系，以交叉表示形式进行变量间关系的对比分析。一般分为定量、定量分组交叉；定量、定性分组交叉；定性、定型分组交叉。交叉分析所使用的分析函数为：

pivot_table(values, index, columns, aggfunc, fill_value)

其中，values 为数据透视表中的值；index 为数据透视表中的行；columns 为数据透视表中的列；aggfunc 为统计函数；fill_value 为 NA 值的统一替换；返回值为数据透视表的结果。

【例 3-27】 交叉分析。

示例代码如下：

```
import numpy
import pandas
from pandas import read_excel
from pandas import pivot_table     # 在 Spyder 下也可以不导入
df=read_excel('d:\\rz4.xlsx')
bins=[min(df.总分)-1,250,300,max(df.总分)+1]
labels=['250 及以下','250 到 300','300 及以上']
总分分层=pandas.cut(df.总分,bins,labels=labels)
df['总分分层']=总分分层
df.pivot_table(values=['总分'],index=['总分分层'],columns=['性别'],
aggfunc=[numpy.size,numpy.mean])
Out[1]:
                size        mean
                总分        总分
 性别           女    男    女              男
  总分分层
 ----------------------------------------------------
  250 到 300    NaN   1.0          NaN     241.000000
  300 及以上    6.0   4.0   277.833333     282.250000
  250 及以下    2.0   7.0   310.500000     307.571429
df.pivot_table(values=['总分'],index=['总分分层'],columns=['性别'],
aggfunc=[numpy.size,numpy.mean],fill_value=0)
# 也可以将统计结果为 0 的部分赋值为 0,默认为 NaN
Out[2]:
                size        mean
                总分        总分
 性别           女    男    女              男
  总分分层
 ----------------------------------------------------
  250 到 300      0     1     0.000000     241.000000
  300 及以上      6     4   277.833333     282.250000
  250 及以下      2     7   310.500000     307.571429
```

3.4.5 结构分析

结构分析是在分组的基础上，计算各组成部分所占的比重，进而分析总体的内部特征的一种分析方法。

所使用的函数如下：

df_pt.sum(axis)

df_pt.div(df_pt.sum(axis),axis)

axis 参数说明：0 表示列，1 表示行。

【例 3-28】 结构分析。

示例代码如下：

```
# 假设要计算班级总分情况
import numpy
import pandas
from pandas import read_excel
from pandas import pivot_table        # 在 Spyder 下也可以不导入
df=read_excel('d:\\rz4.xlsx')
df_pt=df.pivot_table(values=[u'总分'],index=[u'班级'],columns=[u'性别'],
aggfunc=[numpy.sum])
df_pt
Out[1]:

                sum
                总分
 性别            女      男
    班级
 ---------------------------
   23080242     835     833
   23080243    1172    1154
   23080244     281    1536

df_pt.sum()
Out[2]:
          性别
sum 总分   女     2288
          男     3523
dtype: int64

df_pt.sum(axis=0)   # 效果同省略
Out[3]:
          性别
sum 总分   女     2288
          男     3523
dtype: int64

df_pt.sum(axis=1)
Out[4]:
班级
23080242    1668
23080243    2326
23080244    1817
```

```
dtype: int64

df_pt.div(df_pt.sum(axis=1),axis=0)   # 按列占比
Out[5]:
              sum
              总分
性别           女          男
     班级
-----------------------------------
  23080242   0.500600   0.499400
  23080243   0.503869   0.496131
  23080244   0.154651   0.845349

df_pt.div(df_pt.sum(axis=0),axis=1)   # 按行占比
Out[6]:
              sum
              总分
性别           女          男
     班级
-----------------------------------
  23080242   0.364948   0.236446
  23080243   0.512238   0.327562
  23080244   0.122815   0.435992
```

3.4.6　相关分析

相关分析用于研究现象之间是否存在某种依存关系，并探讨具体有依存关系的现象的相关方向及相关程度，其是研究随机变量之间相关关系的一种统计方法。

相关系数可以用来描述定量与变量之间的关系。相关系数与相关程度的关系如表 3-4 所示。

表 3-4　相关系数与相关程度的关系

相关系数 $\|r\|$ 的取值范围	相关程度
$0 \leqslant \|r\| < 0.3$	低度相关
$0.3 \leqslant \|r\| < 0.8$	中度相关
$0.8 \leqslant \|r\| \leqslant 1$	高度相关

相关分析函数如下：

DataFrame.corr( )

Series.corr(other)

如果由数据框调用 corr 方法，那么将会计算每列两两之间的相关度。如果由序列调用 corr 方法，那么只是计算该序列与传入的序列之间的相关度。

返回值：若采用 DataFrame 调用，则返回 DataFrame；若采用 Series 调用，则返回一个数据型数据，大小为相关度。

【例 3-29】 相关分析。

示例代码如下：

```
import numpy
from pandas import read_excel
df=read_excel('d:\\rz4.xlsx')
df
Out[1]:
```

	学号	班级	姓名	性别	英语	体育	军训	计算机基础	总分
0	2308024241	23080242	李华	女	76	78	40	89	283
1	2308021244	23080242	王明	男	66	91	57	88	302
2	2308024251	23080242	周天驰	男	85	81	46	78	290
3	2308024249	23080242	朱婷	女	65	50	55	82	252
4	2308024219	23080242	李佳	女	73	88	60	79	300
5	2308024201	23080242	林建国	男	60	50	54	77	241
6	2308024347	23080243	苏美丽	女	67	61	54	80	262
7	2308024307	23080243	王强	男	76	79	78	82	315
8	2308024326	23080243	郝静	女	66	67	71	85	289
9	2308024320	23080243	王辉	男	62	60	70	75	267
10	2308024342	23080243	迟爽	女	76	90	66	76	308
11	2308024310	23080243	陈浩	男	79	67	62	70	278
12	2308024435	23080243	姜义涛	男	77	71	66	80	294
13	2308024432	23080243	樊璐	女	74	74	77	88	313
14	2308024446	23080244	李大国	男	76	80	70	78	304
15	2308024421	23080244	王慧	女	72	72	60	77	281
16	2308024433	23080244	陈田	男	79	76	63	88	306
17	2308024428	23080244	李晓亮	男	64	96	58	89	307
18	2308024402	23080244	郭岩	男	73	74	70	89	306
19	2308024422	23080244	于浩	男	85	60	80	88	313

```
# 两列之间的相关度计算
df[u'英语'].corr(df[u'体育'])
Out[2]:0.2443234621396663
```

```
# 多列之间的相关度计算
df.loc[:,[u'英语',u'体育',u'军训',u'计算机基础']].corr()
Out[3]:
```

	英语	体育	军训	计算机基础
英语	1.000000	0.244323	0.152467	0.011608
体育	0.244323	1.000000	-0.064649	0.243579
军训	0.152467	-0.064649	1.000000	0.081464
计算机基础	0.011608	0.243579	0.081464	1.000000

3.5　数据可视化

3.5.1　饼图

饼图，又称圆形图，是将一个圆形划分为几个扇形的统计图，它能够直观地反映个体与总体的比例关系。绘制饼图的方法如下：

pie(x,labels,colors,explode,autopct)

其中，x 为进行绘图的序列；labels 为饼图的各部分标签；colors 为饼图的各部分颜色，使用 GRB 标颜色；explode 为需要突出的块状序列；autopct 为饼图占比的显示格式，例如，%.2f 表示保留两位小数。

【例 3-30】　绘制饼状图。

示例代码如下：

```
import numpy
import matplotlib
import matplotlib.pyplot as plt
from pandas import read_csv
df=read_csv('d:\\rz20.csv',sep=',')
df
Out[1]:
```

	id	band	num	price
0	1	130LT	123	159
1	2	131	124	753
2	3	132	125	456
3	4	133DX	126	852

```
gb=df.groupby(by=['band'],as_index=False)['num'].agg({'price':numpy.size})
gb
```

```
Out[2]:
      band   price
 0   130LT       1
 1   133DX       1
 2     131       1
 3     132       1
# 画饼图
plt.pie(gb['price'],labels=gb['band'],autopct='%.2f%%')
plt.show()
```

结果如图 3-3 所示。

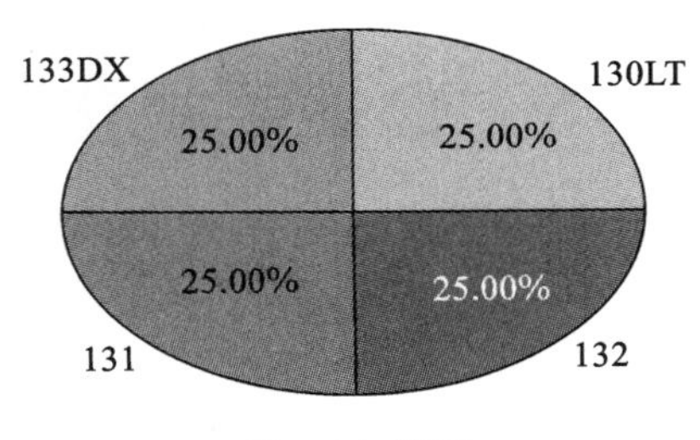

图 3-3　饼图

注意：在画图时，所有字段中含有中文的数据列要保存为 UTF-8 格式，否则会报错。

3.5.2　散点图

散点图是以一个变量为横坐标，以另一个变量为纵坐标，利用散点(坐标点)的分布形态反映变量关系的一种图形。相关的方法如下：

```
plt.plot(x,y,'.',color=(r,g,b)
plt.xlabel('x 轴坐标')
plt.ylabel('y 轴坐标')
plt.grid(True)
```

其中，x、y 为 x 轴和 y 轴的序列；'.'('o'等)代表小点(大点等)；color 为散点图的颜色，可以用 RGB 定义，也可以用英文字母定义。

RGB 颜色的设置方式为(red,green,blue)。

常用的 RGB 颜色见表 3-5。

表 3-5　常用的 RGB 颜色

颜色	R	G	B	值
黑色	0	0	0	#000000
象牙黑	41	36	33	#292421
灰色	192	192	192	#C0C0C0
冷灰	128	138	135	#808A87
石板灰	112	128	105	#708069

续表

颜色	R	G	B	值
暖灰色	128	128	105	#808069
白色	255	255	255	#FFFFFF
古董白	250	235	215	#FAEBD7
天蓝色	240	255	255	#F0FFFF
白烟	245	245	245	#F5F5F5
白杏仁	255	235	205	#FFFFCD
cornsilk	255	248	220	#FFF8DC
黄色	255	255	0	#FFFF00
香蕉色	227	207	87	#E3CF57
镉黄	255	153	18	#FF9912
dougello	235	142	85	#EB8E55
forum gold	255	227	132	#FFE384
金黄色	255	215	0	#FFD700
黄花色	218	165	105	#DAA569
瓜色	227	168	105	#E3A869
橙色	255	97	0	#FF6100
镉橙	255	97	3	#FF6103
胡萝卜色	237	145	33	#ED9121
桔黄	255	128	0	#FF8000
淡黄色	245	222	179	#F5DEB3
浅灰蓝色	176	224	230	#B0E0E6
品蓝	65	105	225	#4169E1
石板蓝	106	90	205	#6A5ACD
天蓝	135	206	235	#87CEEB
青色	0	255	255	#00FFFF
绿土	56	94	15	#385E0F
靛青	8	46	84	#082E54
碧绿色	127	255	212	#7FFFD4
青绿色	64	224	208	#40E0D0
绿色	0	255	0	#00FF00
黄绿色	127	255	0	#7FFF00
钴绿色	61	145	64	#3D9140

示例代码如下：

```
import matplotlib
import matplotlib.pyplot as plt
from pandas import read_csv
df=read_csv('d:\\rz20.csv',sep=',')
df
Out[1]:
```

	id	band	num	price
0	1	130LT	123	159
1	2	131	124	753
2	3	132	125	456
3	4	133DX	126	852

```
# 画图
plt.plot(df['price'],df['num'],'*')
plt.xlabel('price')
plt.ylabel('num')
plt.grid('True')
plt.show()
```

结果如图 3-4 所示。

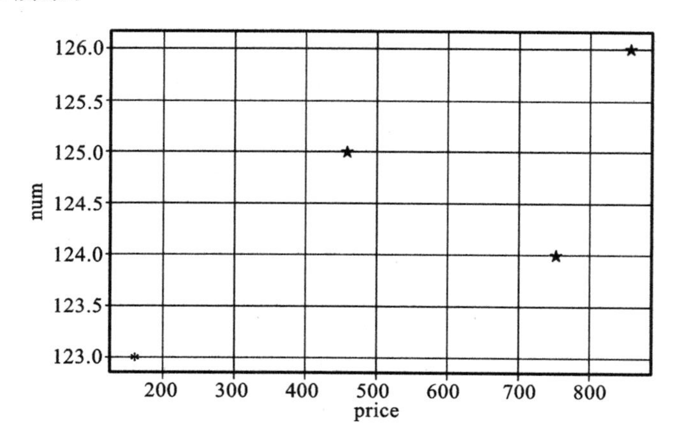

图 3-4 散点图

3.5.3 折线图

折线图也称趋势图，它是用直线段将各数据点连接起来而组成的图形，其以折线方式显示数据的变化趋势。相关方法为：

plot(x,y,'-',color)

title('图的标题')

其中，'-'为画线的样式。画线有多种样式，详见表 3-6。

表 3-6　画线样式

参数值	说明
-	连续的曲线
--	连续的虚线
-.	连续的带点的曲线
:	由点连成的曲线
.	小点，散点图
o	大点，散点图
,	像素点（更小的点），散点图
*	五角星的点，散点图
>	右脚标记散点图
<	左脚标记散点图
1(2,3,4)	伞形上（下、左、右）标记散点图
s	正方形标记散点图
p	五角星标记散点图
∨	下三角标记散点图
∧	上三角标记散点图
h	多边形标记散点图
d	钻石标记散点图

例 3-31 主要是实现以学号的后三位为横轴，以总分为纵轴画折线图，共分三步。

第一步，提取学号后三位。

第二步，为了实现按学号后三位排序，首先需将学号后三位与相应的总分构成一对，再排序，否则按学号后三位排序后，对应不上相应的总分。

第三步，按照学号后三位与总分的数对拆分成 list1 和 list2 两列，再把 list1 设为横轴，把 list2 设为纵轴。

【例 3-31】　绘制折线图。

示例代码如下：

```
import matplotlib
from pandas import read_excel
from matplotlib import pyplot as plt
df=read_excel('d:\\rz4.xlsx',sep=',')
df
Out[1]:
```

	学号	班级	姓名	性别	英语	体育	军训	计算机基础	总分
0	2308024241	23080242	李华	女	76	78	40	89	283
1	2308021244	23080242	王明	男	66	91	57	88	302
2	2308024251	23080242	周天驰	男	85	81	46	78	290
3	2308024249	23080242	朱婷	女	65	50	55	82	252
4	2308024219	23080242	李佳	女	73	88	60	79	300
5	2308024201	23080242	林建国	男	60	50	54	77	241
6	2308024347	23080243	苏美丽	女	67	61	54	80	262
7	2308024307	23080243	王强	男	76	79	78	82	315
8	2308024326	23080243	郝静	女	66	67	71	85	289
9	2308024320	23080243	王辉	男	62	60	70	75	267
10	2308024342	23080243	迟爽	女	76	90	66	76	308
11	2308024310	23080243	陈浩	男	79	67	62	70	278
12	2308024435	23080243	姜义涛	男	77	71	66	80	294
13	2308024432	23080243	樊璐	女	74	74	77	88	313
14	2308024446	23080244	李大国	男	76	80	70	78	304
15	2308024421	23080244	王慧	女	72	72	60	77	281
16	2308024433	23080244	陈田	男	79	76	63	88	306
17	2308024428	23080244	李晓亮	男	64	96	58	89	307
18	2308024402	23080244	郭岩	男	73	74	70	89	306
19	2308024422	23080244	于浩	男	85	60	80	88	313

```
# 提取学号后三位并打印出来
def right3(df,a):
  # 实现提取学号后三位
    list0=[]
    list1=list(df[a])
    for i in list1:
        i=str(i)
        list2=i[-3:]
        list0.append(list2)
    return list0
df_ri=right3(df,'学号')
df_ri
Out[2]:
['241',
'244',
'251',
'249',
```

```
 '219',
 '201',
 '347',
 '307',
 '326',
 '320',
 '342',
 '310',
 '435',
 '432',
 '446',
 '421',
 '433',
 '428',
 '402',
 '422']

# 提取"总分"并转化为列表
df_va=list(df['总分'])
df_va
Out[3]:
[283,
302,
290,
252,
300,
241,
262,
315,
289,
267,
308,
278,
294,
313,
304,
281,
306,
307,
306,
313]
```

```
# 构成"学号后三位"与"总分"对应的 list
def dic3(a,b):
  # 组成数对,并排列
    t=[ ]
    for k in range(len(a)):
        d=(a[k],b[k])
        t.append(d)
    t.sort( )
    return t
df_di=dic3(df_ri,df_va)
df_di
Out[4]:
[('201',241),
('219',300),
('241',283),
('244',302),
('249',252),
('251',290),
('307',315),
('310',278),
('320',267),
('326',289),
('342',308),
('347',262),
('402',306),
('421',281),
('422',313),
('428',307),
('432',313),
('433',306),
('435',294),
('446',304)]
# 将数对拆成两列
list1=[df_di[i][0] for i in range(len(df_di))]
list2=[df_di[i][1] for i in range(len(df_di))]
# 为了便于在图中显示中文
font={'family':'SimHei'}
matplotlib.rc('font',* * font)
```

```
# 用'-'画顺滑的曲线，list1 作为横轴，list2 作为纵轴
plt.plot(list1,list2,'-')
plt.title(u'学号与总分折线图')  # 图的标题
plt.show()
```

结果如图 3-5 所示。

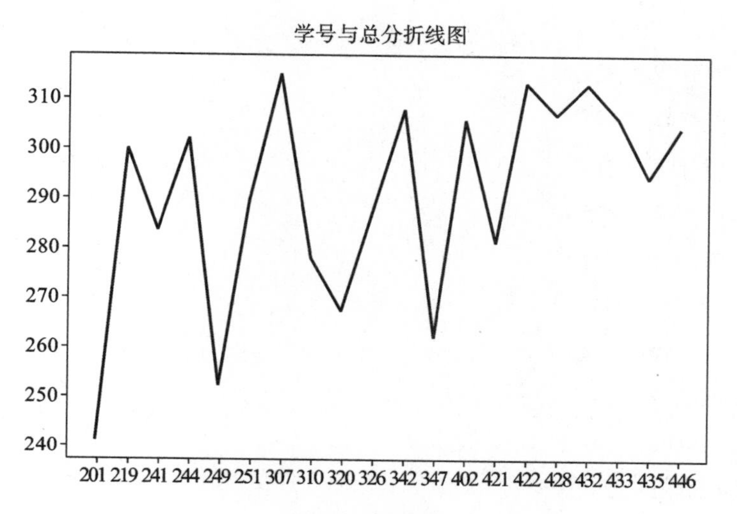

图 3-5　折线图

3.5.4　柱状图

柱状图用于显示一段时间内的数据变化情况或各项数据之间的比较情况。柱状图是根据数据大小绘制的统计图，可用来比较两个或以上的数据(时间或类别)。

涉及的主要方法如下：

bar(left,height,width,color)

barh(bottom,width,height,color)

其中，left 为 x 轴的位置序列，一般采用 arange( )函数产生一个序列；height 为 y 轴的数值序列，也就是柱状图高度，一般就是我们需要展示的数据；width 为柱状图的宽度，一般设置为 1 即可；color 为柱状图的填充颜色。

【例 3-32】 绘制柱状图。

示例代码如下：

```
import numpy
import matplotlib
from pandas import read_excel
from matplotlib import pyplot as plt
df=read_excel('d:\\rz4.xlsx',sep=',')
gb=df.groupby(by=['学号'])['总分'].agg({'总分':numpy.sum})
gb
Out[1]:
```

```
学号          总分
2308021244    302
2308024201    241
2308024219    300
2308024241    283
2308024249    252
2308024251    290
2308024307    315
2308024310    278
2308024320    267
2308024326    289
2308024342    308
2308024347    262
2308024402    306
2308024421    281
2308024422    313
2308024428    307
2308024432    313
2308024433    306
2308024435    294
2308024446    304
index=numpy.arange(gb['总分'].size)
index
Out[2]:
array([ 0,1,2,3,4,5,6,7,8,9,10,11,12,13,14,15,16,17,18,19])
# 为了便于在图中显示中文
font={'family':'SimHei'}
matplotlib.rc('font',**font)
# 竖向柱状图
plt.title(u'竖向柱状图:学号-总分')
plt.bar(index,gb['总分'],1,color='G')
plt.xticks(index+1/2,gb.index,rotation=90)
# 为了防止图中的横坐标数据重叠,选择 rotation=90
plt.show()
```

结果如图 3-6 所示。

相应的横向柱状图的代码如下：

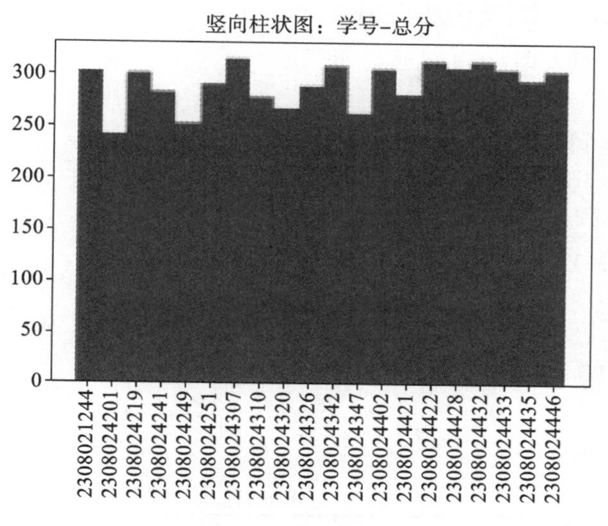

图 3-6　竖向柱状图

```
# 横向柱状图
plt.title(u'横向柱状图:学号-总分')
plt.barh(index,gb['总分'],1,color='G')
plt.yticks(index+1/2,gb.index)
plt.show()
```

结果如图 3-7 所示。

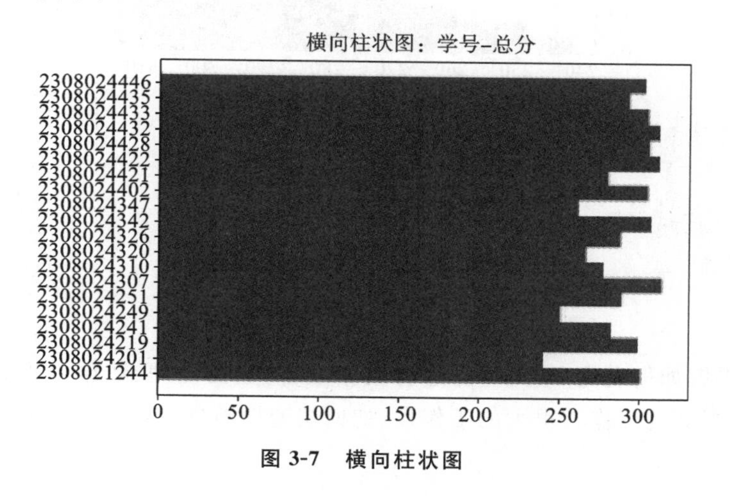

图 3-7　横向柱状图

3.5.5　直方图

直方图是用一系列等宽不等高的长方形来绘制的，宽度表示数据范围的间隔，高度表示在给定间隔内数据出现的频数，变化的高度形态表示数据的分布情况。

涉及的方法如下：

hist(x,color,bins,cumulative=False)

其中，x 为需要进行绘制的向量；color 为直方图填充的颜色；bins 为直方图的分组个数；

cumulative 为是否累积计数，默认是 False。

【例 3-33】 绘制直方图。

示例代码如下：

```
import matplotlib
from pandas import read_excel
from matplotlib import pyplot as plt
font={'family':'SimHei'}
matplotlib.rc('font',* * font)
plt.hist(df['总分'],bins=20,cumulative=True)
plt.title('总分直方图')
plt.show( )
```

结果如图 3-8 所示。

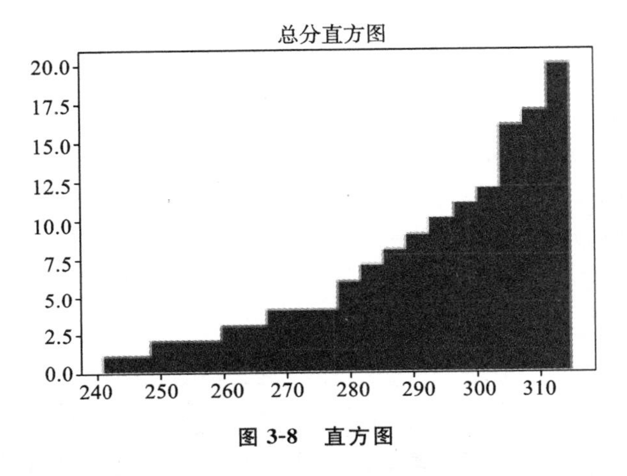

图 3-8　直方图

3.6　本章小结

本章主要讲解如何利用 Pandas 库进行数据准备、数据处理、数据分析和数据可视化等内容。其中，数据清洗工作有很大的工作量，如何快速地整理数据是本章的重点。

3.7　习　　题

班主任现有某班级的两张表，如表 3-7、表 3-8 所示。

表 3-7 成绩表

学号	C语言	线性代数	Python语言
18010203	78	88	96
18010210	87	67	80
18010205	84	80	90
18010213	67	90	78
18010215	76	91	87
18010214	56	43	84
18010209	89	64	81
18010208	81	77	79
18010204	73	89	69
18010212	65	73	75
18010206	90	68	86
18010207	86	缺考	77
18010211	91	83	93

表 3-8 信息表

姓名	学号	手机号码
张三	18010203	18899995521
李四	18010204	18899995522
王五	18010205	18899995523
赵六	18010206	18899995524
郑七	18010207	18899995525
钱八	18010208	18899995526
张千	18010209	18899995527
周八	18010210	18899995528
李矛	18010211	18899995529
张白	18010212	18899995510
白九	18010213	18899995511
冀二	18010214	18899995512
余北	18010215	18899995513

请帮助班主任做如下工作。

(1) 给成绩表加上“姓名”列。

(2) 给成绩表加上“总分”列，并求出总分。

（3）增加列字段“等级”，标注每人三门课程的“优（分数≥90）”、“良（80≤分数＜90）”、“中（70≤分数＜80）”、“及格（60≤分数＜70）”、“差（分数＜60）”。

（4）计算各门课程的平均成绩及标准差。

（5）画一个总分成绩分布图，纵坐标表示成绩，横坐标表示学号，画出总分的均分线，让每位同学的总分圆点分布在均分线上下，以观察每位同学的成绩与均分的差距。

第4章　数据挖掘

本章学习目标

- 了解数据挖掘的基本任务和评价方式
- 掌握数据存储的类型和常用框架
- 掌握分类、预测、聚类和关联分析等基本数据挖掘方法
- 了解离群点检测和时间序列分析中的数据挖掘方法
- 了解数据挖掘的几种应用场景

在本章中，读者将在前几章的 Python 基础知识之上，正式接触大数据分析的重要手段之一——数据挖掘技术。数据挖掘是一门涉及数据库、人工智能、机器学习等算法和理论的交叉学科，从海量数据中挖掘隐含的、先前未知的并有潜在价值的信息。在实际应用中，数据挖掘技术能够高度自动化地分析企业的数据，做出归纳性的推理，从中挖掘潜在的模式，帮助决策者调整市场策略，减少风险，从而做出正确的决策。通过本章的学习，相信读者能够掌握基本的数据挖掘方法，并对其应用场景有具体的认识。

4.1　数据挖掘绪论

4.1.1　数据挖掘的定义

数据挖掘就是从大量的、不完全的、含噪声的、模糊的、随机的实际应用数据中，提取隐含在其中的、人们事先不知道的但又是潜在有用的信息和知识的过程。

与数据挖掘相近的概念有数据融合、数据分析和决策支持等。这个定义包括几层含义：数据源必须是真实的、大量的、含噪声的，表明数据挖掘是一项从应用中发展起来的技术；发现的知识是有用的，根据应用场景的不同，可以是用户感兴趣的知识、特定的问题等，并且发现的知识在场景下可接受、可理解、可运用。

何为知识？从广义上理解，数据、信息也是知识的表现形式，但是人们更把概念、规则、模式、规律和约束等看成知识。人们把数据看成是形成知识的源泉，好像从矿石中采矿或淘

金一样。原始数据可以是结构化的，如关系型数据库中的数据；也可以是半结构化的，如文本、图形和图像数据；甚至可以是分布在网络上的异构型数据。发现知识的方法可以是数学的，也可以是非数学的；可以是演绎的，也可以是归纳的。发现的知识可以用于信息管理、查询优化、决策支持和过程控制等，还可以用于数据自身的维护。因此，数据挖掘是一门交叉学科，它把人们对数据的应用从低层次的简单查询提升到从数据中挖掘知识，以提供决策支持。

而通过数据挖掘所发现的知识，不是传统意义上放之四海而皆准的真理或者定理。这里的知识是在特定前提和约束条件下，面向特定应用领域的。同时，为了保证实用性，还要求知识能够易于被用户理解，或者能够用自然语言表达所发现的结果。

数据挖掘技术具有很强的实用性，从商业角度来看，数据挖掘提供了一种新的商业信息处理技术，其主要特点是对商业数据库中的大量业务数据进行抽取、转换、分析和其他模型化处理，从中提取辅助商业决策的关键性数据。

数据挖掘可以看作是另一类的数据分析方法在商业领域的成功应用，并且成功创造了新的“名声”。数据分析本身已经有很多年的历史，在过去，数据收集和分析的目的只不过是进行科学研究，另外，受当时计算能力的限制，对大数据进行分析的复杂数据分析方法受到很大限制。现在，由于各行各业业务自动化的实现，商业领域产生了大量的业务数据，这些数据不再是为了分析而收集的，而是在商业运作过程中产生的。分析这些数据也不再是单纯为了研究的需要，更主要的是为商业决策提供真正有价值的信息，进而获得利润。但所有企业面临的一个共同问题是：企业数据量非常大，而其中真正有价值的信息却很少，因此从大量的数据中经过深层分析，获得有利于商业运作、提高竞争力的信息，就像从矿石中淘金一样，数据挖掘也因此而得名。

4.1.2　数据挖掘的源起

数据挖掘起始于20世纪下半叶，是在多个学科的基础上发展起来的。在当时，随着数据库技术的发展和应用，企业实现了企业数据的录入、查询、统计等功能，但是简单的存储和查询无法满足企业更高层次的商业决策需求，企业也在寻求新的技术挖掘数据背后的信息。如表4-1所示，数据挖掘技术的发展体现在支持更高的数据容量和速度上，通过数据挖掘，人们完成了从人口数据到人口信息的进化。

表4-1　数据挖掘技术的发展

进化阶段	人口问题	支持技术	产品特点
数据搜集（20世纪60年代）	上次普查结果：全国人口是多少？	计算机、磁带和磁盘	提供历史性的、静态的数据信息
数据访问（20世纪80年代）	过去一年各省份的人口是多少？	关系型数据库（RDBMS）、结构化查询语言（SQL）、ODBC Oracle、Informix	在记录级提供历史性的、动态的数据信息
数据仓库；决策支持（20世纪90年代）	某年省份的人口数是多少？出生情况是什么样的？据此可得出什么结论	联机分析处理（OLAP）、多维数据库、数据仓库	在各种层次上提供回溯的、动态的数据信息

续表

进化阶段	人口问题	支持技术	产品特点
数据挖掘(当前)	未来我国人口将怎么发展	高级算法、多处理器计算机、海量数据库	提供预测性的信息

在电子数据处理的初期,人们就试图通过某些方法来实现自动决策支持,当时基于计算机的机器学习技术成为人们关心的焦点。机器学习的过程是将一些已知的并已被成功解决的问题作为范例输入计算机,机器通过学习这些范例,总结并生成相应的规则,这些规则具有通用性,可借助它们来解决某一类问题。随着神经网络技术的形成和发展,人们的注意力转向知识工程。知识工程不需要给计算机输入范例,让它生成规则的学习过程,而是直接给计算机输入已被代码化的规则,让计算机通过使用这些规则来解决某些问题。专家系统就是运用这种方法所得到的成果,但是它投资大,且实际使用效果不理想。20 世纪 80 年代,随着统计机器学习方面的巨大进展,研究者们重新回到机器学习的方法上,并将其成果应用于处理大型商业数据库。

最终,用数据库管理系统存储数据和用计算机分析数据的结合促进了一门新的学科的诞生,即数据库中的知识发现(Knowledge Discovery in Databases,KDD)。1989 年 8 月召开的第 11 届国际人工智能联合会议的专题讨论会上首次出现了知识发现这个术语,到目前为止,KDD 的重点已经从发现方法转向了实践应用。而数据挖掘则是知识发现的核心部分,它指的是从数据集合中自动抽取隐藏在数据中的那些有用信息的非平凡过程,这些信息的表现形式为规则、概念、规律及模式等。

进入 21 世纪,随着网络和移动网络时代的到来,互联网真正进入了“万物互联”。据 CNNIC 发布的第 41 次《中国互联网络发展状况统计报告》统计,截至 2017 年 12 月,中国网民规模达 7.72 亿人,网络普及率达到 55.8%,其中手机网民占比达 97.5%,而台式计算机、笔记本电脑、平板电脑的使用率均下降,手机不断挤占其他个人上网设备的使用空间。各种个性化、智能化的应用场景,为移动互联网产业创造了更多价值挖掘空间。伴随着社交应用和平台的流行,互联网用户已经不仅是数据的消费者,更是数据的生产者。庞大用户量的增长,也带来了数据的海量增长,随之也出现了所谓的“数据爆炸但知识贫乏”的现象。以用户流量和数据为根本的互联网企业迫切地希望从自己掌握的大量数据中挖掘用户特征、用户兴趣、流行趋势等信息,从而制定有效的营销策略。在当前大数据的趋势下,数据挖掘已经逐渐发展成为一门比较成熟的交叉学科,融合了数据库、人工智能、机器学习、统计学、高性能计算、模式识别、神经网络、数据可视化、信息检索和空间数据分析等领域的理论和技术,被认为是 21 世纪初期对人类产生重大影响的十大新兴技术之一。而借助数据挖掘,企业能够实现从现有的数据预测未来的发展趋势,并挖掘数据背后隐藏的知识,数据挖掘成为数据分析和提供商业智能的重要技术手段。

4.1.3　数据挖掘的研究目标

数据挖掘的目的是发现数据中隐藏的“黄金”,即知识,最常见的知识有以下五类。

1. 广义知识

广义知识是指类别特征的概括性描述知识,根据数据的微观特性发现其表征的、普遍性的、较高层次概念的、中观的和宏观的知识，反映同类事物的共同性质，是对数据的概括、精练和抽象。

广义知识的发现方法和实现技术有很多，如数据立方体、面向属性的归纳等。数据立方体还有其他别名，如“多维数据库”、“实现视图”、“OLAP”等。该方法的基本思想是实现某些常用的代价较高的聚集函数的计算，诸如计数、求和、求平均值、求最大值等，并将这些实现视图存储在多维数据库中。既然很多聚集函数需经常重复计算，那么在多维数据立方体中存放预先计算好的结果将能保证快速响应，并可灵活地提供不同角度和不同抽象层次上的数据视图。

2. 关联知识

关联知识是反映一个事件和其他事件之间依赖或关联的知识。如果两项或多项属性之间存在关联，那么其中一项属性值就可以依据其他属性值进行预测。最为著名的关联规则发现方法是 R. Agrawal 提出的 Apriori 算法。关联规则的发现可分为两步：第一步是迭代识别所有的频繁项目集，要求频繁项目集的支持率不低于用户设定的最低值；第二步是从频繁项目集中构造可信度不低于用户设定的最低值的规则。识别或发现所有频繁项目集是关联规则发现算法的核心，也是计算量最大的部分。

3. 分类知识

分类知识是反映同类事物共同性质的特征知识和不同事物之间的差异型特征知识。最为典型的分类方法是基于决策树的分类方法。该方法先根据训练子集(又称窗口)形成决策树，如果该树不能对所有对象给出正确的分类，那么选择一些例外加入窗口，重复该过程一直到形成正确的决策集。最终结果是一棵树，其叶结点是类名，中间结点是带有分枝的属性，该分枝对应该属性的某一可能值。最为典型的决策树学习系统是 ID3，它采用自顶向下的不回溯策略，能保证找到一棵简单的树。算法 C4.5 和 C5.0 都是 ID3 的扩展，它们将分类领域从类别属性扩展到数值型属性。

数据分类聚类目前一般使用深度学习和统计机器学习方法。深度学习使用非监督式或半监督式的特征学习和分层特征提取高效算法来替代手工获取特征。

4. 预测型知识

预测型知识根据时间序列型数据，由历史的和当前的数据去推测未来的数据，也可以认为其是以时间为关键属性的关联知识。

目前，时间序列预测方法有经典的统计方法、神经网络和机器学习等。1968 年，Box 和 Jenkins 提出了一套比较完善的时间序列建模理论和分析方法，这些经典的数学方法通过建立随机模型，如自回归模型、自回归滑动平均模型、求和自回归滑动平均模型和季节调整模型等，进行时间序列的预测。由于大量的时间序列是非平稳的，因此其特征参数和数据分布会随着时间的推移而发生变化。因此，仅仅通过对某段历史数据的训练来建立单一的神经网络预测模型，还无法完成准确的预测任务。

面对需要能够访问数据的先前知识且时间序列是非平稳的问题时，就需要用到循环神经网络，其优势在于可以处理序列信息，其元素之间并非是独立的，可以共享所学习到的特征。

而时间递归神经网络中的长短期记忆网络(LSTM)，适合于处理和预测时间序列中间隔和延迟非常长的重要事件，LSTM 的表现通常比时间递归神经网络及隐马尔可夫模型(HMM)的更好。

5. 偏差型知识

偏差型知识对差异和极端特例进行描述，揭示事物偏离常规的异常现象，如标准类外的特例、数据聚类外的离群值等。所有这些知识都可以在不同的概念层次上被发现，并随着概念层次的提升，从微观到中观、宏观，以满足不同用户、不同层次决策的需要。

4.1.4 数据挖掘的开源工具

从20世纪80年代起就出现了早期的模型推断和机器学习程序，它们一般都是以命令行的方式执行的(从 Unix 或 DOS 的命令行启动)，用户在命令中指定输入数据文件名和与算法相关的参数。广为人知的分类树归纳算法 C4.5 就是这种程序(C4.5 的源程序参见 http://www.rulequest.com/personal)。同时还出现了基于规则的学习算法，如 AQ 和 CN2。这些程序大多被用在医疗领域，如癌症的诊断和预测。

命令行界面让用户很难对数据进行交互式分析，而且文本格式的输出也不够直观。数据挖掘工具接下来的发展方向，就是内置数据可视化并强化交互功能。在20世纪90年代中期，Silicon Graphics 就收购了 MLC++，并将其开发成为 MineSet。MineSet 几乎可以称为当时最全面的数据挖掘平台。Clementine 也是当时非常流行的商用数据挖掘软件，在界面易用性上非常突出。

现在的开源数据挖掘软件大多采用可视化编程的设计思路(就是用图形化的方法来建立整个挖掘流程)，这更适合缺乏计算机科学知识的用户。在分析软件中，灵活性和可扩展性是非常重要的，它允许开发和扩展新的挖掘算法。在这方面，Weka(它几乎是开源数据挖掘软件的代表)提供了全面的 Java 函数和类库，适合扩展。当然，这首先需要充分了解 Weka 的架构，并掌握 Java 编程技术。另一个很有名的开源软件 R 语言采用了相对不同的思路。R 语言提供了丰富的统计分析和数据挖掘功能，它的内核是用 C 语言来实现的。但如果想用 R 语言开发新的挖掘算法，那么并不需要使用 C 语言来开发，而可使用 R 语言自有的脚本语言来开发。采用脚本语言的好处在于其开发速度快(这里指的是开发新算法的时间会缩短，因为脚本语言相对来说更高级和更简单)，具备灵活性(可以直接通过脚本语言调用挖掘软件中复杂的功能函数)、可扩展性(可以通过接口来调用其他数据挖掘软件的功能)的特点。当然，图形化的界面更容易使用，但使用脚本语言来开发新算法则可以满足一些特定分析需求。下面是开源数据挖掘工具的一些期望功能。

(1) 提供一组基本的统计工具，用于对数据进行常规探索；

(2) 多种数据可视化技术，如 histograms、scatter plots、distribution charts、parallel coordinate visualizations 等；

(3) 标准的数据处理组件，如 querying from databases、case selection、feature ranking and subset selection、feature discretization 等；

(4) 无指导的数据分析技术，如 principal component analysis、various clustering techniques、inference of association rules、subgroup mining techniques 等；

(5) 有指导的数据分析技术，如 classification rules and trees、support vector machines、naive Bayesian classifiers、discriminant analysis 等；

(6) 模型评估和评分工具，包括对结果的图形化展示(如 ROC 曲线和 lift 图)；

(7) 推断模型的可视化功能(如用树状结构来显示训练好的决策树，用气泡图来显示聚类，用网络图来显示关联等）；

(8) 提供探索型数据分析环境；

(9) 可以把模型保存为标准格式（如 PMML），以便进行共享和移植；

(10) 提供报表功能，可以生成分析报告，并允许保存用户的备注或说明。

以下列举了几个常用的开源工具，并简要介绍了其特点和功能。

1. Weka

Weka（Waikato Environment for Knowledge Analysis）是目前流行的数据挖掘软件之一。Weka 是一套由新西兰怀卡托大学所开发的基于 Java 的机器学习软件。它是一款 GNU 下的免费开源软件。Weka 汇集了最前沿的机器学习算法和数据预处理工具，以便用户能够快速灵活地将已有的处理方法应用于新的数据集。Weka 包含一系列可视化工具和数据分析算法及预测模型，包括对数据进行预处理、分类、回归、聚类等，并且为用户提供了易于使用的图形化交互界面。Weka 的优势在于其具有极强的可移植性，由于其是基于 Java 编写的，因此其几乎可在任何平台上运行；另外，它还有最全面的数据预处理和建模技术，且易于使用。Weka 不能够挖掘多关系型数据，可以使用一个独立软件将链接数据库表转换为适合 Weka 处理的单表格。Weka 主界面提供了 4 种应用程序：Explorer 是最主要的一种，通过选择菜单和填写表单可以调用 Weka 的所有功能，但是用户每次打开某个数据集就会将所需数据全部一次读进内存，所以此方式仅适用于解决中小规模数据的问题；KnowledgeFlow 恰好可解决 Explorer 存在的问题，其使用增量的方式来处理大型数据，可定制处理数据流的方式与顺序；Experimenter 帮助用户发现在分类和回归技术中选取哪种方法并取得最佳效果，并可以让处理过程实现自动化；Simple CLI 提供简单命令行交换界面。部分界面如图 4-1～图 4-3 所示。

图 4-1　Weka 主界面

2. Rapidminer

Rapidminer 是一款集成数据准备、机器学习、深度学习、文本挖掘和预测分析的强大的数据分析软件平台，其最早起源于多特蒙德工业大学开发的一个 YALE 项目，之后被更名为 Rapidminer，其功能在不断增强，用户群体也在不断扩大。

Rapidminer 提供了图形化界面，采用类似 Windows 资源管理器中的树状结构来组织分析组件，树上每个节点表示不同的运算符。Rapidminer 中提供了大量的运算符，涉及数据处

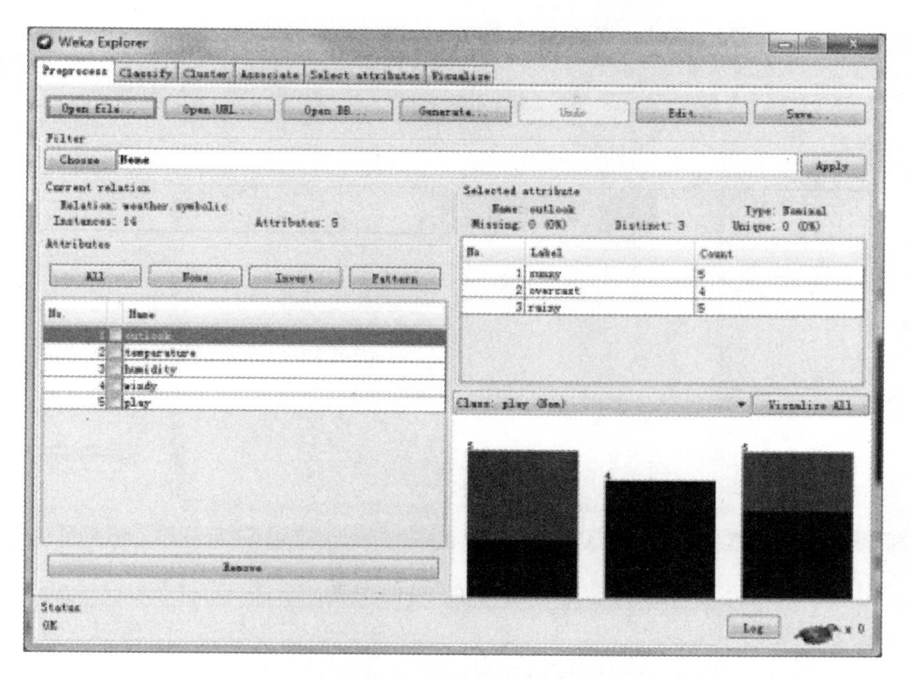

图 4-2　Explorer 界面

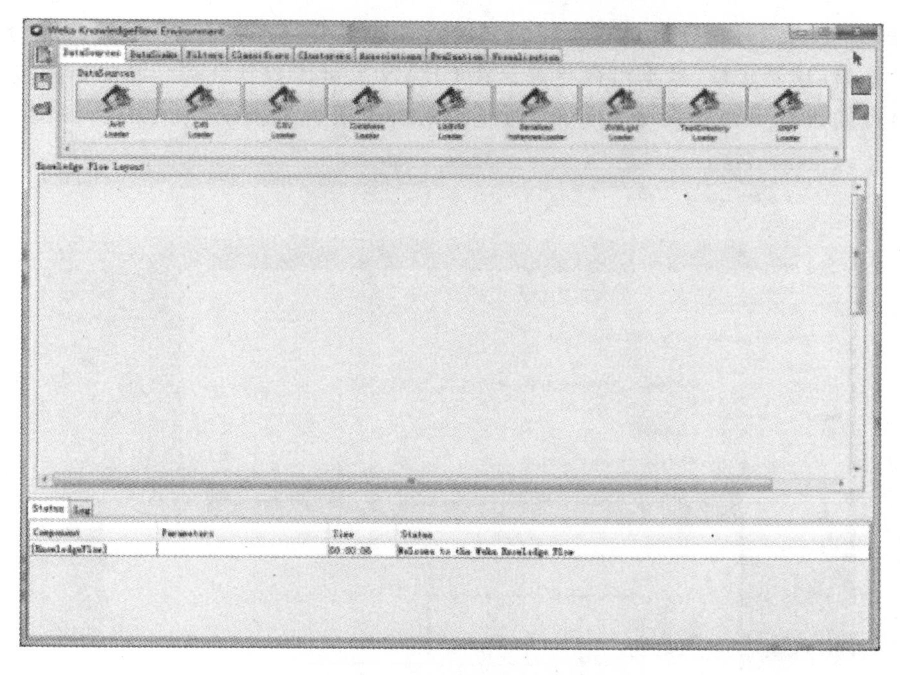

图 4-3　KnowledgeFlow 界面

理、变换、探索、建模、评估等环节。正因如此，使用者几乎不需要编写代码，故可以减少错误且加快工作进度。Rapidminer 是用 Java 开发、基于 Weka 构建的，也就是说，它可以调用 Weka 中的各种分析组件，如图 4-4 所示。

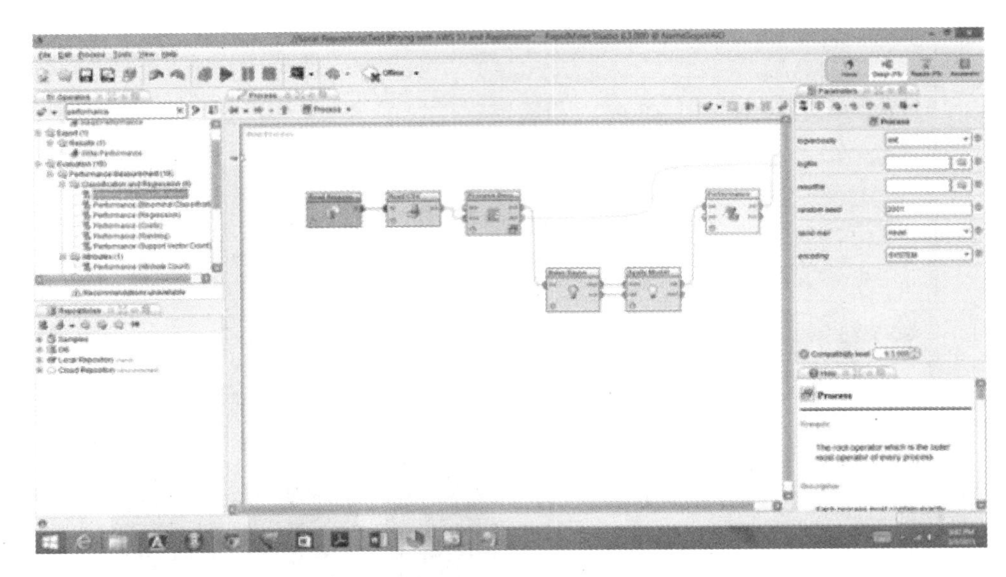

图 4-4　Rapidminer 界面

3. R 语言

R 语言是用于统计分析和图形化的计算机语言及分析工具，为了保证性能，其核心计算模块是使用 C、C++和 Fortran 语言编写的。同时，为了便于使用，这些工具提供了一种脚本语言，即 R 语言。R 语言和贝尔实验室开发的 S 语言类似。R 语言支持一系列分析技术，包括统计检验、预测建模、数据可视化等。在 CRAN 上可以找到众多开源的扩展包。

R 语言的首选界面是命令行界面，通过编写脚本语言来调用分析功能，如图 4-5 所示。

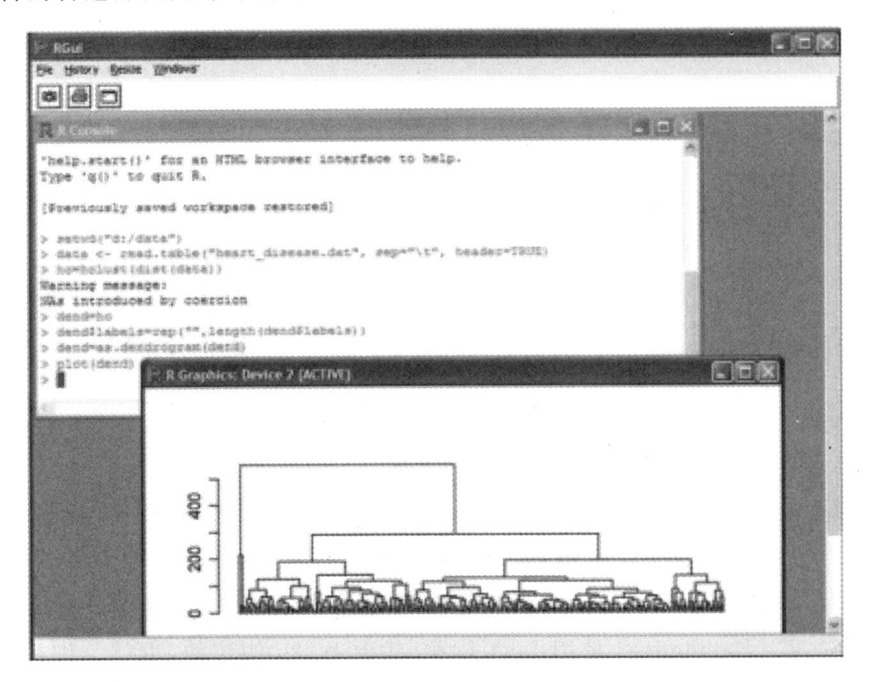

图 4-5　R 语言界面

如果缺乏编程技能，也可使用图形界面，比如使用 R Commander（http://socserv.mcmaster.ca/jfox/Misc/Rcmdr/）或 Rattle（http://rattle.togaware.com）。

4.2　数据存储

4.2.1　数据库数据

20 世纪 60 年代末至今，数据库技术已经发展了数十年。在这数十年的历程中，人们在数据库技术的理论研究和系统开发上都取得了辉煌的成就，而且已经开始对新一代数据库系统进行深入研究。数据库系统已经成为现代计算机系统的重要组成部分。

20 世纪 70 年代诞生了关系型数据库。关系型数据库是基于关系模型的数据库。关系模型指的就是二维表格模型，而一个关系型数据库就是由二维表及其之间的联系组成的一个数据组织。关系型数据库以行和列的形式存储数据，以便于用户理解。这一系列的行和列被称为表，一组表组成了数据库。关系型数据库并不是唯一的高级数据库模型，也不是性能最优的模型，但是关系型数据库确实是现今使用最广泛、最容易理解和使用的数据库模型。

数据库技术是信息系统的一种核心技术，是一种计算机辅助管理数据的方法，它研究如何组织和存储数据，如何高效地获取和处理数据，是通过研究数据库的结构、存储、设计、管理及应用的基本理论和实现方法，并利用这些理论来实现对数据库中的数据进行处理、分析和理解的技术，即数据库技术是研究、管理和应用数据库的一门软件科学。数据库技术研究和解决了在计算机信息处理过程中将大量数据有效地组织和存储的问题，以在数据库系统中减少数据存储冗余、实现数据共享、保障数据安全及高效地检索数据和处理数据。

当数据库存储大量数据时，需要考虑分区问题，数据库分区可提高其性能并易于维护。通过将一个大表拆分成更小的单个表，只访问一小部分数据的查询可以执行得更快，因为需要扫描的数据较少，而且可以更快地执行维护任务（如重建索引或备份表）。

实现分区操作时可以不拆分表，而将表物理地放置在个别的磁盘驱动器上。例如，将表放在某个物理驱动器上并将相关的表放在与之分离的驱动器上可提高查询性能，因为当执行涉及表之间连接的查询时，多个磁头同时读取数据。可以使用 Microsoft® SQL Server™ 2000 文件组指定将表放置在哪些磁盘上。

分区可分为硬件分区、水平分区、垂直分区三种。下面我们简单介绍这三种分区。

1）硬件分区

硬件分区基于可用的硬件构架进行数据库设计。硬件分区的示例包括允许多线程执行的多处理器，在多处理器上可以同时执行查询的各个组件，这使单个查询的速度更快。例如，查询内引用的每个表可同时由不同的线程扫描。RAID（独立磁盘冗余阵列）设备允许数据在多个磁盘驱动器中条带化，使更多的读/写磁头同时读取数据，因此可以实现更快地访问数据。将表与相关的表分开存储在不同的驱动器上可以显著提高连接表的查询性能。

2）水平分区

水平分区将一个表分段为多个表，每个表包含相同数目的列和较少的行。例如，可以将一个包含十亿行的表水平分区成12个小表，每个小表代表特定年份内一个月的数据。任何需要特定月份数据的查询只引用相应月份的表。将表进行分区是为了使查询引用尽可能少的表。否则，查询时须使用过多的 UNION 查询来逻辑合并表，而这会削弱查询性能。常用的方法是根据时期、使用方式对数据进行水平分区。

3）垂直分区

垂直分区将一个表分段为多个小表，每个小表包含较少的列。垂直分区的两种方法分别是规范化和行拆分。规范化是个标准化数据库进程，该进程从表中删除冗余的列并将其放到次表中，次表按主键与外键的关系连接到主表。顾名思义，行拆分就是将原始表垂直分成多个只包含较少列的小表。拆分的小表内的每个逻辑行与其他表内的相同逻辑行匹配。例如，连接每个拆分的表内的第十行将重新创建原始行。与水平分区一样，垂直分区使查询得以扫描较少的数据，因此提高了查询性能。例如对于一个7列的表，若通常只引用该表的前4列，那么将该表的后3列拆分到一个单独的表中可获得性能收益。注意，应谨慎考虑垂直分区操作，因为分析多个分区内的数据需要用到连接表的查询，而如果分区非常大，就将可能影响性能。

4.2.2　数据仓库

数据仓库是在数据库已经大量存在的情况下，为了进一步满足挖掘数据资源、出于决策需要而产生的，它绝不是所谓的“大型数据库”。数据仓库之父 W. H. Inmon 在1991年出版的 *Building the Data Warehouse* 一书中所提出的定义受到了广泛认同，他认为，数据仓库是一个面向主题的、集成的、稳定的、随时间变化的数据集合，用于支持管理决策。

数据库是面向事务设计的，数据仓库是面向主题设计的。数据库一般存储在线交易数据，数据仓库一般存储历史数据。数据库在设计时尽量避免冗余，一般采用符合范式的规则来设计，数据仓库在设计时有意引入冗余，采用反范式的方式来设计。数据库是为捕获数据而设计的，数据仓库是为分析数据而设计的，它的两个基本元素是维表和事实表。维是看问题的角度，比如时间、部门，维表存放的是这些内容的定义，事实表存放的是要查询的数据，同时有维的 ID。

数据仓库的出现，并不是要取代数据库。目前，大部分数据仓库是通过关系型数据库管理系统来管理的。可以说，数据库和数据仓库相辅相成、各有千秋。建设数据仓库是为前端查询和分析作为基础的，为了更好地为前端应用服务，数据仓库必须具有如下几个优点，否则就是失败的数据仓库。

（1）效率足够高。客户要求分析的数据一般以日、周、月、季、年等为周期，可以看出，以日为周期的数据要求的效率最高，要求在24小时，甚至12小时内，让客户看到昨天的数据分析。由于有的企业每日的数据量很大，因此设计不好的数据仓库会经常出问题，有时延迟1～3日才能给出数据，这显然是不行的。

（2）数据质量高。客户要看各种信息，肯定要准确的数据，但数据仓库流程至少分为3步和进行2次 ETL（ETL 是指将数据从来源端抽取、转换、加载至目的端的过程），而复杂的架构会产生更多层次，且在数据源有“脏”数据或代码不严谨时，还会导致数据失真，那么客户就会看到错误的信息，这会导致客户由于分析出错而出现决策失误，从而造成损失。

(3) 扩展性强。某些大型数据仓库系统的架构会很复杂，这是因为考虑到了未来3～5年的扩展性，这样，客户就不用经常花钱去重建数据仓库系统。这些数据仓库会多出一些中间层，使海量数据流有足够的缓冲，不至于在数据量大很多时系统无法运行。

数据库与数据仓库的区别实际反映的是 OLTP 与 OLAP 的区别，数据库主要面向 OLTP，而数据仓库主要面向 OLAP。操作型处理，即联机事务处理过程（On-Line Transaction Processing，OLTP），也称面向交易的处理系统，一般针对具体业务进行操作，通常对少数记录进行查询、修改。用户较为关心操作的响应时间、数据的安全性和并发的支持用户数等问题。传统的数据库系统作为数据管理的主要手段，主要用于操作型处理。

分析型处理，即联机分析处理过程（On-Line Analytical Processing，OLAP），一般针对某些主题历史数据进行分析，支持管理决策。

4.2.3 数据仓库的建模和实现

本节主要讲述维度建模及其相关知识，维度建模也是目前数据仓库主流的建模方法。

1. 维度建模的定义

维度建模是 Ralph Kimball 提出的自上而下的总线式数据仓库架构。操作型或者事务型系统的数据源通过 ETL 加载到数据仓库的 ODS 层，然后通过 ODS 层的数据，利用维度建模方法建设一致维度的数据集市。通过一致性维度可以将数据集市联系在一起，由所有的数据集市组成数据仓库。此建模方法的优点在于构建迅速、灵活。维度建模从分析决策的需求出发构建模型，构建的数据模型为分析需求服务，因此它重点解决如何让用户更快速地完成分析需求的问题。

2. 维度建模的基本要素

维度建模涉及如下几个重要的概念，理解了这些概念，基本也就理解了什么是维度建模。

1) 事实表

事实表是维度建模的基本表。“事实”代表一个业务度量值。事实表的一行对应一个度量值，一个度量值就是事实表的一行。事实表的所有度量值必须具有相同的粒度。每个数据仓库都会包含一个及以上的事实表。事实表最大的特点就是其包含数字数据，而且往往具有可加性，这样就易于汇总。数据仓库不仅检索事实表的单行数据，而且往往会一次性带回数百万行的事实，处理这些行最有用的方式就是将它们加起来。在维度模型中，事实表表示维度间多对多的关系。

例如，一次购买行为就可以理解为一个事实。如图4-6所示，图中的订单表就是一个事实表，可以将其理解为在现实中发生的一次操作型事件，每完成一个订单，就会在订单中增加一条记录。在维度表里没有存放实际的内容，其只是一堆主键（ID）的集合，这些 ID 分别对应维度表中的一条记录。

2) 维度表

维度表是对业务过程的上下文描述，具有许多列或者属性。维度表是进入事实表的入口，丰富的维度属性给出了对事实表的分析切割能力。维度给用户提供了使用数据仓库的接口。

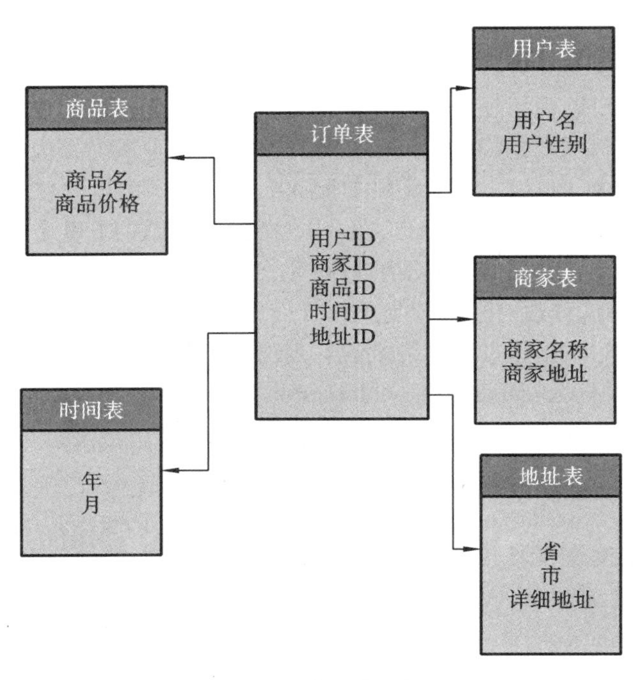

图 4-6　事实表示例

每个维度表都包含单一的主键列。维度表的主键可以作为与之关联的任何事实表的外键，当然，维度表行的描述环境应与事实表行的完全对应。维度表通常比较宽，其是扁平型的非规范表，包含大量的低粒度的文本属性。

图 4-6 中的用户表、商家表、时间表等都属于维度表，这些表都有一个唯一的主键，表中存放着详细的数据信息。

3. 维度建模中的常用模型

1）星型模型

星型模型是多维的数据模型，由一个事实表和多个维度表组成，当所有维度表与事实表连接后，就像是一颗星星。每个维度表都有一个主键，这些主键构成了事实表中的键。在事实表中除了主键外的部分即是事实。事实一般为数字之类的可计算的连续数据，而维度一般是文字之类的描述性数据。星型架构是一种非正规化的结构，多维数据集的每一个维度都直接与事实表相连，不存在渐变维度，所以数据有一定冗余。因为有冗余，所以很多统计不需要做外部的关联查询，因此该模型在一般情况下效率较高。图 4-7 所示的为星型模型图示。

2）雪花模型

雪花模型是对星型模型的一种扩展，它也是一种由一个事实表和多个维度表构成的模型，但它的每个维度表并非直接与事实表相连，部分维度表会连接在某些维度表上，再与事实表相连，其图示就像多片雪花连接在一起，故其得名雪花模型。

雪花模型的特点是可以降低存储空间，数据冗余较少，一般情况下，查询需要关联其他表。应在冗余可接受的前提下使用星型模型。由于该模型的维度表的连接相对增加了，因此其效率会有一定的下降。图 4-8 所示的为雪花模型图示。

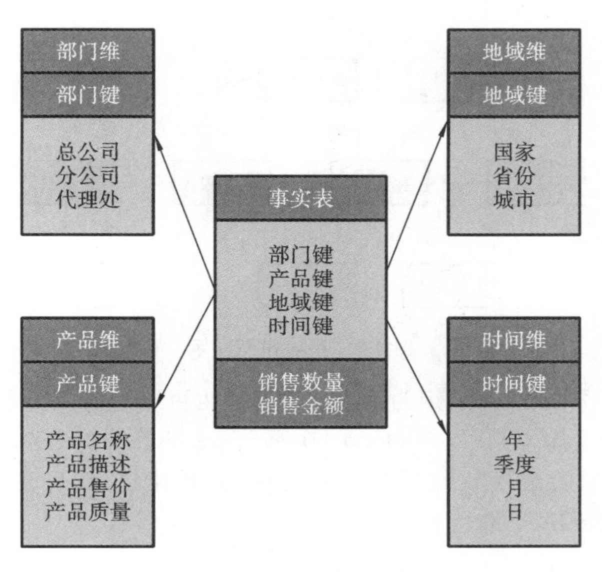

图 4-7　星型模型图示

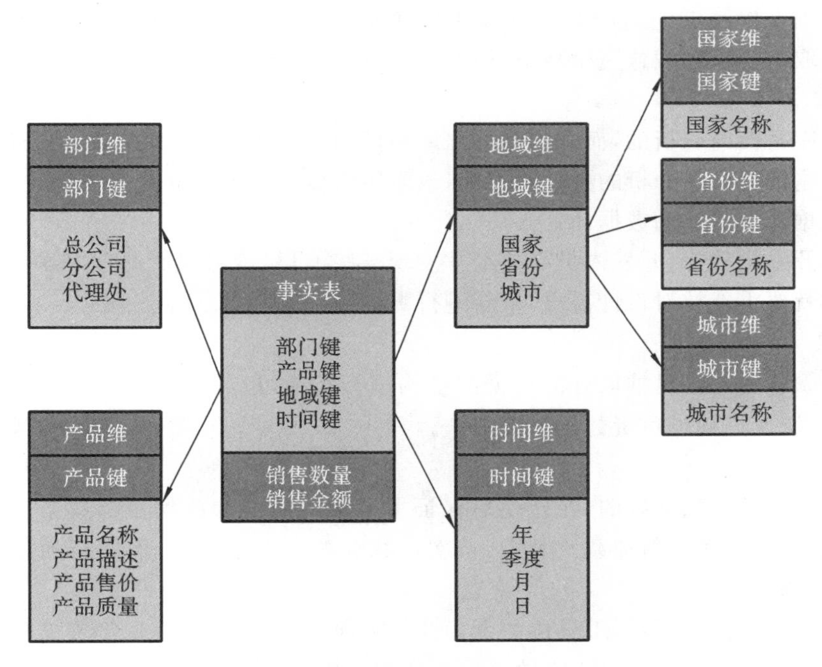

图 4-8　雪花模型图示

3）星座模型

星座模型是比以上两种模型更为复杂的一种常用模型，它由多个事实表和多个维度表构成，多个事实表可共享维度表，图 4-9 所示的为星座模型图示，该图示形似星座，所以称对应模型为星座模型。星座模型也可以看成是星型模型的集合。目前，星座模型是维度建模中最常用的模型，相较于以上两种模型，其可以更好地避免数据的冗余和重复使用。

数据仓库的创建方法和数据库的类似，也是通过编写 DDL 语句来实现。在过去，数据

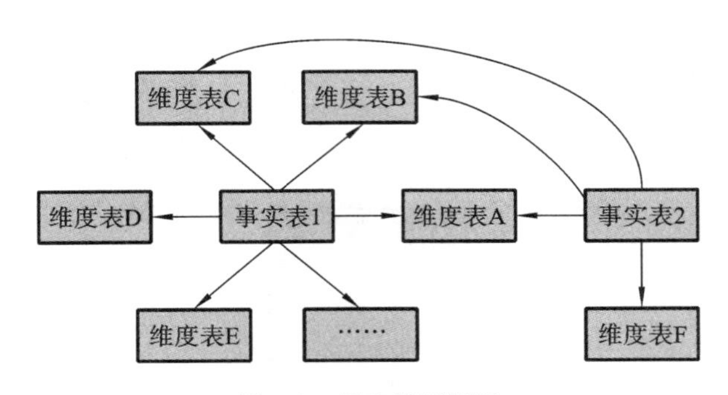

图 4-9　星座模型图示

仓库系统大都建立在 RDBMS 上，因为维度建模其实也可以看成是关系建模的一种。如今，随着开源分布式数据仓库工具（如 Hadoop Hive、Spark SQL）的兴起，开发人员往往将建模和实现分离，使用专门的建模软件进行 ER 建模、关系建模、维度建模，而具体实现则在 Hadoop Hive/Spark SQL 下进行。

4. ETL 工作实质

ETL 工作的实质就是从各个数据源提取数据，对数据进行转换，并最终加载填充数据到数据仓库维度建模后的表中。只有当这些维度/事实表填充好，ETL 工作才算完成。下面分别对抽取、转换、加载这三个环节进行讲解。

1）抽取

数据仓库是面向分析的，而操作型数据库是面向应用的。显然，并不是所有用于支撑业务系统的数据都有拿来分析的必要。因此，该阶段主要是根据数据仓库主题、主题域确定需要从应用数据库中抽取的数据。

在具体开发过程中，开发人员必然经常发现某些 ETL 步骤和数据仓库建模后的表描述不符。这时就要重新核对设计需求，重新进行 ETL。

2）转换

转换步骤主要是指对抽取好的数据的结构进行转换，以满足目标数据仓库模型要求的过程。此外，转换过程也负责数据清洗工作。

3）加载

加载过程将已经抽取好的、在转换后保证了质量的数据加载到目标数据仓库。加载可分为两种：首次加载和刷新加载。其中，首次加载会涉及大量数据，而刷新加载则属于一种微批量式的加载。

随着各种分布式、云计算工具的兴起，ETL 实则变成了 ELT。业务系统自身不会做转换工作，它们在简单清洗数据后，将数据导入分布式平台，让平台统一进行进一步的清洗、转换等工作。这样做能充分利用平台的分布式特性，同时使业务系统更专注于业务本身。

4.2.4　非关系型数据库

关系型数据库统治了 20 多年，在这期间也有数据库（如对象数据库）对关系型数据库发起挑战，但都失败了。而如今，随着 NoSQL 的发展和壮大，关系型数据库已经不是唯一的选择了。

那么，为什么关系型数据库曾统治了这么多年呢？因为关系型数据库的优点很明显。

第一，容易理解，二维表结构是非常贴近逻辑世界的一个概念，关系模型相对网状、层次等其他模型来说更容易理解；第二，使用方便，通用的SQL语言使得操作关系型数据库非常方便；第三，易于维护，实体完整性、参照完整性和用户定义完整性大大降低了数据冗余和数据不一致的概率；第四，支持SQL，可用于复杂的查询。另外，需求和场景决定使用什么数据库。原先关系型数据库有着强大的理论做支撑，SQL语句有着广泛的使用基础，ACID适用于各种业务场景。并且，在多个系统整合以前是靠数据库做集成的，多个应用访问同一个数据库。开发应用的多个团队不可能完全协同控制并发访问的问题，这些只能交给数据库处理，所以这对数据库控制并发访问的要求很高。综上所述，关系型数据库无疑是最合适的。

关系型数据库是一种建立在对象与对象关系之上的一定范围内的一种数据库，采用数学上的集合概念来描述数据，不同的实体采用表的关系去存储，表的列代表实体所具有的属性，而行代表一个实例。实体间的关系就是表与表之间的关系，关系型数据库满足了从前对数据库技术的要求，关系型数据库一般会满足ACID标准。

1. 关系型数据库的优势

(1) 一致性保证、安全性控制、并发性控制、完整性控制。

(2) 数据共享：数据是面向多个客户端的，可以通过统一的接口访问数据库。

(3) 数据独立：逻辑独立性和物理独立性。

(4) 减少冗余：不同的用户不用重复地生成数据，这样不仅降低了存储的负担，也维护了一致性。

(5) 集中控制：在文件管理时期是分散管理，可定义各个数据之间的关系。

(6) 故障恢复：可以提供一套方法进行数据恢复。

清晰易懂的概念让关系型数据库得到了广泛的应用，绝大多数关系型数据库的访问都是通过SQL实现的，我们把关系型数据库统称为SQL数据库。随着互联网的发展，尤其是Web 2.0和大数据等技术的发展，关系型数据库的一些特性成为了瓶颈，本书前面提到过，关系型数据库是建立在表之间的关系之上的，因此对数据库的操作经常会涉及多表的连接查询等操作，但是这对于数据库的负担是很大的，在一段时间内，我们可以通过分表、集群、增加服务器缓存等方式去解决问题，但是随着业务架构需求的扩张，增加硬件资源和优化软件已经很难进一步实现。例如，对于很多应用场景，我们可能更需要迅速的反馈而不是为了保证数据的ACID而额外使数据库服务器增加很多负担，这些负担对于业务架构来说并不是最紧迫的。

那么，为什么NoSQL成为了热门数据库呢？要先了解SQL数据库和NoSQL数据库的优势在哪里。第一，NoSQL数据库无需经过SQL层的解析，其读/写性能很高；第二，NoSQL数据库基于键值对，数据没有耦合性，容易扩展；第三，NoSQL数据库的存储格式是key-value形式、文档形式、图片形式等，而关系型数据库则只支持基础类型的存储。

一方面，随着互联网的发展，互联网应用首要关注的就是高并发、低延时，若数据库采用纵向扩展的方式，则需要高档服务器，采购和维护成本很高，并且单台服务器的配置也是有极限的，这就要求数据库能适用于集群环境，能横向扩展。另一方面，从业务角度看，可以不用先考虑数据一致性，即可以容忍数据在短时间内不一致。针对这些需求，传统的关系型数据库就不那么适用了，NoSQL数据库应运而生。现在应用的整合多是依靠Web Services等技术的，无须直接访问数据库，这使一个团队能在应用级别控制并发访问、数据一致性，这都为使用 NoSQL 数据库创造了条件。

2. 大数据库架构业务的优良特性

(1) 支持大量用户同时在线高并发访问。

(2) 在分布式服务架构下能够得到低延迟的访问响应。

(3) 系统可用性极高。

(4) 能够存储大量非结构化数据。

(5) 能够完成快速更替,能够扩充属性。

企业需要的系统设计是更加灵活的,需要具有高度可用性和可扩展性、可满足大量用户稳定访问的对象存储结构。当传统的关系型数据库已经无法满足这样的要求时,可以考虑使用 NoSQL 数据库。非关系型数据库严格来说不是一种数据库,应该是一种数据结构化存储方法的集合。

NoSQL 数据库的种类很多,其与关系型数据库的关系并非是对立的,而是互补的。如今,系统架构很难完全脱离关系型数据库,企业迁移到 NoSQL 数据库架构是因为遇到了关键的技术瓶颈。传统的关系型数据库是基于共享机制的,若要进行数据结构的修改,则必须停机进行修改。

传统数据库的模式是静态存放数据,这使应用的迭代变得异常困难,这不是增加人力和时间就能解决的问题,这样的瓶颈还会严重影响到其他业务,而 NoSQL 数据库则可以解决这个问题,其可以实现高速的迭代系统,灵活数据库存储模式给数据存储提供了很多方便。

4.2.5 实时大数据与框架

大数据技术的广泛应用使其成为引领众多行业技术进步、促进效益增长的关键支撑技术。根据数据处理的时效性,大数据处理系统可分为两类,一类是流式大数据,也称实时大数据;另一类是批式大数据,也称历史大数据。两者之间的关系可以用一个形象的比喻来形容,批式大数据相当于水库中的水,而流式大数据相当于流入水库的水。

流式大数据具有以下特点:数据到达次序独立,数据实时到达,不受应用系统控制;数据规模宏大且不能预知其最大值;数据一经处理,除非特意保存,否则不能被再次取出处理,或者再次提取数据的代价非常大。流数据多应用于网络监控、传感器网络、航空航天、气象测控和金融服务等领域,通过对流数据进行研究,可以进行卫星云图监测、股市走向分析、网络攻击判断等。

在互联网、物联网等应用场景中,个性化服务、用户体验提升、智能分析、事中决策等复杂的业务需求对大数据处理技术提出了更高的要求。为了满足这些需求,大数据处理系统必须在极短的时间内返回处理结果。

要实现一个融合流处理和批处理两类数据的系统性方案,需要攻克以下技术难点。

1. 复杂指标的增量计算

普通的统计数据计算,如计数、求和、求平均值等能够依靠合并先前的查询结果实现,然而方差、标准差、熵等部分复杂计算无法通过合并现有的结果实现。例如,当查询涉及热点数据维度及长周期时间窗口的复杂指标时,每次都需要重新查询对应的所有数据,多次的重复查询会带来巨大的开销。

2. 基于分布式内存的并行计算

基于分布式内存的并行计算能够将数据处理任务进行细分，同时在多台计算机上进行细粒度的计算，并且能够动态地根据每个计算机的当前负载进行任务分配，最后通过对进度的实时感知和融合策略，将存储在本地计算机中的结果进行最终融合，从而优化和提升系统的内存使用效率。

3. 基于多尺度时间窗口的动态数据处理

来自业务系统的数据查询请求会涉及多种尺度的时间窗口，每次查询请求都重新计算会对系统性能造成极大的影响，需要研究一种支持多种时间窗口尺度(数秒到数十年)、多种窗口漂移方式(数据驱动、系统时钟驱动)的动态数据实时处理方法，以快速响应来自业务系统的即时查询请求。

4. 高可用、高可扩展的内存计算

基于内存介质的计算能够极大提升数据分析及处理能力，然而由于其易挥发的特性，一般需要采用多副本的方式来实现基于内存的高可用方案，这使得如何确保不同副本的一致性成为一个待解决的问题。此外，在集群内存不足或者部分节点失效时，如何让集群在不间断提供服务的同时重新平衡同样是一个待解决的技术难题。因此，保证分布式多副本的一致性等可以进一步提升流处理集群的可用性及可扩展性。

4.3　数据挖掘技术

4.3.1　分类与回归

分类与回归是数据挖掘中的两类基本问题，主要用于描述数据的分布或者预测未来的数据趋势。实际问题通常都可以归约为这两类问题，因此有广泛的应用和研究价值。

那么，什么是分类呢？例如：银行信贷员要对客户(借款申请人)的数据进行分析，以便评估贷款给客户是否有风险。分类也可以运用在企业生产的过程诊断上，在产品质量控制端，实时对产品是否有瑕疵进行分类，分析生产流程因素对产品瑕疵比例的影响，从而改进流程并提高良品率。

数据的分类过程主要包含三个步骤。首先要采集数据并进行预处理；之后是训练分类模型(分类器)，从数据中提取有用的信息；最后是测试，使用分类器进行分类，验证准确性。具体步骤如下：

第一步，采集数据和预处理。预处理主要针对采集的数据进行数据验证和清洗，保证数据的准确性并选择分析所需要的数据。数据以元组的方式保存为数据集，每个元组也称为一个样本，元组中包含描述样本的数据点以及其相对应的类标。数据集分成两部分，训练集和测试集。训练集由为建立模型而被分析的元组形成，测试集用于验证训练模型的性能。

第二步，训练分类器。首先，选择或者构建一个分类器，用于描述训练集中数据点与类标的对应关系。分类器通常是一种函数表达式或者结构，含有未知参数。在此情形下，训练集的作用就是用于获得分类器参数，使其能够合理描述训练集数据点与类标的映射关系，这个过程称为分类器训练。训练之后，分类器成为了一个可计算的模型，将数据点作为输入，融合参数的计算，就可以获得数据点对应的类标。人类可以从历史数据中总结或者提炼一些经验和规律，训练则让机器完成这样一个过程，因此这个过程也被称为学习。

第三步，测试分类器。在使用分类器对将来的或未知类标的数据进行分类之前，需要先评估模型的预测准确率。对测试集中的每个测试样本，使用分类器进行分类，并将分类器的类标与已知的类标进行对比，获得准确率。如果性能可以接受，则分类器可以应用到新的数据集或者实际应用中。

说完分类，那么，什么又是回归呢？回归于分类的主要区别在于，分类主要预测数据点的类别，一般类别的数量是有限的，是离散值，而回归预测的是数据点的实际取值，一般是连续值。回归分析主要用于确定预测属性（数值型）与其他变量间相互依赖的定量关系，比较适合于数值预测的任务，如天气预测，根据历史的气温、风速、湿度等信息预测将来的气温；如金融领域的股指预测，根据历史的股指变化情况预测未来的的股指值。由于预测值的区别，回归与分类通常是由不同的模型来完成的。

1. 常用的回归方法

常用的回归方法包括线性回归、多项式回归、logistic 回归、岭回归等。

2. 常用的分类方法

（1）决策树。决策树采用自顶向下的递归方式，在内部节点进行属性值的比较。从根节点开始分支，最终得到的叶子节点用于分类。

（2）人工神经网络。人工神经网络是一种模仿大脑神经网络结构和功能而建立的信息处理系统，通过神经网络的机构描述输入与输出变量之间关系的分类模型。

（3）支持向量机模型。支持向量机目的是寻找一个超平面来对不同类别的样本进行分割，分割的原则是间隔最大化，具有良好的性能和解释性。

3. 数据预处理包括的活动

（1）数据清理：通过填写缺失值，光滑噪声数据，识别或删除离群点。

（2）数据归一化和降维：归一化的目的是将数据的每一个维度转换为零均值和单位方差，把各个维度的值控制在相同的范围内。降维的目的是保留数据中最有表达力的一部分维度，降低数据的处理量，从而提高训练模型的效率和性能。

4. 分类和回归的评价标准

（1）健硕性：给定噪声数据或有缺失值的数据，模型正确预测的能力。

（2）准确率：模型正确预测新数据的类别或者取值的程度。

（3）速度：训练和使用模型的计算开销。

（4）可解释性：模型的计算过程和结果是否具有可解释性。

4.3.2 聚类分析

前文对分类和预测进行了简单介绍，本节将引入聚类这一概念。

聚类是指数据对象的集合。聚类分析是指将物理或抽象对象的集合分组为由类似的对象组成的多个类的分析过程。聚类是一种无指导学习，其作为一个独立的工具来获得数据的分布情况，同时也作为其他算法的预处理步骤。

一些聚类技术使用簇原型，即代表簇中其他对象的数据对象来刻画簇的特征。需要注意的是，簇的定义是不精确的，而最好的定义依赖于数据的特征和期望的结果。聚类分析与其他将数据对象分组的技术有关。监督学习,也称监督分类,是指借助一个类标号已知的对象开发模型,对新的、无标记的对象赋予一个类标号的过程;非监督学习,也称非监督分类或聚类。在数据挖掘中,不附加任何条件使用术语分类时,通常是指监督分类。

与分类不同的是,聚类所要求划分的类是未知的。聚类是将数据分类到不同的类或者簇的过程,所以同一个簇中的对象会有一定的相似性;相反,不同簇间的对象又会有很大的相异性。

从实际应用的角度看,聚类分析是数据挖掘的主要任务之一。更重要的是,聚类能够作为一个独立的工具观察每一簇数据的特征,获得数据的分布状况,集中对特定的簇进行进一步分析。聚类分析还可以作为其他算法的预处理步骤。

从机器学习角度来讲,簇相当于隐藏模式。与分类不同的是,无监督学习不依赖预先定义的类或带类标记的训练实例,而是由聚类学习算法自动对样本进行标记,而分类学习的实例或数据对象有类标记。聚类是观察式学习,而不是示例式学习。聚类分析是一种探索性的分析,在分类的过程中,人们不必事先给出一个分类标准,聚类分析能够从样本数据出发,自动进行分类。聚类分析所使用的方向不同,可能会得到不同的结论。而不同研究者对同一组数据进行聚类分析,所得到的聚类结果也未必一致。

经过持续了半个多世纪的深入研究,聚类技术已经成为最常用的数据分析技术之一。传统的聚类算法可以分为五类:划分方法、层次方法、基于密度的方法、基于网格的方法和基于模型的方法。

1. 划分方法

给定具有 n 个对象的数据集,可采用划分方法对数据集进行 k(k⩽n)个划分,每个划分都代表一个簇,并且每个簇至少包含一个对象,而且每个对象一般只能属于一个簇。对于给定的 k 值,划分方法一般要先做一个初始划分,然后再采取迭代重新定位技术,通过让对象在不同组间移动来改进划分的准确度和精度。一般的原则是:同一个簇中的对象之间的相似性很高,而不同簇的对象之间的相异性很高。下面介绍两种常见划分方法。

划分方法示例如图 4-10 所示。

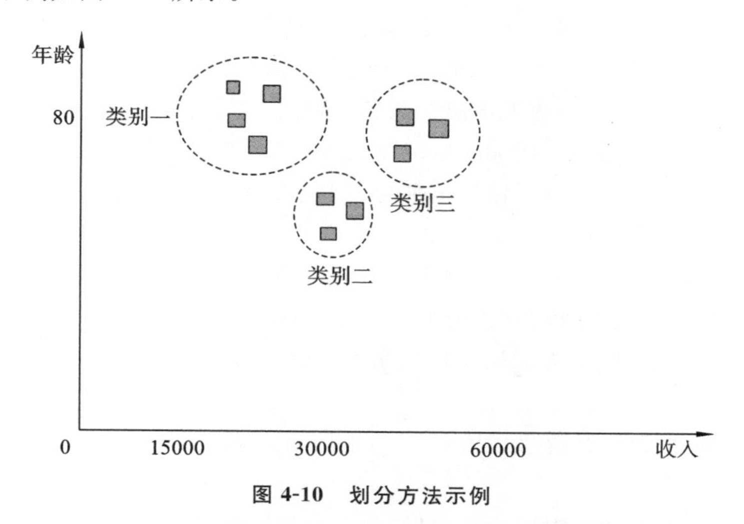

图 4-10 划分方法示例

(1) k-Means 算法,又称 k 均值算法,它是目前最著名、也是使用最广泛的聚类算法。在给定一个数据集和需要划分的数目 k 后，该算法可以根据某个距离函数反复把数据划分到 k 个簇中，直到其收敛为止。k-Means 算法用簇中对象的平均值来表示划分的每个簇，其大致的步骤是，首先将随机抽取的 k 个数据点作为初始的聚类中心(种子中心)，然后计算每个数据点到每个种子中心的距离，并把每个数据点分配给距离它最近的种子中心；当所有的数据点都完成分配时，每个聚类的聚类中心(种子中心)会按照本聚类(本簇)的现有数据点重新进行计算；这个过程不断重复，直到其收敛为止，即满足某个终止条件为止，最常见的终止条件是误差平方和(SSE)局部最小。

k-Means 算法示例如图 4-11 所示。

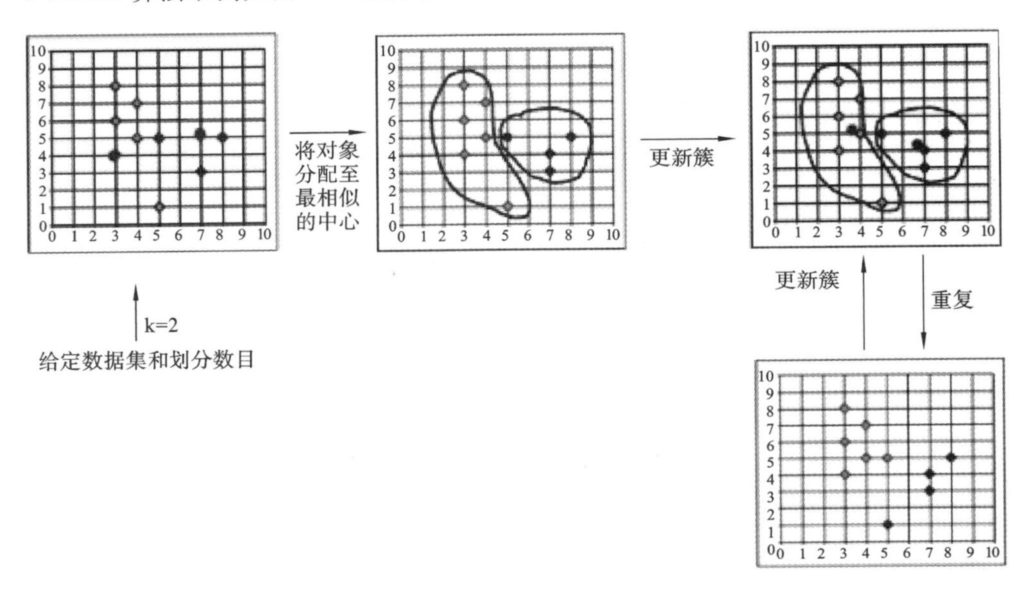

图 4-11　k-Means 算法示例

(2) k-Medoids 算法，也称 k 中心点算法，该算法用最接近簇中心的一个对象来表示划分的每个簇。k-Medoids 算法与 k-Means 算法的划分过程相似，两者最大的区别是，k-Medoids 算法是用簇中最靠近中心点的一个真实的数据对象来代表该簇的，而 k-Medoids 算法是用计算出来的簇中对象的平均值来代表该簇的，这个平均值其实并不真实存在。

相比较而言，两种方法都需要提前指定簇的数目 k。当存在噪声或离群点时，k-Medoids 算法更加稳定，这是因为中心点不像均值那样容易被其他数据影响。同时 k-Means 算法的执行代价较低。

2. *层次方法*

层次方法对给定数据集进行层次分解，直到满足某种收敛条件为止。按照层次分解的形式不同，层次方法又可以分为凝聚层次聚类和分裂层次聚类。下面介绍两种常见层次方法。

层次方法示例如图 4-12 所示。

1) 凝聚层次聚类

凝聚层次聚类，也称 AGNES 算法、自底向上方法。这种算法一开始将每个对象作为单独的一类，然后再将每个对象合并到与其相近的对象或类中，直到把所有小类合并成一个

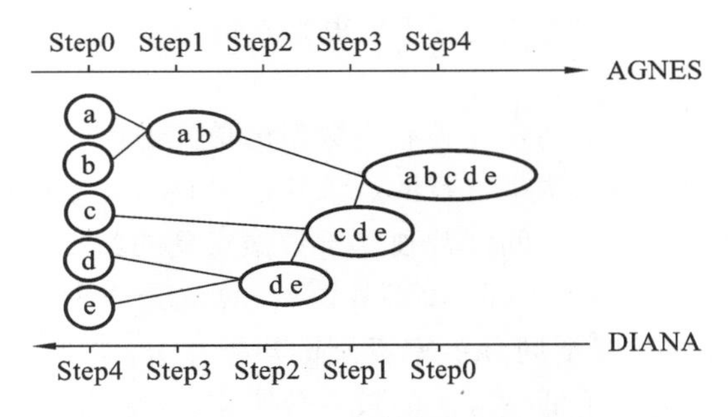

图 4-12　层次方法示例

类,或者达到一个收敛条件(终止条件)为止。

下面介绍凝聚层次聚类的算法。

(1) 输入包含 n 个样本的数据集,终止条件为达到簇的数目 k。

(2) 初始时,将每个样本当成一个簇。

(3) REPEAT 循环:根据不同簇中最近样本间的距离找到最近的两个簇;合并这两个簇,生成新的簇的集合,直到达到规定的簇的数目 k 时结束循环。

2) 分裂层次聚类

分裂层次聚类,也称 DIANA 算法、自顶向下方法。这种算法会使类被分裂成更小的类,一开始将所有对象置于一个簇中,再进行迭代,直到每个对象在一个单独的类中,或者满足一个收敛条件(终止条件)为止。

下面介绍分裂层次聚类的算法。

(1) 输入包含 n 个样本的数据集,终止条件为达到簇的数目 k。

(2) 初始时,将所有样本当成一个簇。

(3) FOR 循环:在所有簇中挑出具有最大直径的簇 C;找出 C 中与其他点平均相异度最大的一个点 p,并把 p 放入 splinter group,把剩余的点放在 old party 中;在 old party 中找出到最近的 splinter group 中的点的距离不大于到最近的 old party 中的点的距离的点,并将该点加入 splinter group;直到没有新的 old party 中的点被分配给 splinter group,splinter group 和 old party 为被选中的簇分裂成的两个簇,与其他簇一起组成新的簇集合。

层次方法最大的缺陷在于,很难选择合并点和分裂点,很多时候,选择到好的合并点或者分裂点往往并不能保证会得到高质量的、全局的聚类结果。

3. 基于密度的方法

基于密度的方法的原理是:只要邻近区域内对象数量的密度超过了某个阈值,就继续聚类。简言之,就是给定某个簇中的每个数据点(也就是数据对象),在一定范围内必须包含一定数量的其他对象。基于密度的方法的典型算法包括 DBSCAN(Density-Based Spatial Clustering of Application with Noise)算法及其扩展算法 OPTICS(Ordering Points to Identify the Clustering Structure)算法。其中,DBSCAN 算法可在带有噪声的空间数据库里发现任意形状的聚类,还会根据一个密度阈值来控制簇的增长,将具有足够高密度的区域划分为类。尽管此算法优势明显,但其有一个很大的缺点,该算法需要用户确定输入参数,而且此算法对参数十分敏感,所以不适合密度变化太大的数据。当处理高维数据时,该方法也存在问题,因为其很难对密度进行定义。当邻近计算需要计算所有点的邻近度时(对于高维数据，常常如此），DBSCAN 算法可能会产生很大开销。

4. 基于网格的方法

基于网格的方法能把对象空间量化为有限数目的单元，这些单元又会形成网格结构，所有的聚类操作都是在这个网格结构中进行的。该算法只跟量化空间中每一维的单元数目有关，其优点是处理速度快，其处理时间常常独立于数据对象的数目。基于网格的方法的典型算法是 STING（Statistical Information Grid）算法，该算法是一种基于网格的多分辨率聚类技术，其将空间区域划分为具有不同分辨率级别的矩形单元，并形成一个层次结构，且高层的低分辨率单元会被划分为多个低一层次的较高分辨率单元。这种算法从最底层的网格开始逐渐向上计算并储存网格内数据的统计信息。

5. 基于模型的方法

典型的基于模型的方法有 COBWEB 算法，其是一个简单的增量式概念聚类方法，它的输入对象是用符号量（属性-值）对来进行描述的，其采用分类树的形式来创建一个层次聚类。CLASSIT 算法是 COBWEB 算法的另一个版本，它可以对连续取值属性进行增量式聚类，它为每个节点中的每个属性保存相应的连续正态分布（均值与方差）；其利用改进的分类能力描述方法，即不像 COBWEB 算法那样计算离散属性（取值）和，而是对连续属性求积分。但是 CLASSIT 算法与 COBWEB 算法都不适合对大数据库进行聚类处理。

以上就是常见的五种传统的聚类算法。一般来说，聚类算法具有如下几个特性。

（1）次序依赖性：对于某些算法，所产生的簇的质量和个数可能因数据处理的次序不同而显著地变化。SOM 是次序依赖算法的一个实例。

（2）非确定性：每次运行都会产生不同的结果，因为其依赖于需要随机选择的初始化步骤。

（3）可伸缩性：包含数以百万计对象的数据集并不罕见，而应用于这种数据集的聚类算法应当具有线性或接近线性的时间和空间复杂度。

其实，传统的聚类算法已经比较成功地解决了低维数据的聚类问题。但是由于在实际应用中数据具有复杂性，因此在处理许多问题时，现有的算法经常会失效，特别是对于高维数据和大型数据。传统聚类算法在高维数据中进行聚类时，主要会遇到以下两个问题。

（1）高维数据中存在大量无关的属性，这使得在所有维中存在簇的可能性几乎为零。

（2）高维空间中的数据较低维空间中的数据分布得稀疏，数据间的距离几乎相等是普遍现象，而传统聚类方法是基于距离进行聚类的，因此在高维空间中无法基于距离来构建簇。

高维聚类分析是聚类分析的一个重要研究方向，同时也是难点所在。现如今，随着技术的进步，数据收集变得越来越容易，这也导致数据库的规模越来越大、复杂性越来越高，它们的维度通常可以达到成百上千维，甚至更高。但是，受“维度效应”的影响，许多在低维数据空间有着不错表现的聚类算法运用在高维空间上往往无法获得好的聚类效果。高维数据聚类分析是聚类分析中一个非常值得探究的领域，同时它也是一项具有挑战性的工作。高维数据聚类分析在市场分析、土地使用、地震研究、保险业、金融业等方面都有很广泛的应用。

4.3.3　关联规则

20 世纪 90 年代，在美国沃尔玛超市中，超市管理人员分析销售数据时发现了一个令人难以理解的现象:“啤酒”与“尿布”两件看上去毫无关系的商品会经常出现在同一个购物篮中,这种独特的销售现象引起了管理人员的注意,后来发现,这种现象出现在年轻的父亲身上。在美国有婴儿的家庭中,经常是母亲在家中照看孩子,年轻的父亲去超市进行采购。父亲在购买尿布的同时,往往会顺便为自己购买啤酒。若这个年轻的父亲在超市只能买到两件商品之一,则他很有可能会放弃购物而去另一家可以一次同时买到啤酒与尿布的超市。由此,沃尔玛开始在超市尝试将啤酒与尿布摆放在相同区域,让年轻的父亲可以同时找到这两件商品,并很快地完成购物,这使其获得了很好的销售收入。同样,我们还可以根据关联规则做一些捆绑销售。

在数据挖掘的知识模式中,关联规则模式是比较重要的一种。关联规则的概念由Agrawal、Imielinski、Swami提出,其是一种简单而实用的规则。首先我们来了解一下关联规则的定义和相关属性。关联规则是形如X→Y的蕴含式,其中,X和Y分别称为关联规则的先导和后继,关联规则XY存在支持度和信任度。

为了方便读者理解,我们举一个现实中的例子。超市利用前端收款机收集、存储了大量的售货数据,这些数据是一条条的购买事务记录,每条记录存储了事务处理时间、顾客购买的物品、购买物品的数量及金额等。这些数据中常常隐含形式如下的关联规则:在购买铁锤的顾客当中,有70%的人同时购买了铁钉。这些关联规则很有价值,超市管理人员可以根据这些关联规则更好地规划超市,如把铁锤和铁钉这样的商品摆放在一起,就能够促进销售。

关联规则主要有四个属性。

1. 可信度

假如在W中支持物品集A的事务中,有c%的事务同时也支持物品集B,则c%称为关联规则A→B的可信度。简单地说,可信度就是指在出现了物品集A的事务集T中,物品集B也同时出现的概率。如上面所举的铁锤和铁钉的例子,该关联规则的可信度就回答了这样一个问题:如果一个顾客购买了铁锤,那么他也购买铁钉的可能性有多大呢?在上述例子中,购买铁锤的顾客中有70%的人购买了铁钉,所以可信度是70%。

2. 支持度

设W中有s%的事务同时支持物品集A和物品集B,则s%称为关联规则A→B的支持度。支持度描述了A和B这两个物品集的并集C在所有的事务中出现的概率。如果某天共有1000个顾客到超市购买物品,其中有100个顾客同时购买了铁锤和铁钉,那么上述关联规则的支持度就是10%。

支持度s%是指事务集D中包含A∪B的百分比:support(A= B)=P(AUB)。

可信度c%是指事务集D中包含A的事务同时也包含B的百分比:confidence(A=B)=P(B|A)= P(A∪B)/P(A)。

3. 期望可信度

设W中有e%的事务支持物品集B,e%称为关联规则A→B的期望可信度。期望可信度描述了在没有任何条件影响时,物品集B在所有事务中出现的概率。如果某天共有1000个顾客到超市购买物品,其中有200个顾客购买了铁钉,则上述关联规则的期望可信度就是20%。

4. 作用度

作用度是可信度与期望可信度的比值。作用度描述物品集A的出现对物品集B的出现的影响。物品集 B 在所有事务中出现的概率是期望可信度，物品集 B 在有物品集 A 出现的事务中出现的概率是可信度，而可信度与期望可信度的比值则反映了在加入“物品集 A 出现的事务中”这个条件后，物品集 B 出现的概率发生了多大的变化。在上例中，作用度就是 70%/20%=3.5。

这就是关联规则的四个重要的属性。可信度是对关联规则的准确度的衡量，支持度是对关联规则重要性的衡量。有些关联规则的可信度虽然很高，但支持度却很低，说明该关联规则被用到的机会很少，因此其不重要。支持度说明了这条规则在所有事务中有多大的代表性，显然支持度越大，关联规则越重要。

期望可信度描述了在没有物品集 A 的作用下，物品集 B 本身的支持度；作用度描述了物品集 A 对物品集 B 的影响力的大小。作用度越大，说明物品集 B 受物品集 A 的影响越大。一般情况下，有用的关联规则的作用度都应该大于 1，只有关联规则的可信度大于期望可信度，才说明 A 的出现对 B 的出现有促进作用，这也说明了它们之间某种程度的相关性；若作用度不大于 1，则这个关联规则也就没有意义了。

下面将对关联规则的挖掘过程进行简单的介绍。关联规则的挖掘过程分为两个阶段：第一阶段为从资料集合中找出所有的高频项目组；第二阶段为由这些高频项目组产生关联规则。

关联规则挖掘的第一阶段为从原始资料集合中找出所有的高频项目组。高频的意思是指某一对象出现的频率相对于所有记录而言，必须达到某一水平。某一对象出现的频率称为支持度，以一个包含 A 与 B 两个项目的 2-itemset 为例，可以由公式求得包含{A,B}对象的支持度，若支持度不小于所设定的最小支持度门槛值，则{A,B}称为高频对象。对于一个满足最小支持度的 k-itemset，称其为高频 k-对象，一般表示为 Large k 或 Frequent k。算法从 Large k 的项目组中再产生 Large k+1，直到无法再找到更长的高频对象为止。

第二阶段是要产生关联规则。从高频对象中产生关联规则，是利用前一步骤的高频 k-对象来产生的，在最小可信度的条件门槛下，若利用某一规则所求得的可信度满足最小可信度，则称此规则为关联规则。

从上面的介绍还可以看出，挖掘关联规则一般比较适用于记录中的指标取离散值的情况。数据离散化是数据挖掘前的重要环节，离散化的过程是否合理将直接影响关联规则的挖掘结果。若原始数据库中的指标值是连续的数据，则在关联规则挖掘之前应进行适当的数据离散化。

关联规则有多种分类方式，基于规则中数据的抽象层次，可以分为单层关联规则和多层关联规则；基于规则中处理的变量的类别，可以分为布尔型关联规则和数值型关联规则；基于规则中涉及的数据的维数，可以分为单维关联规则和多维关联规则。

在算法方面，主要有 Apriori 算法、FP-树频集算法和基于划分的算法。

Apriori 算法是一种挖掘布尔关联规则频繁项目集的算法，它最关键的地方是基于两阶段频繁项目集思想的递推算法。在该算法中，所有支持度大于最小支持度的项目集称为频繁项目集，简称频集。该算法的基本思想是：首先找出所有的频集，这些频集出现的频繁性至少和预定义的最小支持度一样；然后由频集产生强关联规则，这些规则必须满足最小支持度和最小可信度。最后在找到的频集中产生期望的规则，其中每一条规则的右部只有一项，这里采用的是中规则的定义。这些规则生成后，只有那些符合用户给定的最小可信度要求的规则才会留下来。为了生成所有频集，该算法使用了递推的方法。

针对Apriori算法的缺陷，J. Han等提出了不产生候选挖掘频集的方法，也就是FP-树频集算法。该算法在进行完第一遍扫描之后，把数据库中的频集压缩进一棵频繁模式树(FP-tree)，同时依然保留其中的关联信息，随后再将FP-tree分化为一些条件库，每个库和一个长度为1的频集相关，然后再对这些条件库分别进行挖掘。当原始数据量很大时，也可以结合划分的方法，使一个FP-tree可以放入主存中。实验表明，该算法对不同长度的规则都有很好的适应性，同时在效率上较Apriori算法也有了很大的提高。

基于划分的算法是由Savasere等设计的算法。这个算法先把数据库从逻辑上分成几个互不相交的块，每次单独考虑一个分块并对它生成所有的频集，然后把产生的频集合并，用来生成所有可能的频集，最后计算这些频集的支持度。这里分块的大小选择要使得每个分块可以被放入主存，每个阶段只需被扫描一次。而算法的正确性是由每一个可能的频集至少在某一个分块中是有频集保证的。该算法是可以高度并行的，可以把每一分块分别分配给某一个处理器生成频集。产生频集的每一个循环结束后，处理器之间进行通信来产生全局的候选k-项目集。该算法长的通信过程和每个独立的处理器生成频集时会耗费时间是制约其发展的瓶颈。

关联规则挖掘技术已经被广泛应用在西方金融行业中，它可以成功预测银行客户需求，而一旦获得了这些信息，银行就可以改善自身营销策略。银行每天都在开发新的与客户沟通的方法，各银行在自己的ATM机上捆绑了客户可能感兴趣的本行产品信息，供使用本行ATM机的客户了解。如果数据库中显示某个高信用额度的客户更换了地址，那么这个客户很有可能在近期购买了一栋更大的住宅，因此其有可能会需要更高的信用额度、更高端的新信用卡，或者需要申请住房改善贷款，而银行可以将相关产品通过信用卡账单邮寄给客户。当客户打电话咨询时，数据库可以有力地帮助电话销售代表，销售代表的计算机屏幕上可以显示出客户的特点，同时也可以显示出客户会对什么产品感兴趣。

随着数据挖掘技术的发展及各种数据挖掘方法的广泛应用，大型超市可以从数据库中发现一些潜在的、有用的、有价值的信息，从而将这些信息应用于超市的经营。通过对所积累的销售数据的分析，可以得出各种商品的销售信息，从而更合理地制订各种商品的订货计划，从而对各种商品的库存进行合理的控制。另外，根据各种商品的销售情况，还可分析商品的销售关联性，从而可以进行商品货篮分析和组合管理，这将更有利于商品销售。

由于许多应用问题往往比到超市购买商品的问题更复杂，因此大量研究从不同的角度对关联规则做了扩展，将更多的因素集成到关联规则挖掘方法之中，以此丰富关联规则的应用领域，拓宽支持管理决策的范围，如考虑属性之间的类别层次关系、时态关系、多表挖掘等。围绕关联规则的研究主要集中于两个方面，即扩展经典关联规则能够解决问题的范围、改善经典关联规则挖掘算法的效率和规则。

4.3.4 离群点检测

本节将介绍离群点的概念，以及离群点挖掘的意义，还将从技术角度讲解离群点挖掘的几种常用方法，并对这些方法的优劣进行对比和剖析，以便让读者有更深刻的理解。

1. *离群点的定义*

首先介绍什么是离群点，这里给出几个不同的定义。

（1）Hawkins 的定义：离群点是在数据集中偏离大部分数据的数据。

（2）Weisberg 的定义：离群点是与数据集中其余部分不服从相同统计模型的数据。

（3）Samuels 的定义：离群点是不同于数据集中其余部分的数据。

（4）Porkess 的定义：离群点是远离数据集中其余部分的数据。

从数据范围来区分，离群点可分为全局离群点和局部离群点；从数据类型来区分，离群点可分为数值型离群点和分类型离群点；从属性的个数来区分，离群点又可分为一维离群点和多维离群点。

2. 出现离群点的原因

离群点出现的原因一般有如下几个。

（1）测量或输入错误，或系统运行错误。

（2）数据的内在特性所致。

（3）客体的异常行为所致。

3. 离群点的检测方法

常用的离群点检测方法有基于统计模型的离群点检测方法、基于邻近度的离群点检测方法、基于密度的离群点检测方法、基于聚类的离群点检测方法。下面将对这四种方法进行简单介绍。

1）基于统计模型的离群点检测方法

该方法需要满足统计学原理，若分布已知，则检验可能非常有效。该方法用于为数据创建一个模型，并根据对象拟合模型的情况来评估它。大部分基于统计模型的离群点检测方法都是构建一个概率分布模型，并考虑对象有多大可能符合该模型。该方法的优点为：其具有坚实的统计学理论基础，当存在充分的数据和所用的检验类型的知识时，这些检验可能非常有效；其缺点为：对于多元数据，可用的选择少一些，并且对于高维数据，这些检验可能会很差。假定用一个参数模型来描述数据的分布（如正态分布），则基于统计模型的离群点检测方法依赖于数据分布、参数分布（如均值或方差）、期望离群点的数目（可信度区间）。

2）基于邻近度的离群点检测方法

该方法比基于统计模型的离群点检测方法更容易使用，因为确定数据集的有意义的邻近度比确定它的统计分布更容易。一个对象的离群点得分是由它的 k-最近邻距离确定的。离群点得分的最低值为 0，最高值为距离函数的可能最大值，如无穷大。

对于正整数 k，对象 p 的 k-最近邻距离 k-distance(p)定义为：除 p 外，至少有 k 个对象 o 满足 distance(p，o)＜k-disance(p)；除 p 外，至多有 k-1 个对象 o 满足 distance(p，o)＜k-distance(p)。

离群点得分对 k 的取值高度敏感。若 k 太小，则少量的邻近离群点可能导致较低的离群点得分；若 k 太大，则点数少于 k 的簇中的所有对象可能都成了离群点。为了使该方案对 k 的选取更具有鲁棒性，可以使用 k 个最近邻的平均距离。

3）基于密度的离群点检测方法

从基于密度的观点来说，离群点是在低密度区域中的对象。一个对象的离群点得分是该对象周围密度的逆。基于密度的离群点检测方法与基于邻近度的离群点检测方法密切相关，因为密度通常借助邻近度定义。

一种常用的定义密度的方法是，密度为到 k 个最近邻的平均距离的倒数。若该距离小，则密度高，反之亦然。另一种定义密度的方法是，使用DBSCAN聚类算法对使用的密度进行定义，即一个对象周围的密度等于该对象指定距离d内对象的个数。需要小心地选择d，若d太小，则许多正常点可能具有低密度，从而具有高离群点得分；若d太大，则许多离群点可能具有与正常点类似的密度和离群点得分。

4）基于聚类的离群点检测方法

一种基于聚类的离群点检测方法是丢弃远离其他簇的小簇，这个方法可以和其他任何聚类技术一起使用，但是需要最小簇的大小和小簇与其他簇之间距离的阈值。这种方法对簇个数的选择高度敏感。使用这个方法很难将离群点得分附加到对象上。另一种更系统的方法是，首先聚类所有对象，然后评估对象属于簇的程度（离群点得分）。通过聚类检测离群点时，由于离群点会影响聚类，因此会存在一个问题，即结构是否有效。为了处理该问题，可以使用如下方法：对对象聚类，删除离群点，对对象再次聚类（这不能保证产生最优结果）。还有一种更复杂的方法：取一组不能很好地拟合任何簇的特殊对象，用这组对象代表潜在的离群点。随着聚类过程的进行，簇在发生变化，不再强属于任何簇的对象被添加到潜在的离群点集合，而当前在该集合中的对象被测试，如果它现在强属于一个簇，就可以将它从潜在的离群点集合中移除。该方法的优缺点为：基于线性和接近线性复杂度的聚类技术来发现离群点可能是高度有效的；可能同时发现簇和离群点；产生的离群点集和得分可能非常依赖所用的簇的个数和数据中离群点的存在性；用聚类算法产生的簇的质量对用该算法产生的离群点的质量影响非常大。

现有的数据挖掘研究大多集中于发现适用于大部分数据的常规模式，离群点检测是数据挖掘中重要的一部分，它的任务是发现与大部分其他对象显著不同的对象。在许多应用领域中，离群点通常被作为噪音而被忽略，许多数据挖掘算法试图消除离群点的影响。而在有些领域，识别离群点是工作的前提和基础。在一些应用中，罕见的数据可能蕴含着更大的研究价值。离群点检测已经被广泛应用于诈骗检测、贷款审批、天气预报等领域，如可以利用离群点检测分析运动员的统计数据，以发现异常的运动员。

4.3.5 时间序列分析

时间序列是由同一现象在不同时间上的相继观察值排列而成的序列，例如某地从1995年到2005年的税收数据按照时间顺序的排列。

时间序列可以分为平稳序列和非平稳序列。

（1）平稳序列是基本上不存在趋势的序列。这类序列中的各观察值基本上在某个固定的水平上波动，虽然在不同的时间段内波动的程度不同，但并不存在某种规律，其波动可以看成是随机的。

（2）非平稳序列是包含趋势、季节性或周期性的序列，它可能只包含其中的一种成分，也可能包含几种成分。因此，非平稳序列又可以分为有趋势的序列、有趋势和季节性的序列、几种成分混合而成的复合型序列。时间序列中除去趋势、季节性和周期性之后的偶然性波动，称为随机性，也称不规则波动。时间序列分析的一项主要内容就是把这种成分从时间序列中分离出来，并将它们之间的关系用一定的数学关系式予以表达，而后再对其进行分析。按各种成分对时间序列的影响方式的不同，时间序列可分解为多种模型，如加法模型、乘法模型，其中较常用的是乘法模型。

时间序列分析的关键是确定已有的时间序列的变化模式，并假定这种模式会延续到未来。时间序列分析方法强调的是通过对一个区域进行一定时间段内的连续遥感观测，提取图像有关特征，并分析其变化过程与发展模式。当然，需要根据检测对象的时相变化特点来确定遥感监测的周期，从而选择合适的遥感数据。

时间序列是动态数据，是现实的、真实的数据，而不是在实验中得到的。既然是真实的，那么它就是反映某一现象的统计指标，因而，时间序列背后是某一现象的变化规律。时间序列分析是定量预测方法之一，其步骤包括一般统计分析（如自相关分析、谱分析等）、统计模型的建立与推断、关于时间序列的最优预测、控制与滤波等。经典的统计分析方法都假定数据序列具有独立性，而时间序列分析则侧重研究数据序列的依赖关系。后者实际上是对离散指标的随机过程的统计分析，所以又可看成是随机过程统计的一个组成部分。时间序列分析主要包括确定性变化分析和随机性变化分析。

1. 确定性变化分析

确定性变化分析包括趋势变化分析、周期变化分析、循环变化分析。

该方法克服了其他因素的影响，单纯检测某一个确定性因素对序列的影响，推断各种确定性因素彼此之间的相互作用关系及它们对序列的综合影响。

有些时间序列具有非常显著的趋势，我们分析的目的就是找到序列中的这种趋势，并利用这种趋势对序列的发展进行合理的预测。常用方法包括平滑法和趋势拟合法。具体方法如表 4-2 所示。

表 4-2　常用时间序列方法

模型名称	方法描述
平滑法	平滑法常用于趋势分析和预测，利用修匀技术削弱短期随机波动对序列的影响，使序列平滑化。根据所使用平滑技术的不同，可具体分为移动平均法和指数平滑法
趋势拟合法	趋势拟合法把时间作为自变量，把相应的序列观察值作为因变量，建立回归模型。根据序列的特征，可具体分为线性拟合和非线性拟合

2. 随机性变化分析

随机时间序列模型是利用数据的过去值及随机扰动项所建立起来的模型，有 AR、MA、ARMA 模型等，具体如表 4-3 所示。

表 4-3　常用时间序列模型

模型名称	模型描述
AR 模型	以前 p 期序列值为自变量，随机变量的取值为因变量建立的线性回归模型
MA 模型	随机变量的取值与以前各期的序列值无关，建立与前 q 期随机扰动之间的线性回归模型
ARMA 模型	随机变量的取值不仅与前 p 期序列值有关，还与前 q 期随机扰动有关

时间序列分析常用在国民经济宏观控制、区域综合发展规划、企业经营管理、市场潜量预测、气象预报、地震前兆预报、农作物病虫灾害预报、环境污染控制等方面，主要从以下几个方面进行研究分析。

1）预测作用

用ARMA模型拟合时间序列，预测该时间序列未来值。

2）控制作用

根据时间序列模型可调整输入变量，使系统发展过程保持在目标值上，即预测到过程要偏离目标时便可进行相应的控制，以防止其进一步偏离目标。

3）客观描述

根据对系统进行观测得到的时间序列数据，用曲线拟合方法对系统进行客观描述。

4）系统分析

当观测值取自两个以上变量时，可用一个时间序列中的变化去说明另一个时间序列中的变化，从而深入了解给定时间序列产生的机理。

4.4　数据挖掘应用

4.4.1　系统日志和日志数据挖掘

随着信息化建设的持续快速发展，人们积累的数据越来越多，激增的数据背后隐藏着许多重要的信息，人们希望能够对数据进行更高层次的分析，以便更好地利用这些数据。由于信息量剧增，信息和系统安全问题日益突显，已关系到各方面信息化建设能否顺利进行。为了构建完善的安全防御体系，防火墙、入侵检测系统、反病毒软件、虚拟专用网络等网络安全产品逐渐被引入。然而，这些设备在运行过程中，会产生大量原始的告警记录，导致网络管理员难以发现网络中真正存在的安全风险及告警原因并及时作出响应。

在采集各种网络设备、服务器、数据库等通用应用服务系统及各种特定业务系统在运行过程中产生的日志、消息、状态等信息时，在实时分析的基础上，设备会监测各种软硬件系统的运行状态，发现各种异常事件并发出实时告警，对存储的历史日志数据进行数据挖掘和关联分析，通过可视化的界面和报表向网络管理人员提供准确、详尽的统计分析数据和异常分析报告，协助网络管理人员及时发现安全漏洞，采取有效措施，提高安全等级。

最常见的系统崩溃的原因是系统管理员没有监控到所有系统是否正常运行。使用系统日志数据挖掘并作一定的分析便可以做到监测并及时作出响应，从而减少甚至避免这类事件的发生。系统日志的数据挖掘在防护检测方面的具体应用有以下几个。

（1）系统诊断。

通过对系统的运行日志的获取、分析和研究，可以判定系统是否发生故障和故障发生的原因。系统故障的发生通常具有依赖性和传递性，通过记录日志对系统作故障根源分析，可达到排除故障的要求。

（2）调试和优化。

一旦系统出现不稳定的状况，就需要我们快速找到问题的关键所在，所以系统日志也常常被用于调试。软件开发人员主动嵌入日志，生成代码，然后可通过生成的日志来分析和寻找漏洞出现的原因。

优化软件的目标是找出待优化程序的瓶颈所在。要找出瓶颈，常见的手段就是在待优化程序代码中主动嵌入可追踪的日志产生的代码。然后优化软件生成的日志，跟踪到待优化程序的每个执行函数消耗的运行时间及内存等参数，从而找到瓶颈所在。

(3) 系统维护。

日志分析常用于被动攻击的分析和防御中。通过对日志数据的分析，可以寻找和确定攻击源，从而找到有效的抵御措施。

一些病毒防御软件通过分析应用程序调用操作系统的 API 历史记录来分析其行为是否正常，从而判定该应用程序是否遭受病毒攻击。

系统日志是一种非常关键的组件，因为系统日志可以让使用者充分了解自己的环境。这种系统日志对于判断故障产生的根本原因或者缩小系统攻击范围来说是非常关键的，因为系统日志可以在故障刚刚发生时就发送告警信息，系统日志可帮助我们在最短的时间内发现问题，可以让我们了解故障或袭击产生之前发生的所有事件。为虚拟化环境制定一套良好的系统日志策略也是至关重要的，因为系统日志需要和许多不同的外部组件进行关联。良好的系统日志可以防止我们从错误的角度分析问题，从而避免浪费宝贵的排错时间。此外，借助系统日志，系统管理员很有可能会发现一些之前从未意识到的问题。

通过基于日志记录的审计系统，应用最新的信息安全理论与技术，建立先进的分析审计模型，能够对系统进行实时监控与统计，对用户行为进行安全审计与分析，对特定价值信息进行挖掘与提取，并且能够在一定程度上对用户行为进行回放与跟踪，对系统进行备份与还原，从而真正地从底层发现系统漏洞，全面监控用户的行为，保证系统的信息安全。整个系统日志的提取和分析框架如图 4-13 所示。

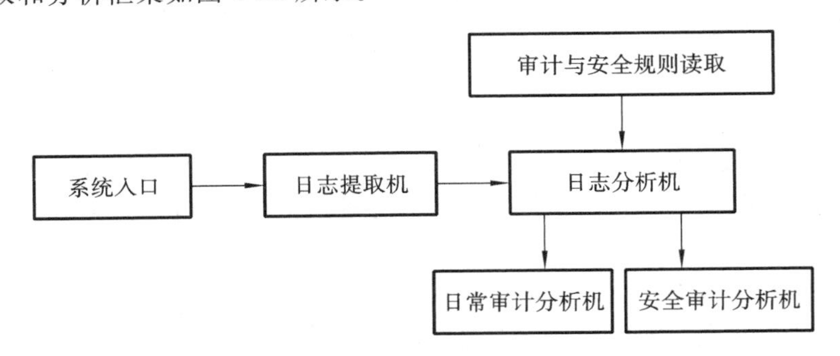

图 4-13　系统日志的提取和分析框架

数据挖掘对日志分析非常实用，日志数据挖掘是审核日志数据的一种新方法，在实际工作中非常有效。虽然数据挖掘是一个复杂的领域，但针对日志进行的数据挖掘并不十分困难，可在许多环境中实现。尤其在需要高技能分析人员和很长时间的常见分析无效时，日志数据挖掘能够提供更多帮助。这对企事业单位加强其网站的安全性具有很大的帮助。

4.4.2　社交媒体挖掘

随着移动互联网时代的到来，UGC(用户生成内容)的不断发展，社交网络已经不断普及并深入人心，用户可以随时随地在网络上分享内容，由此产生了海量的用户数据，典型的社交网络如图 4-14 所示。面对大数据时代，复杂多变的社交网络其实有很多实用价值有待挖掘。

社交网络数据分析是基于社交网络的海量数据衍生的服务型产品，但是同时它反过来也为社交网络提供了巨大的参考价值。社交网络可以根据对社交数据的分析结果，进一步开发适合用户需求的应用和功能，从而将用户“黏着”在自己的平台上，因此社交网络的数据挖掘已成为近几年的一个技术热点。

图 4-14　社交网络

通过对用户的固定特征（性别、年龄等）、兴趣特征（兴趣爱好、浏览的网站等）、社会特征（生活习惯、婚姻状况等）、消费特征（收入水平、购买频次等）和动态特征（当下需求、周围人群等）等不同维度进行信息挖掘并分析之后，可得出用户的消费情况和动态特征等，从而可更加了解用户，更加懂用户的需求，对用户推送的信息会更加精准，做到更加精准的数字运营。而在社交网络中，用户与用户、用户与主题、用户与活动的关系网，就是一种图结构的海量数据，所以对社交网络分析的一个主要方向就是针对关系图的图数据挖掘。社交网络分析主要有以下几大方面的应用。

（1）用于社交网络影响力分析。

与社交网络影响力分析相关的因素包括影响力、同质性、互惠性等。影响力只有通过人们的交互活动才能体现出来，目前大部分研究都是针对社交网络结构及其上的交互信息和用户行为特征进行量化和分析的，因此可以把能对信息传播过程或他人行为产生影响的个体视为具有影响力。同质性是指具有相似特征的个体选择彼此作为朋友的倾向。仅从概念上就可以发现同质性和影响力具有较强的关联，两者最大的区别体现在动态效应上，即影响力需要更长时间的交互活动才能发挥出线性效果。互惠性是指用户在社交过程中出于礼貌或习惯等原因对其他用户的行为进行相应回应的现象。由于用户行为的结果相同而原因迥异，因此互惠性、影响力和同质性的差异性依然是社交网络影响力分析的热点问题，目前的工作主要集中在三者的差异性分析上。社交网络的外部因素也会对影响力产生作用，有些研究者利用曝光曲线对社交网络上的外部影响力进行了建模，他们认为，随机出现在节点上、以“跳跃”形式分布的信息受外部影响力驱动。

（2）用于发现某领域专家和相关排名。

基于某个学术主题或学术会议，在由相关专家等构成的图数据中，找到最有影响力的专家，分析专家影响力的排名，并图形化呈现专家与专家之间、专家与研究课题之间，以及研究课题与相关学术会议之间的关系，以便人们直观地发现某领域内专家的排名顺序和相互之间的关系。

（3）用于社交关系分析。

按照社交网络的六度空间理论，每两个人的关系一般只需通过 6 个中间人就可以建立。所以在社交媒体中，人们之间的关系基本都可以组成网络结构，最典型的应用案例就是通过用户的电话记录，或者邮件记录，分析其中哪些人是家人，哪些人是同事，谁是谁的领导等。

（4）用于专家分布分析。

基于全球地图，可查看某个领域全球顶尖专家的分布，进一步可看出全球各个地区在该领域研究力量的分布，一流的专家有哪些，分别聚集在哪个地区。

知识图谱是谷歌、百度、雅虎等知名搜索引擎近几年新发展的技术，其核心是为用户提供所查询信息与相关知识的关系。对用户而言，直接通过图示的方法展现具有密切关联的信息，比仅提供网页链接的价值要大很多。而且，信息的关联就是知识的直接体现。所以，知识图谱被称为新一代的搜索引擎技术。例如，腾讯的 SOSO 华尔兹提供的明星社交图谱就是一个典型应用，它可以通过图结构展现明星之间的关系，让使用者可以查看近期的热点新闻事件。这样的直观展示为用户带来了很大的便利性。

(5) 数字营销。

数字营销也是一种大数据分析的主要应用方式，其主要通过互联网等渠道，帮助企业分析用户数据，获取用户对产品的意见，分析用户的需求，为产品和服务质量的提升等做量化的数据分析，从而精准、高效地提升营销水平，为企业创造更多效益。另外，对各种媒体广告投放后的用户意见、销售变化进行分析，可以为产品广告投放收益 ROI(投资回报率)分析提供有力的数据支撑，让企业在合适的媒体上投放正确的广告，这也可以直接为产品销售带来收益。业界知名的市场调查和咨询公司，都已经在数字营销方面进行了大力投入。数字营销这种大数据应用，适合于大、中、小型各类企业，若企业的投入规模小、流程改造小，则可以通过在营销部门进行局部投入，产生直接的效益。并且，数字营销可以以局部牵动整体，从产品营销的数字化分析延伸到产品的设计、生产、供应等领域，可实现数字化精确控制，促使企业逐步向数字化、智能化发展。

随着移动互联网用户的不断增长，基于传统社交网络和移动社交网络来做品牌营销、市场推广、产品口碑分析、用户意见收集和分析等数字营销应用，将会是未来大数据应用的热点和趋势。而且，互联网还有一个很大的优势，就是获取数据非常便捷，只要使用爬虫技术，就可以很快获取互联网上海量的用户数据，再结合文本挖掘技术，就能够自动分析用户的意见和消费倾向。同时，由于这些数据都是已公开的数据，因此这就规避了大数据分析的一个非常大的障碍——用户隐私问题，这为大数据分析的商用化落地铺平了道路。

在大数据的浪潮中，基于社交网络大数据的应用将会为企业带来更多的收益，推动大数据分析在各行各业中的应用和推广，将会为企业和社会带来“大价值”。同时，深度数据挖掘中最敏感的问题仍然是用户隐私问题。社交网站从一诞生起就与这个问题相伴相生，随着大数据时代的到来，隐私问题显得越发重要。在未来发展的道路上，一方面要为用户提供更加精准、便捷的良好服务，另一方面也要注重对用户隐私的保护。只有符合用户需求和用户安全的商业利益，才能成为可持续的商业利益。

4.4.3 文本挖掘

顾名思义，文本挖掘就是挖掘文本信息中潜在的、有价值的信息。由于网络资源丰富、信息散乱，有价值的信息嵌于各种复杂的网页之中，因此我们需要编写程序来提取目标文本。文本挖掘的基本流程如图 4-15 所示。

1. 文本数据与数值数据的区别

文本数据与数值数据的区别主要有以下三点。

(1) 文本数据是非结构化数据，非结构化意味着没有任何列可供定义和参考。文本数据的数据量是非常巨大的，一百万条结构化数据可能才几十到几百兆字节，而一百万条文本

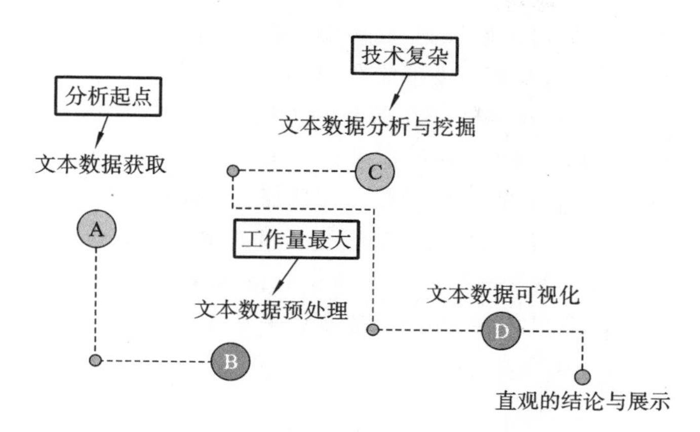

图 4-15 文本挖掘的基本流程

数据就已经达到吉字节量级了。大数据容量的数据和大数据条目的数据的处理方式完全不一样，普通的计算机甚至都无法对数据进行按条处理。

(2) 文本数据与人的语言和思想直接对接。

(3) 文本数据文字的含义不唯一。文本数据与数值数据最大的区别在于其难以量化。

2. 文本挖掘的应用

文本挖掘的应用主要有以下几个方面。

(1) 话题识别。

话题识别属于文本分类，常见的例子就是把新闻文本分类成财经、教育、体育、娱乐等。目前常用的方法主要是 word2vector 和 word to bags。word2vector 即"词向量"，通过计算文本中词的词性、出现的位置和频率等特征，判断新文本是否来自于此类。比如识别文字是评论性文本还是新闻类文本的一种方法就是判断文字中出现的情态动词和感叹词是否比较多且位置不固定。word to bags 是词袋，其在 topic model 中应用的比较多。word to bags 可计算每个词出现在每个类别的概率，然后通过 TF-IDF、信息增益或者概率找到类别信息含量高的词语，通过判断这些词语的共线程度进行文本分类。

(2) 情感分析。

情感分析就是对用户进行态度分析。现在大多数情感分析系统都是对文本进行"正负二项"分类的，即只判断文本是正向的还是负向的，有的系统也能做到三分类(中立的)。比如，要分析用户对某事件的态度，只要找到该事件的话题文本，通过台湾大学中文情感极性词典等工具判断情感词的极性，然后根据一定规则组合情感词的频度和程度即可判断文本的情感。但这种方法无法判断文本的评论刻面。比如，现在有一百万条"小米手机评价"信息，可以通过上面的方法了解用户对小米手机不满意的占比率，但却无法知道这些不满意的用户是对小米手机的哪一个方面(如是外形还是性能)不满意。此时，可构建小米手机相关词的种子词典，通过词典找到用户评论刻面，再构建句法树找到该评论刻面的谓语和修饰副词，通过情感词典量化出情感极性，最后将量化后的评论刻面、修饰词、程度副词放入 SVM 中，以便对其进行文本分类。不过，在这里并不适合使用 Naive Bayes，因为在多刻面、多分类中，Naive Bayes 很容易出现过拟合。

(3) 命名实体识别。

所谓的命名实体识别是指让计算机自动识别出自己不认识的词。比如，对于"钱学森是个伟大的科学家!”,计算机如何才能知道“钱学森”是一个词而不是“钱”是一个词呢?很多特殊的词对于绝大多数词库而言都不太可能存在,那么,怎么能让计算机识别出这个词并且以最大的可能认为这个词是正确的呢?在所有的方法中,CRF(又称条件随机场)的效果最好,甚至比 HMM 的要好得多。CRF 能够记录训练集中每个特征的状态及其周围特征的状态,当多个特征同时出现时,找出每个特征在多个特征组合中最有可能出现的状态。也就是说,CRF 以“物以类聚”为基本论点,即大多数词出现的环境是有规律的,并不是杂乱无章的。选取特征时,以“字”为单位明显要比以“词”为单位好很多,因为命名实体的词以字为单位才能被理解,如“钱学森”,我们是以“钱/学/森”的意思来理解的,而不是“钱/学森”或者“钱学/森”。

4.4.4　推荐系统

纵观互联网的发展,现如今网络已经完全融入人们的生活之中,相应地,也造成了信息的爆炸式增长,这使人们在海量的、杂乱无章的信息中查找意向信息变得十分困难,所以,要给用户良好的体验,就要把用户喜欢的、感兴趣的数据从大量的数据中筛选出来。推荐系统应运而生,它可以为每个用户推荐其感兴趣的产品,同时也将每个产品呈现到感兴趣的用户面前,实现用户和产品的双赢。常见的推荐系统架构如图 4-16 所示。

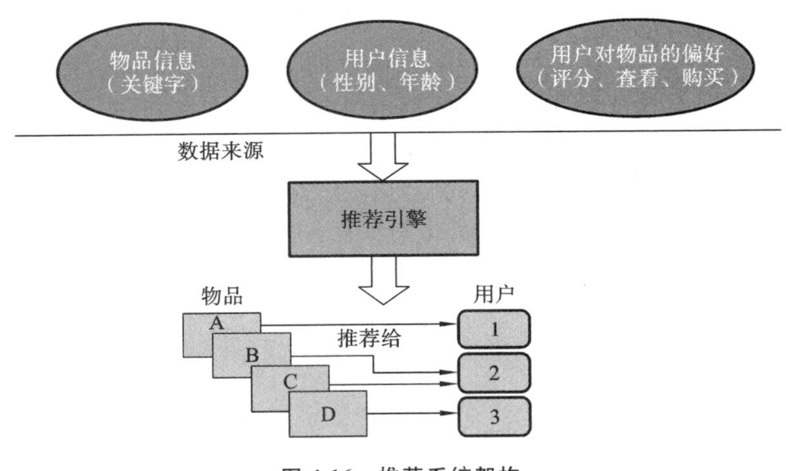

图 4-16　推荐系统架构

建立一个良好的推荐生态圈,对用户、网站平台及内容提供商都是有好处的,用户得到了他们想要的物品,平台获得了更多的流量和收入,内容提供商售卖物品的效率也会提高,因此,一个好的推荐系统会带来很大的价值。常用的推荐算法有以下两种。

(1) 基于内容的推荐算法。

这种推荐算法应该是最早被使用的推荐算法。根据用户过去喜欢的产品,该算法为用户推荐和其过去喜欢的产品相似的产品。将用户作为样本,将每个用户对产品的评价作为该用户的特征,寻找最相似的用户。为用户推荐与其最相似的用户已经购买、浏览而该用户未购买、浏览的产品。给每个用户推荐的产品都是依据用户本身对相似产品的喜好而来的,因此自然就与他人的行为无关。基于内容的推荐算法的这种用户独立性带来的一个显著好处就是,不管别人如何作弊(比如利用多个账号把某个产品的排名刷上去),都不会影响到自己。例如,一个推荐饭店的系统可以依据某个用户之前喜欢的烤肉店而为其推荐新的烤肉店。基于内容的推荐算法最早主要应用在信息检索系统中,因此,很多信息检索及信息过滤的方法都能用于该算法中。但是基于内容的推荐算法也有缺点,其无法发现用户的潜在兴趣,且对于非结构化特征数据(电影、音乐等艺术作品)难以进行准确描述。

(2) 基于协同过滤的推荐算法。

俗话说"物以类聚,人以群分",就拿淘宝来说,假如有个人喜欢购买连衣裙和T恤这种类型的衣服,另外一个人也有相同喜好,并且这个人还喜欢牛仔系列的衣服,那么可以推测第一个人也可能会需要牛仔系列的衣服。很显然,淘宝就可以依据此类算法给用户做推荐。所以说,当用户A需要个性化推荐时,可以先找到和其兴趣相似的用户群体G,然后把群体G喜欢的,并且A没有关注过的物品推荐给A,这就是基于协同过滤的推荐算法,基于该算法可以发现用户的潜在兴趣,而不用提取特征、建模。

基于内容的推荐算法仅考虑用户或者内容本身的特征,并将相同特征形成一个集合。如果用户选择了集合中的一个,那么就会向用户推荐集合中的另一个。而基于协同过滤的推荐算法充分利用集体的智慧,即在人群的行为和数据中收集答案,以帮助我们对整个人群得到统计意义上的结论。对象在客观上不一定一样,但是,只要他们的主观行为相似,就可以产生推荐,即具有相似消费习惯的用户,很可能消费相同的物品(可能两个消费习惯相同的用户的年龄、性别等都不一样)。

4.4.5 数据挖掘与智慧城市

一方面,城市化进程的加快带来了一系列的问题,如城市发展缺乏合理规划、交通拥挤、资源浪费、环境质量下降、各管理部门难以协同工作等。另一方面,随着经济的发展和市民生活水平的提高,市民对城市的管理水平、服务水平的要求在不断提高。各个城市都在采取各种措施,希望能够解决这些问题,以为市民提供更好的服务。其中一个重要的方面就是利用信息技术,通过对城市的大数据进行挖掘分析,整合出更加合理的方案来建设城市,提高城市信息化水平。

智慧城市是基于数字城市、物联网和云计算建立的现实世界与数字世界的融合,以实现对人和物的感知、控制和智能服务。感知是数字城市的功能,控制和智能服务是智慧的高级阶段,智慧城市在经济转型发展、城市职能管理和对大众的智慧服务方面具有广阔的前景。大数据是智慧城市各个领域都能够实现"智慧化"的关键性支撑技术,智慧城市的建设离不开大数据。建设智慧城市,是城市发展的新范式和新战略。大数据将遍布智慧城市的方方面面,从政府决策与服务,到人们的衣食住行和生活方式,再到城市的产业布局和规划,以及城市的运营和管理方式,都将在大数据的支撑下走向智慧化,大数据将成为智慧城市的智慧引擎。

在感知方面,随着科技水平的进步,我们可以利用多渠道、多方式采集海量数据,从地下、地表到航空、航天,从室外到室内,或者沿着时间轴,贯穿一个时间段地收集数据。

数据量在近几年有了指数级的增长,但这不仅有采集技术进步的功劳,而且还有和大数据一同发展的大数据信息处理技术的功劳。我们可利用云计算对海量数据进行信息提取,进而利用机器学习的方法进行预测,从而可提供智能服务,也能实现对某些事物的控制。在城市中,数据无处不在,数据来自公交车、城市轻轨、水管道、油管道、天然气传输管道、医院、学校等。技术的发展使得我们有能力实时收集这些数据，并将获得的大量的结构化和非结构化的数据转换为带有洞察力的信息。当将这些带有洞察力的信息发布给正确的人时，他们就可以做出最合理的决策。而这些决策是多方面的，例如，市长可以根据这些信息决定城市投资方案，轻轨调度中心可以合理地安排轻轨班次，应急中心能够找到最近的应急物质，市民可以根据这些信息决定如何最合理地安排自己的出行方式等。

智慧城市主要体现在智慧决策和管理、智慧交通、智慧环境、智慧生活、智慧发展和智慧市民上。显然，智慧市民最基本的体现就是提高每个人的受教育水平，即让每个人获得技能上的提升和思想道德修养、法律意识等方面的提升。其他各大方面的具体内容如下。

（1）智慧决策和管理。智慧决策主要体现在政府管理机构制定相关文件和要求时，可以充分根据大数据分析的结果，更加合理地制定管理条约。比如，对于公交车的调度系统，可以根据每一路公交车的载客数量和人流量的大小，适当增加和减少公交车的数量，以达到资源最优化利用，并保证给市民贴心的服务，这有助于构建和谐、稳定的社会环境。智慧管理方面的大数据主要包括摄像头拍摄的视频影像、传感器收集的环境方面的信息、各类终端上的刷卡信息，以及市民通过手机应用或网站所产生的信息等。这些大数据主要应用于三个领域。一是公共安全管理。城市是一个人口密集的区域，实时监控与突发事件处置尤为重要。城市大规模、全方位布置的摄像头或传感器可以及时发现火灾隐患或犯罪行为等异常情况，还可以通过设置实时监控系统来对交通事故、管道泄漏等突发事件及时作出应对处置。二是市政服务。比如市民可通过移动门户网站对市政服务进行投诉，或及时报告道路坑洼、交通信号灯损坏、垃圾收集不及时等市政问题，并监督其解决。也可以在城市公共场所安装智能摄像头，并将其与分析软件相结合，自动识别异常情况并提醒有关部门及时处置。三是综合社会管理。综合社会管理是一个系统工程，需要各方面协同参与，而大数据在智慧城市中的应用大大方便了公众参与。基于大数据，反映城市环境实时变化的三维可视化系统得以构建，其可以作为公众参与的平台。

（2）智慧交通。大数据因其广泛性和实时性为实现智慧出行提供了可能：一是可实时监控交通流量，二是可实时提供交通信息。具体而言，解决交通拥堵问题就是通过智慧交通系统来实现的，这一系统集汽车、电子、通信、计算机为一体，增加信息处理功能，接入互联网络，对车辆进行智能改造，实时采集和传输动态交通数据。这些大数据经过整合后，可用于城市交通的协同和预测。借助智慧交通网络，管理者可以实时监控行人、车辆、货物等的移动状况，对被管车辆进行监管和调度，向社会提供实时路况，辅助市民优选出行方案，并为交通管理部门提供辅助决策的技术支持。另外，智慧交通系统还可以与公安信息系统、医院信息系统连接起来，以便及时处置交通事故，在第一时间施救。再如，智慧交通系统可应用于地铁线路上的列车调配，列车可根据客流量自动调节发车间隔时间，以减少客流拥挤不堪或者列车几近空载的状况。市民通过市政交通一卡通，即可支付公交费、地铁费、停车费等，实现便捷出行。

（3）智慧环境。大数据技术在智慧环境方面的应用有很多。借助大数据技术，可以搜集到大量有关城市环境质量的信息，再由云计算中心进行数据分析，用以指导环境保护方案的制定，并实时监控环境治理效果。在此过程中，还可以借助大数据的开放性，鼓励社会公众和企业参与环境保护。大数据还可以应用于能源使用管理方面，即利用安装在电网系统中的传感器来实时收集用户的能耗信息，智能调配能源供给，提高能源的使用效率。水务智能管理也是智慧环境的重要应用。其具体做法是建立一个以数据平台、网络平台和应用平台为基础的城市水务智能管理系统，全面整合城市的供水、排水、污水处理等事务，促进信息资源共享，实现水资源的动态、高效管理。例如，在饮用水管道上设置信息采集点，实时监测和分析水质和水量，若发现异常，则迅速通知有关人员予以处理。通过污水在线监控，汇集污水处理信息，以提高城市污水处理效率。还可以结合城市降水量和地面水量的历史数据分析和对城市未来用水量的预测，在城市规划中科学、合理地布局供水、排水和污水处理等基础设施。

（4）智慧生活。大数据在智慧生活领域的应用主要体现在为生活服务，比如在开放大数据的基础上开发生活服务类手机应用，或通过云计算等技术对大数据进行实时分析并向市民提供生活服务实时信息。社区是市民社会生活的基本单元，智慧社区则是智慧生活的一个重要组成部分。通过智能网络系统将社区的服务、信息、人群等资源进行有效整合，从而在实体社区的基础上再创造一个虚拟社区，使得社区居民能够更加紧密地联系在一起。智慧生活的另一个应用是智慧医疗服务。智慧医疗服务是以增进市民健康为目标，通过建立市民健康电子档案和服务中心，实现数据共享和业务互通。在大数据技术的支持下，各医院可以根据自身的具体情况（如医疗设备、医疗水平等）定位适当的病人。患者也可以根据病情和检查结果在各家医院之间流动，接受合适的治疗而不必进行重复检查。

（5）智慧发展。在商业上，大数据预测可以用于分析用户的购物行为，从而得知什么商品搭配在一起会卖得更好，还可以通过分析找到最佳客户。在淘宝网平台上，商家可以根据淘宝网的数据了解平台上的行业宏观情况、自己品牌的市场状况、消费者的行为等，并可以据此制定经营决策。企业通过收集信息可很好地掌握企业的运营状况，还可分析用户与财务有关的记录，包括贷款申请信息、零售商品购买信息、水电费缴付信息、机动车档案信息等，从而得出用户的个人信用评分，从而推断用户支付意向与支付能力，最终发现潜在的商机和欺诈行为。利用大数据分析可实现对库存量的合理管理；利用心情分析方法可以分析用户在购物时的心情，从而为其安排更好的购物方案；通过分析用户购买的商品的关联性，超市经营者可以作出更好的商品布局。

大数据的获取与传输离不开覆盖广、速度快的互联网络，因此，互联网基础设施是智慧城市建设的前提。除“硬件”基础设施外，开放数据是智慧城市建设的“软件”基础设施。智慧城市运营中心是对“硬件”基础设施与“软件”基础设施进行有效整合的关键。大数据中心是智慧城市的数据资源池和物联网的枢纽，可以实时感知城市运营的所有数据，从而有助于构建一体化、便民化、信息化的和谐发展的智慧城市。

4.5　本章小结

本章介绍了数据的存储方式，以及如何基于数据进行分类、预测、聚类和关联分析等。在实际的数据挖掘过程中，需要充分认识应用场景中的数据形式和问题，并将问题转化为基本的数据挖掘任务，从而抽取适当的数据和模型进行分析。

4.6 习 题

(1) 数据挖掘的主要目的是什么?

(2) 数据的存储方式有哪几种? 分别具有什么特点?

(3) 数据仓库中,维度建模的常用模型有哪些?

(4) 常用的数据挖掘模型有哪几种? 分别针对什么类型的数据?

(5) 分类和预测的主要区别是什么?

第5章 机器学习

本章学习目标

- 掌握机器学习、人工智能等相关概念
- 掌握线性回归的思想和用法
- 理解线性回归相关性
- 理解k近邻、决策树、支持向量机等分类算法的思想
- 理解k-means聚类算法的思想
- 理解深度学习的概念

本章主要介绍机器学习的基本概念、基本思想和方法，通过本章的学习，读者能够对机器学习领域的思想、方法、技术有整体的认识和理解，为后面的学习奠定一定的基础。

5.1 机器学习概述

5.1.1 机器学习的概念

学习涵盖了非常广泛的过程，很难对它进行精确的定义。人类学习和机器学习之间有一些相似的地方。研究人员在机器学习中探索的概念和技术也可能启发生物学习研究的某些方面。

机器学习(Machine Learning,ML)这个词总能让人联想到一排排机器人在一起出现的情景。我们可以给机器学习做出这样一个定义，它实际上是指让计算机能够像人一样具备学习的能力和解决问题的能力，从巨量的数据中找出有用的知识。

对于机器而言，我们可以说，每当改变机器的结构、程序或数据时，它会以提高未来性能的方式学习。其中一些变化，例如将记录添加到数据库中，并不一定被称为学习。但是，在一个机器听到一个人讲话的几个样本后，会改善它的语音识别性能，我们认为在这种情况下，机器已经具有学习的能力了。

举一个生活中经常碰到的例子，当我们和别人约会时，通常会出现相互等待的情况。姑

且把此问题称为“约会问题”。这个问题可以扩展成一个机器学习的过程。在现实生活中，不是每个人都遵守时间，如有些人在约会时经常迟到。如果我们碰巧有这样的朋友，比如我们跟他约好早上10点钟在商场门口碰面，当我们要赴约的时候会面临一个问题：现在出发合适么？会不会到了约定地点以后，还要花上半个小时的时间去等他呢？于是我们将选择一个策略来应对这个问题。这里有几种办法用来解决此问题。首先能想到的一种办法就是利用已有的知识搜寻出能够应对这个问题的知识。可是我们会发现，之前并没有构建怎样等人的知识，对此问题，我们就找不到现成的知识来应对。另一种办法是直接问别人，但是也同样没有人来回答此问题。剩下的办法就是自己建立规则来应对此问题：问自己是否有自己的规则进行应对，比如，不管对方是否守时，自己都不会迟到等。但一般不会按照这么固有的规则去处理这个问题。

还有一种办法可用来应对此问题。可以想一想以往跟对方约会的经历，看看在跟他约会的次数中，他迟到的次数占了多大比例。可以利用历史数据来预测他这次迟到的可能性。如果这个可能性超过了自己的心理预期值，那么我们会选择晚一些出发。假设我们跟对方曾经约会过5次，他迟到的次数是1次，那么他按时到的比例为80%，我们的心理预期值为70%，那么可认为这次对方应该不会迟到，因此会按时出门。如果对方在5次约会中迟到了4次，也就是他按时到达的比例为20%，那么，由于这个值低于心理预期值，因此我们会选择推迟出门时间。这个办法可以称为经验法。在用经验法进行决策的过程中，我们利用了以往所有约会的数据，也可以把它称为依据数据所做的判断。

依据数据所做的判断跟机器学习的思想在根本上是一致的。

5.1.2　机器学习的历史

机器学习是人工智能的一个重要领域。机器学习一词是由美国人工智能专家阿瑟塞缪尔于1959年提出的。机器学习由模式识别和计算机学习理论在人工智能中的研究发展而来。机器学习探讨了可以学习和预测数据算法的研究和构建，这些算法克服了严格的静态编程指令，通过建立样本输入模型和数据驱动进行预测或者决策。机器学习应用于一系列计算任务，其中设计和编程具有良好性能的显式算法是困难的或不可行的，其应用的例子包括电子邮件过滤、网络入侵者或恶意内部人员检测、光学字符识别(OCR)等。

机器学习是从对人工智能的追求中成长出来的。在AI发展早期，一些研究人员对机器从数据中学习很感兴趣。他们试图用各种符号方法来处理这个问题。之后研究人员对广义线性统计模型进行了进一步研究，提出了感知器和其他模型，最后还采用了概率推理，研究人员进一步提出了所谓的“神经网络”，用机器来进行自动医疗诊断就是它的一个应用。

然而，越来越强调以逻辑和知识为基础的方法造成了人工智能和机器学习之间的“裂痕”。概率系统受到了数据采集和表示的理论和实际问题的困扰。到了1980年，专家系统已经占据了人工智能领域的主要研究方向，而统计数据方法在当时并不受欢迎。人工智能的发展起起伏伏，经历了三次浪潮。由于现在拥有了更多的数据，机器的计算性能也得到了大幅提升，算法也得到了发展，因此人工智能在向更高的高度发展。

基于符号/知识的学习在人工智能中可以用于一些数学定理的证明和推理，但更多的统计研究领域在人工智能领域之外。作为“联结主义”比较有代表的研究学者，如Hopfield、Runelhart和Hinton等人在20世纪80年代中期对反向传播技术进行了革新，提出了反向传播神经网络。

机器学习作为一个独立的领域重新组织起来，在20世纪90年代开始蓬勃发展。该领域把注意力从人工智能中继承的符号方法转移到了从统计学和概率论中借用的方法和模型。这也得益于数字化信息的日益增长，以及互联网共享信息的能力。

5.1.3 机器学习的发展

机器学习是一门研究在非特定编程条件下让计算机采取行动的学科。机器学习相关主题包括：监督学习（参数和非参数算法、支持向量机、神经网络）；无监督学习（集群、降维、推荐系统、深度学习）；机器学习实例（方差理论、机器学习和人工智能领域的创新）。机器学习及其他学习算法可以有很多方面的应用，如智能机器人（感知和控制）、文本理解（网络搜索和垃圾邮件过滤）、计算机视觉、数据库挖掘等不同领域。

在数据分析领域，机器学习是一种用于设计复杂模型和算法的方法，可用于预测。在商业用途中，这被称为预测分析。这些分析模型使研究人员，即数据科学家、工程师和分析人员能够通过学习历史关系和数据趋势产生可靠的、可重复的决策和结果。

机器学习与计算统计密切相关（并且通常与计算统计重叠），计算统计也侧重于通过使用计算机进行预测。机器学习与数学优化紧密相关，它为该领域提供了方法、理论和应用领域。

机器学习也与优化有着密切的联系。许多学习问题被转化为最小化一组训练集上的损失函数的值。损失函数用来表示对训练模型的预测与实际的差异（例如，在分类中，人们想要将标签分配给实例，并且用训练模型正确地预测一组示例预先指定的标签）。这两个领域之间的差异来自于泛化的目标：虽然优化算法可以最小化训练集上的损失，但是机器学习关注的是最小化不可见样本的损失。

机器学习和数据挖掘通常采用相同的方法，但机器学习侧重于基于从训练集中学习的已知属性来预测未知属性，数据挖掘侧重于发现数据中的未知属性。一方面，数据挖掘采用了多种机器学习方法，但有不同的目标。另一方面，机器学习也把数据挖掘方法作为无监督学习或预处理步骤，以提高机器的准确性。机器学习有时容易与数据挖掘相混淆。其实数据挖掘的子领域更侧重于探索性数据分析，通常是无监督学习。而机器学习更多地采用监督学习，但少数情况下也采用无监督学习，其可用于学习并建立各种实体的行为基线，然后用来发现有意义的异常情况。

最近20年，机器学习为我们带来了自动驾驶汽车、语音识别功能、高效的网络搜索能力。如今，机器学习技术已经非常普遍，比如我们在使用搜索引擎、在网上购物、在阅读新闻时，后台系统都采用了机器学习的算法来进行个性化的定制。机器学习还被认为是人工智能取得进展的最有效途径。

5.2 回归分析

5.2.1 线性回归介绍

在简单的线性回归中，我们依据一个变量的数值来预测另一个变量的数值。我们将被预测的变量称为标准变量 y，将用于预测的变量称为预测变量 x。当仅有一个预测变量时，预测方法称为简单线性回归。在简单线性回归中，可依据 x 预测 y 的值。

根据表 5-1 中的 x、y 数据绘制图 5-1。显然，可以看到 x 和 y 之间有一个大致的正相关关系。

表 5-1　x、y 数据值

x	1.00	2.00	3.00	4.00	5.00
y	1.00	2.00	1.30	3.75	2.25

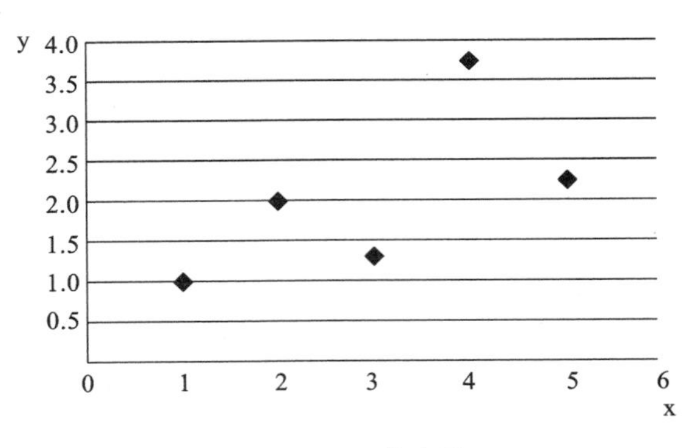

图 5-1　x、y 散点图

线性回归包括通过点来寻找最佳拟合直线，最佳拟合直线称为回归线，如图 5-2 所示。回归线由 y 的预测值组成，从点到回归线的垂直线代表预测的误差。

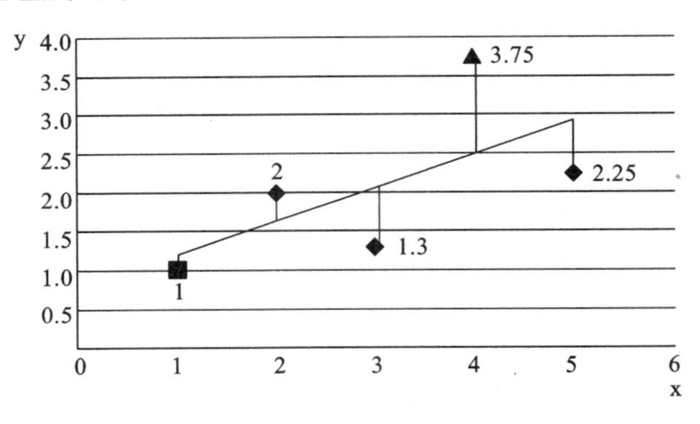

图 5-2　x、y 的回归线

点的预测误差是点减去预测值（线上的值）的值。表 5-2 显示了预测值（y′）和预测误差（y－y′）。例如，第一点 y 的实际值为1.00，预测值 y′为 1.210，因此，其预测误差为－0.210。

表 5-2　预测值和误差

x	y	y′	y－y′	$(y-y')^2$
1.00	1.00	1.210	－0.210	0.044
2.00	2.00	1.635	0.365	0.133
3.00	1.30	2.060	－0.760	0.578

续表

x	y	y′	y−y′	(y−y′)²
4.00	3.75	2.485	1.265	1.600
5.00	2.25	2.910	−0.660	0.436

通常来讲，最常用的寻找最佳拟合线的准则是，找出预测值的误差平方和最小的线。

回归线方程为

$$y'=bx+a$$

其中，y′是预测值，b是直线的斜率，a是截距。上例的回归线方程为

$$y'=0.425x+0.785$$

比如，对于 x=1，有 y′=0.425×1+0.785=1.210；对于 x=2，有 y′=0.425×2+0.785=1.635。

在计算机时代，回归线通常借助统计软件来计算，其计算也是相对容易的，我们在这里给出它是如何计算的。如表5-3所示，M_x是x的平均值，M_y是y的平均值，S_x是x的标准差，S_y是y的标准差，r是x和y之间的相关性。标准差是方差的算术平方根，标准差能反映一个数据集的离散程度，平均数相同的两组数据，标准差未必相同。

表5-3　回归线的计算

M_x	M_y	S_x	S_y	r
3	2.06	1.581	1.072	0.627

简单来说，标准差是一组数据平均值分散程度的一种度量。一个较大的标准差代表大部分数值和其平均值之间差异较大；一个较小的标准差代表这些数值较接近平均值。

例如，对于两组数{0,5,9,14}和{5,6,8,9}，其平均值都是7，但第二组数具有较小的标准差。对于投资分析来说，可以用标准差作为度量回报稳定性的指标。如果标准差较大，则表示投资的回报较不稳定，也就是投资风险比较高。相反，如果标准差较小，则表示投资的回报较为稳定，也就是说，投资风险相对比较低。

相关性系数的类型和公式较为复杂，需要的话，读者可以自行查阅资料。通常使用的标准差和相关性系数都可以由现成的软件进行计算，如在Excel中进行计算。

对于b，有 $b=r\times(S_y/S_x)$；对于a，有 $a=M_y-bM_x$。因此有：

$$b=0.627\times(1.072/1.581)=0.425$$

$$a=2.06-0.425\times3=0.785$$

由此可得到回归线方程为 y′=0.425x+0.785。

5.2.2　线性回归相关性

当我们想知道一个测量变量是否与另一个测量变量相关，或想计算关联强度，或想得到一个描述关系的等式，并用其来预测未知值时，可借助线性回归相关性知识。例如，某人在一台跑步机上以不同的速度运动，其在不同时间的脉搏数值如表5-4所示，脉搏与运动速度的关系图如图5-3所示。

表 5-4　运动速度与脉搏数值

运动速度/(km/h)	0	1.6	3.1	4	5	6	6.9	7.7	8.7	12.4	15.3
脉搏/(次/min)	57	69	78	80	85	87	90	92	97	108	119

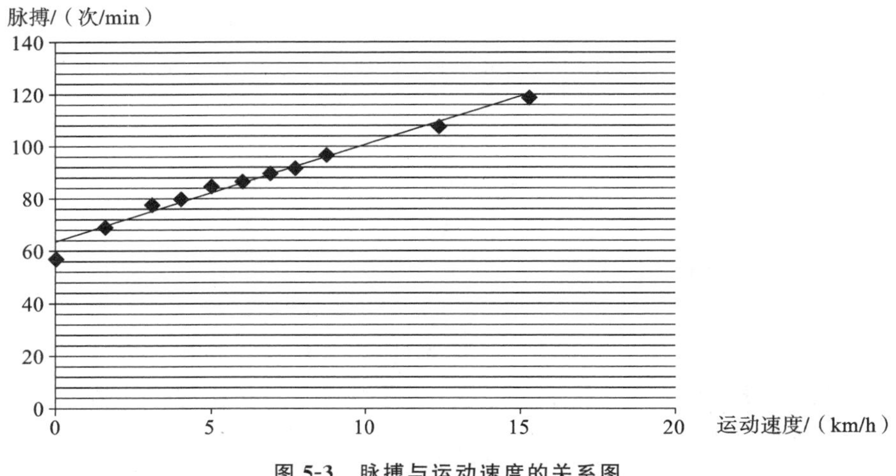

图 5-3　脉搏与运动速度的关系图

可以用这些数据做三件事。第一是假设检验，看看两个变量之间是否有关联。从图 5-3 中可以看出，脉搏会在运动速度提高时得到显著提高，这在生物学上也是合理的。

第二是描述两个变量紧密关联的程度，这通常用 r 表示，范围为－1～1，或用 r^2 表示，范围为 0～1。上例通过软件计算的 r^2 值为 0.98，这意味着，如果知道了某人在跑步机上的运动速度，就能较准确地预测出其脉搏。

第三是确定穿过这些点的直线方程。直线方程以 $y'=bx+a$ 的形式给出，对于此例中的运动数据，该方程是 $y'=3.75x+63.5$，其预测，当运动速度为 0 时，人的脉搏为 63.5 次/min，而运动速度每增加 1 km/h，脉搏将以 3.75 次/min 的速度上升。

回归相关性分析的主要目标有三个。回归相关性分析的第一个目标是看两个测量变量是否相互关联，一个变量是否随着另一个变量的增加而趋向于增加(或减少)。例如，分析药物量和血压的关系。零假设是药物量和血压之间没有任何关系。如果我们拒绝零假设，就会得出结论——药物量会影响血压的变化幅度。在这个实验中，人为设定了自变量的值，例如，人为设定将每个人的药物量作为自变量。运动速度和脉搏数据也是这样的一个例子，先确定人在跑步机上的运动速度，然后测量运动速度对脉搏的影响。在其他情况下，想要知道两个变量是否关联，不必推断因果关系。在这种情况下，不必提前确定变量，两个变量都是自然变量，可同时测量两者。

回归相关性分析的第二个目标是估计两个变量之间的关联程度。换句话说，数据图上的点与回归线的距离有多接近。可以用 r^2 值来描述这一点。例如，假设已经测量了空气温度和蜥蜴的爬行速度，发现温暖的时候蜥蜴爬得更快，此时，若 r^2 值很高，则说明两者有着紧密的关系，即空气温度是影响爬行速度的主要因素；若 r^2 值很低，则说明除了空气温度之外的其他因素也是很重要的，人们可能需要做更多的实验来寻找其他因素。

回归相关性分析的第三个目标是找到适合所有数据点的直线方程，然后利用这个方程来进行预测。例如，给志愿者每天摄入 500～2500 mg 的盐，然后测量他们的血压，你可以使用回归线来估计如果一个人每天少吃 500 mg 盐，其血压会下降多少。

这里说明一下相关与因果关系。大家可能听到过这样的说法："相关性并不意味着因果关系"。在有相关关系（正相关或者负相关）的变量之间找出真正的因果关系其实不是一件容易的事情。当两个变量的值发生改变时，可能会导致与变量 A 和 B 关联的其他许多可能的混杂变量也发生变化。所以，如果 A 和 B 之间显著关联，并不一定意味着 B 的变化完全是由 A 的变化引起的，可能存在一些其他变量，同时影响 A 和 B。比如，我们去一所小学，随机找 100 个学生，记录他们用多长时间来系鞋带，并测量他们的拇指长度。我们发现，这两个变量之间有很强的关联性，长的拇指与更短的系鞋带时间有关。也许研究者想要从力学角度，利用完整的力向量和力矩角的方程进行三维建模，来解释为什么拥有更长的拇指可以使孩子更快地系鞋带。然而，这其实是不对的，因为 100 个随机学生样本的另一个变量也在发生变化，那就是年龄，年龄大的学生有更长的拇指和会用更少的时间来系鞋带。

此外，如果确定所找到的学生志愿者都处于同一年龄段，那么仍然会发现系鞋带的时间和拇指长度之间有着显著的关联。这种关联意味着因果关系吗？不，因为不同的孩子有不同的拇指长度，还可能与其他因素有关。有些人的基因决定了其体型比较大，而影响体型大小的基因也可能会影响其精细运动。此外，营养也会影响体型大小，有的孩子由于营养不良而有较短的拇指。所以，对于拇指长度和系鞋带的时间之间的关联，可能会有许多合理的解释，而"长拇指让你更快系鞋带"是不正确的。

在回归研究中，应设置自变量的值，并控制或随机化所有可能的混杂变量。例如，如果我们调查血压、水果和蔬菜消费之间的关系，可能会认为是水果和蔬菜中的钾降低了血压。我们可以借助一组性别、年龄和社会经济地位相同的志愿者来研究这个问题。随机选择每个人的钾摄入量，给他们适量的药剂，让他们服用一个月，然后测量他们的血压。所有可能的混杂变量都是受控制的（年龄、性别、收入）或随机化的（职业、心理压力、运动、饮食），因此，如果你看到钾摄入量与血压之间有关联，唯一想到的可能原因就是钾会影响血压。因此，如果正确地设计了实验，回归就意味着因果关系。

5.2.3　多项式回归拟合

多项式回归是一种回归分析的形式，其中，独立变量 x 与因变量 y 之间的关系被建模为 x 的 n 次多项式。一元多项式回归模型为 $y = \beta_0 + \beta_1 x + \beta_2 x^2 + \varepsilon$。还有多元的情况，这里不作过多的讨论了。多项式回归拟合已被用来描述非线性现象，如组织的生长速率，湖泊沉积物中碳同位素的分布，以及流行疾病的进展等。作为统计估计问题，多项式回归拟合非线性模型的数据对于系数是线性的。因此，多项式回归被认为是多元线性回归的一种特殊情况。

用多项式回归模型来拟合数据，就是展开一个多项式，来拟合包含多个数据的一块需要分析的区域中的所有数据点。其模型方程的展开系数用最小二乘法来确定。但此方法的区域多项式回归拟合并不稳定，还可能导致分析在拟合的各个区域之间不连续。

5.2.4　非线性回归

非线性回归中，观测数据由一个函数建模，该函数是模型参数的非线性组合，并依赖于一个或多个独立变量。数据是通过逐次逼近的方法拟合的。

在非线性回归的一个模型中，$y \sim f(x,\beta)$，涉及向量的自变量 x，及观察到的相关变量 y。函数 f 在参数 β 的分量中是非线性的。例如，具有两个参数和一个独立变量的模型，其与 f 相关：$f(x, \beta)=\frac{\beta_1 x}{\beta_2 + x}$。这个函数是非线性的，因为它不能被表示为两个 β 的线性组合。非线性函数的其他例子包括指数函数、对数函数、三角函数、幂函数、高斯函数和劳伦兹曲线。对于一些函数，如指数函数或对数函数，可以通过线性变换使它们变成线性的。当作这样的变换时，可以执行标准线性回归，但必须谨慎应用。

现实生活中，人们生病吃药的时候，血液中药物的浓度和时间的曲线是一种非线性关系。这是根据专业背景知识来判断的。在人们吃下药物以后，药物不是立马见效，它有可能逐步见效或者一段时间之后突然见效。此外，人的身高和体重也是非线性的，除了在青少年群体中，因为青少年在不断成长，他们的身高和体重呈线性的直线关系，但是，对于整个人的生命周期，由于成年人的身高一般是确定的，因此它们是非线性的关系。

5.3 分类算法

5.3.1 k 近邻算法

k 近邻是一种分类算法，它利用所获得的有标签的历史数据，并基于相似性计算（如使用距离函数）对新的数据进行分类。算法思想为：已知样本数据集的每一个数据的特征和所属分类，将新数据的特征与样本数据的进行比较，找到最相似（最近邻）的 k 个数据（通常 $k \leqslant 20$），选择 k 个数据中出现次数最多的分类作为新数据的分类，该数据与被分配的类的距离可由距离公式计算，若 $k=1$，则将该数据直接归到与其最近邻的点属于的分类。

使用 k 近邻算法进行分类的时候，需要划分出训练集和测试集。k 近邻属于一种监督学习，目的就是要为新的数据点找到所属的分类。

距离公式如下。

欧氏距离为 $\sqrt{\sum_{i=1}^{k}(x_i - y_i)^2}$；曼哈顿距离为 $\sum_{i=1}^{k}|x_i - y_i|$；闵可夫斯基距离为 $\left(\sum_{i=1}^{k}(|x_i - y_i|)^q\right)^{\frac{1}{q}}$。

以上三个距离公式仅对连续变量有效。在离散分类变量的实例中，要使用汉明距离，即 $\sum_{i=1}^{k}|x_i - y_i|$。即当 $x=y$ 时，此距离的值为 0；当 $x \neq y$ 时，此距离的值为 1。

我们给出一个数 k，这个数决定了有多少邻居（基于距离度量邻居）会影响分类。如果要将其分为两类，则 k 通常是一个奇数。若 $k=1$，则该算法被称为 1 近邻或最近邻算法。

k 的最佳值选择最好通过检查数据来完成。一般来说，较大的 k 值更精确，因为它降低了总体噪声（一定程度上避免了较小的 k 值产生的大的误差），但这也不是一定的。交叉验证是通过使用独立的数据集来验证 k 值的另一种方法。历史数据表明，对于大多数数据集，最优 k 值一般取 3～10,可比最近邻算法产生更好的结果。

1. 最近邻算法

这是最简单的情况。如果 x 是需要标记的点,首先找到最靠近点 x 的点 y。然后,根据最近邻算法把 y 的标签分配给 x。但这有可能会造成巨大的错误(仅以一个点判断会造成大的误差)。只有当数据点的数量不是很大时,这种方法才比较可用。

如果数据点的数量非常大,那么 x 和 y 的标签相同的概率非常高。比如,假设这里有一个质量不均的硬币,抛掷它 100 万次,出现正面 90 万次,我们认为下一次抛掷结果为正面。这里,x 就是我们想要知道的下一次抛掷硬币出现的结果,离它最近的一个点 y 属于的分类就是出现正面。

2. k 近邻算法

这是最近邻算法的直接扩展。实际上,我们就是找到所有 k 个最近邻的数据点,并根据多数点的所属类来为新数据打上标签。通常,当类的数目为 2 时,k 为奇数。假设 k=5,找出的 5 个点有 3 个点属于 C1 类,2 个点属于 C2 类,在这种情况下,按 k 近邻的规则,新点就被标记为 C1 类,因为它占多数。当扩展到有多个分类时,结论和两分类的类似。

更进一步,给所有邻近点不相同的权重。可以考虑采用加权的 k 近邻算法,其中,每个点都有一个权重,把权重考虑进去计算最后的所属分类。比如,在逆距离加权下,每个点的权重等于其与被分类点的距离的倒数。这意味着相邻点比远点的权重更高,距离近的点具有更高的相似性。

很明显,当 k 增加时,精度可能会增加,但计算成本也会增加,k 值不是越大越好。

【例 5-1】 用 k 近邻方法,可以根据客户年龄和贷款违约情况(见表 5-5)来预测张三(48岁)贷款 142000 元是否会违约。年龄和贷款是两个数值变量(预测因子),违约是判断的目标。

表 5-5 客户年龄及贷款违约情况

年龄	贷款	违约	欧氏距离
25	40000 元	N(否)	102000
35	60000 元	N	82000
45	80000 元	N	62000
20	20000 元	N	122000
35	120000 元	N	22000(第二)
52	18000 元	N	124000
23	95000 元	Y(是)	47000
40	62000 元	Y	80000
60	100000 元	Y	42000(第三)
48	220000 元	Y	78000
33	150000 元	Y	8000(距离最近)

注:欧氏距离= $\sqrt{(x_1-y_1)^2+(x_2-y_2)^2}$

如图 5-4 所示,图中横坐标为年龄,纵坐标为贷款,实心点表示违约,空心点表示不违约。

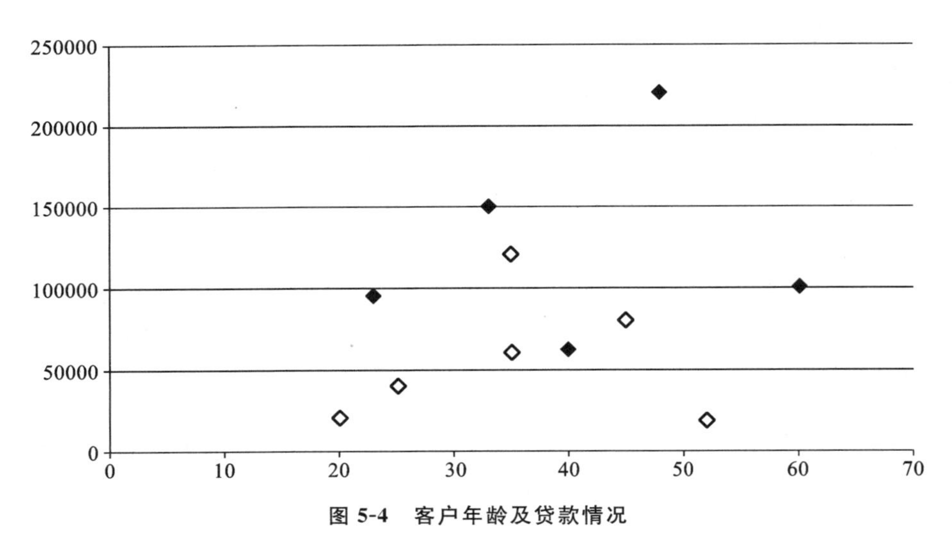

图 5-4 客户年龄及贷款情况

我们现在可以使用训练集对张三进行分类。如果 k=1,那么最近的邻居(到所有人的距离最小的那个)是训练集中的最后一个人(年龄为 33 岁和贷款 150000 元),他的违约值=Y。所以 k=1 时,预测的结果是张三会违约。

当 k=3 时,在三个最接近的邻居(到所有人的距离最小的三个人)中有两个违约值=Y和一个违约值=N,预测结果仍为张三会违约。

k 近邻算法是一种非参数的学习算法。若一种技术是非参数的,这意味着它不对基础数据分布做任何假设,这是非常有用的,因为在现实世界中,大多数实际数据不服从典型的理论假设(如高斯混合、线性可分离等)。

在 k 近邻算法中,如果类的数目是 2,则通常选择 k 为奇数。k 的选择非常关键,一个小的 k 值意味着噪声会对结果产生很大的影响。一个大的 k 值会使得计算成本很高,并且有可能击败 k 近邻算法背后的基本哲学(邻近点可能具有相似的密度或类)。可选择一种简单的计算 k 的方法:$k=\sqrt{n}$。

k 近邻算法的优点是精度高、对异常值不敏感、无数据输入假定,不足是计算复杂度高、空间复杂度高(每次都要遍历所有数据)。

k 近邻算法是一种通用的算法,在很多领域都有应用。让我们来看一些有趣的应用。

(1) 基于最近邻的内容检索。

这是 k 近邻算法的一个很有效的应用,我们可以在计算机视觉中的很多情况下使用它,可以将手写检测归为一个基本的 k 近邻问题。例如,手语的交流是通过手势来完成的,如果能为手语的手势建立一个字典,那么用户就可以查询它来做手势。现在问题的实质就是找出存储在数据库中的最接近的手势,这实际上就是一个 k 近邻问题。

(2) 基因表达的计算。

在计算基因的时候,很多情况下,k 近邻算法的表现优于其他先进技术的。事实上,k 近邻-SVM 是目前该领域中用得最多的技术之一。

(3) 蛋白质-蛋白质相互作用与三维结构预测。

在生物领域中,基于图的 k 近邻算法用于蛋白质相互作用的预测,在结构预测中同样采用的是 k 近邻算法。

5.3.2　决策树算法

决策树是一种决策支持工具，通常用在运筹学中，特别是在决策分析中，以帮助识别最有可能达到目标的策略，它也是机器学习中的流行工具。决策树上每个内部节点表示属性上的“测试”(例如，投掷硬币是否出现正面或反面)，每个分支表示测试的结果，每个叶节点表示分类的标签(在计算所有属性之后所采取的决定)。从根节点到叶节点的路径代表分类的规则。在机器学习中，决策树是一个预测模型，它代表的是对象属性与对象值之间的一种映射关系。

下面是决策树的一个例子。

【例 5-2】　根据已有数据(如表 5-6 所示)建立决策树，对一个顾客是否会购买计算机进行预测。

表 5-6　已有数据

编号	年龄	收入	是不是学生	信用等级	是否购买计算机
1	青少年	高	否	一般	否
2	青少年	高	否	良好	否
3	中年人	高	否	一般	是
4	老年人	中	否	一般	是
5	老年人	低	是	一般	是
6	老年人	低	是	良好	否
7	中年人	低	是	良好	是
8	青少年	中	否	一般	否
9	青少年	低	是	一般	是
10	老年人	中	是	一般	是
11	青少年	中	是	良好	是
12	中年人	中	否	良好	是
13	中年人	高	是	一般	是
14	老年人	中	否	良好	否

图 5-5 所示的是一棵决策树，树的内部节点代表了对某个属性的判断，节点的分支代表了判断的结果，叶节点代表了最终分类的标签。树的判断从根节点开始，即首先判断这位顾客的年龄，如果他是中年人，根据决策树的判断，可以直接得出该顾客会购买计算机的预测。若他是青少年，则需要进一步来判断它是否是学生：是学生的话，表示他会购买计算机；不是学生的话，表示他不会购买计算机。同样，若顾客是老年人，则需要进一步判断他的信用是怎样的，才能得到想要预测的结果。

值得一提的是，根节点不一定要选年龄，我们也可以先判断其他属性，比如先判断信用这一属性，此时就会得到另外一棵决策树。决策树判断属性的先后顺序，是会影响整个决策的效率的。为了介绍属性特征值的选取与优化，下面引入信息熵的概念。

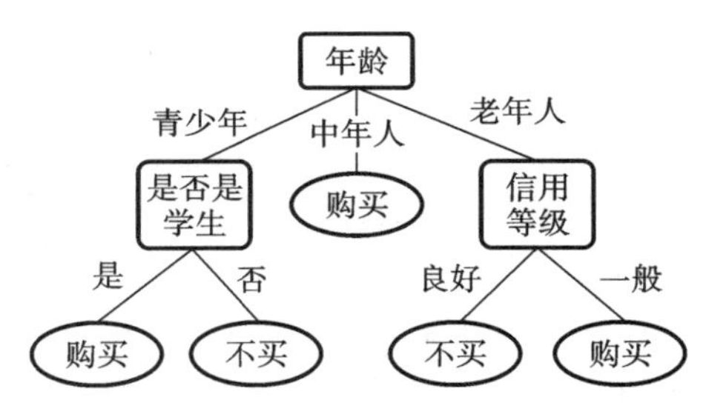

图 5-5　决策树

信息熵的概念是由信息论的奠基人香农在他的论文《通信的数学理论》中引入的：每个事件所传达的信息量是一个随机变量，其期望值是信息熵。

信息论的基本思想是人们对一个话题了解得越多，就越容易得到一个新的信息。如果一个事件是很可能发生的，当它发生时就不足为奇了，因此其对应很少的新信息。相反，如果一个事件是不太可能发生的，那么与其对应的信息就比较多。因此，信息内容是事件发生概率的倒数(1/p)的递增函数。现在考虑投掷硬币的例子。假设正面的概率与反面的概率相同，那么投掷硬币的熵就高(具有高的不确定性)，这是因为没有办法提前预测硬币的投掷结果。因为两种可能的结果以相等的概率发生，因此熵为 1。相比之下，对于投掷一枚有两个正面、没有反面的硬币，对应的熵是 0(不确定性为 0)，因为硬币总是会出现为正面，可以完美地预测结果。

熵的计算公式为

$$H(x)=\sum_{i=1}^{n}-P(x_i)\log_b P(x_i)$$

其中，b 的值由算法决定，通常取 2、e 或者 10。

有了特征属性的熵值后，取不确定性小的(确定性大的)、熵值低的特征属性作为优先判断的节点，可以使效率最大化。

5.3.3　支持向量机算法

在机器学习中，支持向量机(Support Vector Machine，SVM)是监督学习模型，与其相关的学习算法用于分类和数据的回归分析。给定一组训练实例，将每个实例标记为两个类别中的一个，用 SVM 法建立一个模型，该模型将新的实例分配给其中一个类别。SVM 模型用距离尽可能宽的、清晰的间隔来划分不同类别的点，然后可以预测新加入的点属于哪个类别。

除了执行线性分类外，支持向量机可以使用所谓的内核技巧有效地执行非线性分类，隐式地将其输入映射到高维特征空间中。

当数据未标记时，监督学习是不能发挥作用的。这时需要一种无监督学习方法，找到数据到组的自然聚类，然后将新数据映射到这些聚成的组里。一种应用支持向量机中的支持向量统计算法对未标记的数据进行分类的支持向量聚类算法，是工业应用中使用最广泛的聚类算法。

数据分类是机器学习中的一项常见任务。假设某些给定的数据点属于两个类中的一个，目标是决定一个新的数据点属于哪个类。在支持向量机中，数据点被看作 p 维向量，并且查看是否可以用(p－1)维超平面来分离这些点。有许多超平面可以对数据进行分类，我们应选择所有数据点到它的距离最大化的超平面,若存在这样的超平面,则称其为最大裕度超平面,并且将它定义的线性分类器称为最大边缘分类器。

如图 5-6 所示,H_1没有实现类的分离。H_2实现了两个类的分离,但它没有尽可能清晰地分离两个类。H_3将所有点分离成了两类,并且它有分离的最宽距离边界。

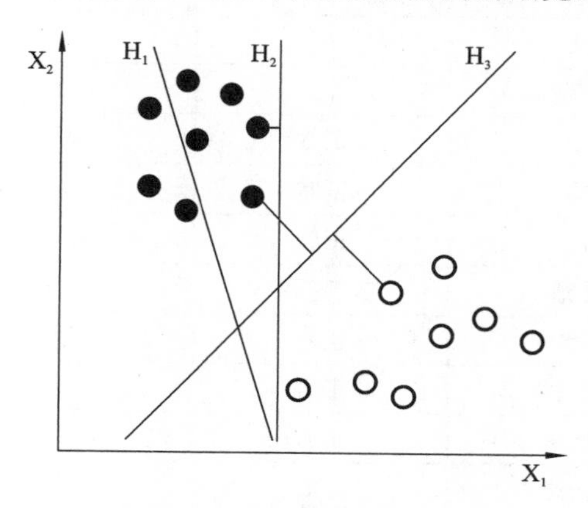

图 5-6　三种分离比较

更为正式地,支持向量机可在高维或无限维空间中构造超平面或超平面集合,用于分类、回归或其他离群点检测等任务。

支持向量机有助于文本和超文本分类,另外,图像分类也可以使用支持向量机进行。实验结果表明,支持向量机比传统的查询细化方案具有更高的搜索精度,其也是图像分割系统所建议使用的算法。利用 SVM 还可以识别手写的字符。此外,SVM 已被广泛应用于生物和其他科学领域。

5.3.4　朴素贝叶斯算法

朴素贝叶斯算法的分类器模型是基于贝叶斯定理得到的,算法里的各预测因子是彼此独立的。朴素贝叶斯模型易于建立,没有复杂的迭代参数估计,这使得它对于非常大的数据集特别有用。尽管朴素贝叶斯分类器很简单,但它常常能得出很好的结果,并且优于更复杂的分类方法,因而得到了广泛使用。

贝叶斯定理为后验概率的计算提供了一种方法,后验概率 $P(c|x)$的值依赖于 $P(c)$、$P(x)$、$P(x|c)$。贝叶斯分类器假定预测因子 x 的值对给定类 c 的影响与其他预测因子的值无关,这个假设被称为条件独立性。$P(c|x)$的计算如下:

$$P(c|x)=P(x|c)\times P(c)/P(x)$$

其中,$P(c|x)$是给定类的后验概率;$P(c)$是这个类的先验概率;$P(x|c)$是在给定类条件下分类器的概率;$P(x)$是预测因子的先验概率。

对于更一般的情况,有:

$$P(c|x)=P(x_1|c)\times P(x_2|c)\cdots P(x_n|c)\times P(c)/P(x)$$

在预测模型中,我们试图找到唯一的最优预测因子,朴素贝叶斯算法的所有预测因子之间是基于独立假设的。

【例 5-2】　现获得一简单的天气数据集(如表 5-7 所示),请预测晴天的时候是否去打高尔夫球。

表 5-7 天气数据集

天气	温度	湿度	刮风	打高尔夫球
雨	热	高	否	否
雨	热	高	是	否
多云	热	高	否	是
晴	舒适	高	否	是
晴	冷	正常	否	是
晴	冷	正常	是	否
多云	冷	正常	是	是
雨	舒适	高	否	否
雨	冷	正常	否	是
晴	舒适	正常	否	是
雨	舒适	正常	是	是
多云	舒适	高	是	是
多云	热	正常	否	是
晴	舒适	高	是	否

首先计算后验概率,针对目标构建每个属性的频次表,然后将频次表转换为条件概率表,最后使用贝叶斯定理来计算每个类的后验概率,具有最高后验概率的类即是预测结果。现计算出“晴”这个预测因子的“打高尔夫球”的后验概率,根据得到的结果(见表 5-8、表 5-9),我们可以在天气为晴的情况下预测是否去打高尔夫球,或者判断“晴天一定去打高尔夫球”这样的语句描述是否正确。

表 5-8 频次表

天气 \ 频次 \ 打高尔夫球	是	否
晴	3	2
多云	4	0
雨	2	3

表 5-9 条件概率表

天气 \ 条件概率 \ 打高尔夫球	是	否	P(x)
晴	3/9	2/5	5/14
多云	4/9	0/5	4/14
雨	2/9	3/5	5/14
P(c)	9/14	5/14	—

由以上两表可知：

$$P(x|c)=P(晴|打高尔夫球)=3/9\approx0.33$$
$$P(x)=P(晴)=5/14\approx0.36$$
$$P(c)=P(打高尔夫球)=9/14\approx0.64$$

所以，后验概率

$$P(c|x)=P(打高尔夫球|晴)=0.33\times0.64/0.36\approx0.59$$

而

$$P(x|c)=P(晴|不打高尔夫球)=2/5=0.40$$
$$P(x)=P(晴)=5/14\approx0.36$$
$$P(c)=P(不打高尔夫球)=5/14\approx0.36$$

所以，后验概率 $P(c|x)=P(不打高尔夫球|晴)=0.40\times0.36/0.36=0.40$

其他预测因子的计算方法类似，此处不再赘述。

朴素贝叶斯算法的优缺点如下。优点：对测试数据集进行预测简单、快速，在多类预测中也有很好的应用效果，当条件独立性假设成立时，朴素贝叶斯分类器与逻辑回归等其他模型相比具有更好的性能，并且需要较少的训练数据集。缺点：若分类变量有一个类别（在测试数据集中）在训练数据集中没有观察到，则模型将对其分配零概率，并且不能进行预测，这通常被称为“零频率”。

朴素贝叶斯算法的另一个限制是它的条件独立性假设，在现实生活中，我们几乎不可能得到一组完全独立的预测因子。

朴素贝叶斯算法可用于实时预测、多类预测、文本分类、垃圾邮件过滤、情感分析等。

5.4 聚类算法

5.4.1 k-means 聚类算法

k-means 聚类算法将 n 个数据点划分为 k 个簇（k 的值是由用户指定的），其中每个点都属于距离平均值（在初始化时随机选取）最近的那个簇。所有点都划分完毕以后，会重新计算每个簇的平均值，并将这些平均值作为中心。反复迭代计算，直到划分情况保持不变。用这种方法可以精确地产生 k 个不同的簇。

算法步骤如下：

①将数据聚类到 k 个簇中，其中，k 是预先给出的；

②随机选取 k 个点作为聚类中心；

③根据欧氏距离函数将数据划分到与其最接近的聚类中心的簇；

④计算每个簇中所有数据的平均值，并将其作为新的中心；

⑤重复步骤②、③和④，直到相同的点连续地被划分给同样的簇。

k-means 算法是一种比较有效的算法，我们需要预先指定要聚类的簇的数目 k，可是，目前还没有全局理论方法用来找到最佳的簇数目 k。一种实用的方法是比较多个运行结果与不同的 k，并选择一个最佳的预定义标准。一般来说，选择大的 k 值可能会减小误差，但又有可能导致过拟合。

过拟合是指最终得到的拟合曲线与一组特定的数据过于接近或精确地对应，因此过拟合的曲线不能可靠地拟合附加数据或预测未来的观测结果。过拟合的本质是不知不觉地提取了一些噪声。

当模型不能充分捕获数据的底层结构时，会出现欠拟合。例如，当线性模型拟合到非线性数据时，会出现欠拟合。这样的模型往往具有较差的预测性能。

为了减少过拟合现象，可以使用模型比较、交叉验证、正则化、早期停止、修剪等几种方法。

【例 5-3】 已知某网站 19 位访问者的年龄（单位：岁）分别为 15、15、16、19、19、20、20、21、22、28、35、40、41、42、43、44、60、61、65，请对访问者按年龄（一维空间）进行分组。

①令 k＝2。

②随机选取两个聚类中心：$c_1=16$，$c_2=22$。

③计算欧氏距离：$距离_1=\sqrt{(x_i-c_1)^2}$，$距离_2=\sqrt{(x_i-c_2)^2}$。

④迭代 1（见表 5-10）：$c_1=15.33$，$c_2=36.25$。

表 5-10　迭代 1

x_i	c_1	c_2	距离$_1$	距离$_2$	最近的簇	新的中心
15	16	22	1	7	1	
15	16	22	1	7	1	15.33
16	16	22	0	6	1	
19	16	22	9	3	2	
19	16	22	9	3	2	
20	16	22	16	2	2	
20	16	22	16	2	2	
21	16	22	25	1	2	
22	16	22	36	0	2	36.25
28	16	22	12	6	2	
35	16	22	19	13	2	
40	16	22	24	18	2	
41	16	22	25	19	2	
42	16	22	26	20	2	
43	16	22	27	21	2	
44	16	22	28	22	2	
60	16	22	44	38	2	36.25
61	16	22	45	39	2	
65	16	22	49	43	2	

⑤迭代 2(见表 5-11)：c_1＝18.56，c_2＝45.90。

表 5-11　迭代 2

x_i	c_1	c_2	距离$_1$	距离$_2$	最近的簇	新的中心
15	15.33	36.25	0.33	21.25	1	18.56
15	15.33	36.25	0.33	21.25	1	
16	15.33	36.25	0.67	20.25	1	
19	15.33	36.25	3.67	17.25	1	
19	15.33	36.25	3.67	17.25	1	
20	15.33	36.25	4.67	16.25	1	
20	15.33	36.25	4.67	16.25	1	
21	15.33	36.25	5.67	15.25	1	
22	15.33	36.25	6.67	14.25	1	
28	15.33	36.25	12.67	8.25	2	45.90
35	15.33	36.25	19.67	1.25	2	
40	15.33	36.25	24.67	3.75	2	
41	15.33	36.25	25.67	4.75	2	
42	15.33	36.25	26.67	5.75	2	
43	15.33	36.25	27.67	6.75	2	
44	15.33	36.25	28.67	7.75	2	
60	15.33	36.25	44.67	23.75	2	
61	15.33	36.25	45.67	24.75	2	
65	15.33	36.25	49.67	28.75	2	

⑥迭代 3(见表 5-12)：c_1＝19.50，c_2＝47.89。

表 5-12　迭代 3

x_i	c_1	c_2	距离$_1$	距离$_2$	最近的簇	新的中心
15	18.56	45.9	3.56	30.9	1	19.50
15	18.56	45.9	3.56	30.9	1	
16	18.56	45.9	2.56	29.9	1	
19	18.56	45.9	0.44	26.9	1	
19	18.56	45.9	0.44	26.9	1	
20	18.56	45.9	1.44	25.9	1	
20	18.56	45.9	1.44	25.9	1	
21	18.56	45.9	2.44	24.9	1	
22	18.56	45.9	3.44	23.9	1	
28	18.56	45.9	9.44	17.9	1	

续表

x_i	c_1	c_2	距离$_1$	距离$_2$	最近的簇	新的中心
35	18.56	45.9	16.44	10.9	2	
40	18.56	45.9	21.44	5.9	2	
41	18.56	45.9	22.44	4.9	2	
42	18.56	45.9	23.44	3.9	2	
43	18.56	45.9	24.44	2.9	2	47.89
44	18.56	45.9	25.44	1.9	2	
60	18.56	45.9	41.44	14.1	2	
61	18.56	45.9	42.44	15.1	2	
65	18.56	45.9	46.44	19.1	2	

⑦迭代 4(见表 5-13)：$c_1=19.50$，$c_2=47.89$。

表 5-13　迭代 4

x_i	c_1	c_2	距离$_1$	距离$_2$	最近的簇	新的中心
15	19.5	47.89	4.50	32.89	1	
15	19.5	47.89	4.50	32.89	1	
16	19.5	47.89	3.50	31.89	1	
19	19.5	47.89	0.50	28.89	1	
19	19.5	47.89	0.50	28.89	1	
20	19.5	47.89	0.50	27.89	1	19.50
20	19.5	47.89	0.50	27.89	1	
21	19.5	47.89	1.50	26.89	1	
22	19.5	47.89	2.50	25.89	1	
28	19.5	47.89	8.50	19.89	1	
35	19.5	47.89	15.50	12.89	2	
40	19.5	47.89	20.50	7.89	2	
41	19.5	47.89	21.50	6.89	2	
42	19.5	47.89	22.50	5.89	2	
43	19.5	47.89	23.50	4.89	2	47.89
44	19.5	47.89	24.50	3.89	2	
60	19.5	47.89	40.50	12.11	2	
61	19.5	47.89	41.50	13.11	2	
65	19.5	47.89	45.50	17.11	2	

此时，迭代 3 和迭代 4 相同，计算停止，2 个簇已被划分为 15～28 岁和 35～65 岁。中心的初始选择会影响输出的簇，因此算法经常以不同的起始条件进行多次运行，以便获得较好

的聚类结果。

5.4.2 层次聚类算法

层次聚类算法是一种聚类分析算法，它试图建立一个聚类层次。层次聚类策略一般分为两类。

(1) 凝聚，这是一种“自底向上”的方法。每个观察都是在自己的簇中开始的，成对的簇随着层级的移动而合并。在最开始时，每个数据都是独立的簇(N个)，然后不断地合并成越来越大的簇，直到所有的数据都在一个簇中，或者满足某个终止条件为止，如图5-7所示。

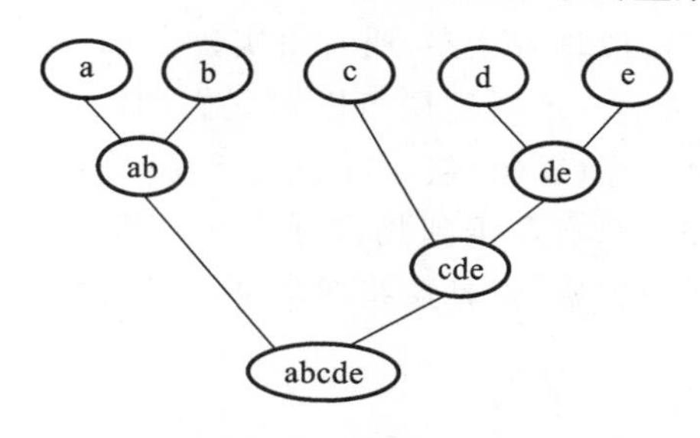

图5-7 凝聚过程

(2) 分裂，这是一种“自顶向下”的方法。所有的观察都是从一个簇开始的，当一个层次向下移动时，就会递归地对其进行拆分。在最开始时，所有对象都在一个簇中，然后不断地将其划分成更小的簇，直到最小的簇都足够凝聚或者只包含一个数据。

一般来说，凝聚和分裂的过程是以“贪心”的方式来进行的。层次聚类结果通常用树状图表示。

为了决定哪个簇应该使用凝聚，或者哪个簇应该使用分裂，需要测量集合之间的相异性。

簇和簇之间的距离通常可选择以下四种：最小距离、最大距离、均值距离和平均距离。最小距离：单链接，由两个簇的最近样本决定。最大距离：全链接，由两个簇的最远样本决定。均值距离：不同数据集的平均值之间的距离。平均距离：均链接，由两个簇中的所有样本共同决定，计算两个簇中任何一点到另一个簇的其他所有点的距离，再求平均。需要指出的是，最大距离和最小距离都容易受极端值的影响，它们趋向对离群点和噪声数据过分敏感。均值距离和平均距离的计算量比较大，不过用它们进行度量更合理，可以克服离群点敏感性问题。

5.5 深度学习

深度学习(也称深度结构化学习或分层学习)是基于学习数据表示的更广泛的机器学习算法，而不是特定于任务的算法。深度学习可分为监督、半监督或无监督类型。深度学习结构，如深度神经网络、卷积网络和循环神经网络等，已经应用于计算机视觉、语音识别、自然语言处理、音频识别、社交网络过滤、机器翻译、生物信息学、药物等领域。

5.5.1　人工神经网络

人工神经网络(Artificial Neural Network,ANN)是仿照构成动物大脑的生物神经网络而构造的计算系统,该系统通过学习来完成任务。例如,在图像识别中,其可以通过分析已经被手动标记为"猫"或"不是猫"的示例图像来学习识别包含猫的图像,并使用分析结果来识别其他图像中的猫。

人工神经网络类似于生物脑中的生物神经网络,神经元之间的每个连接(突触)可以将信号从一个神经元传递给另一个神经元。接收(突触后)神经元可以处理信号,然后将信号连接到下游神经元。神经元可以具有状态,通常由实数 0～1 表示。

通常,神经元是分层组织的。不同的层可以对它们的输入执行不同类型的转换。信号从第一个(输入)层传到最后一个(输出)层,可能是在经历了多次遍历中间层后的结果。

到 2017 年,神经网络通常具有几千到几百万个单元和数百万个连接,尽管这个数目比人脑中神经元的数目少几个数量级,但是这些网络可以在人类之外的水平执行许多任务(例如识别人的面孔等)。

5.5.2　感知机和深度神经网络

在机器学习中,感知机是一种用于二分类器监督学习的算法(可以决定由一个数字向量表示的输入是否属于某一特定类别的函数)。它是一种线性分类器,即一种基于线性预测函数将预测与特征向量组合的分类算法。在现代意义上,感知机是一种将其输入 x 映射到输出值 f(x)的函数。

深度神经网络(Deep Neural Network,DNN)是人工神经网络的一种,在网络的输入层和输出层之间拥有多个隐藏层。例如,DNN 将通过给定的图像,计算图像中的狗是特定品种的概率来识别狗的品种。用户可以查看结果并选择网络应该显示的概率,并返回所建议的标签。每个操作被认为是一个层,而复杂的 DNN 有很多层,因此将其命名为深度网络。

DNN 可以模拟复杂的非线性关系。额外的层使得来自较低层的特征的组合潜在地以更少的单位模拟复杂数据,而不是类似地执行浅层网络。DNN 是典型的前馈网络,数据从输入层流向输出层但不循环。DNN 首先创建虚拟神经元的映射,并将随机数值或权重分配给它们之间的连接。将权重和输入相乘并返回 0 与 1 之间的输出。若网络不能准确地识别特定的模式,则算法将调整权重。这样,算法可以使某些参数更具影响力,直到它确定正确的模型来完全处理数据。

5.5.3　循环神经网络

循环神经网络(Recurrent Neural Network,RNN)是一类人工神经网络,其节点之间沿着序列连接形成有向图,这允许它可以表现出时间序列的动态时间行为。它主要解决一些和时间有关的,或者和前期的信息相关联的一些数据处理问题,通常用于文本、语言类的数据处理。循环神经网络可以使用其内部状态(存储器)来处理输入,这使得其适用于诸如未分段的、连接的手写识别或语音识别之类的任务。

循环神经网络存在反向传播的梯度消失和梯度爆炸的问题。当后面层的误差反向传播到前面层时,需要乘以权重 ω,每经过一层乘一次 ω,当 ω 的值小于 1 时,这个误差值会减小,直至消失，这称为梯度消失；当 ω 的值大于 1 时，每经过一层传递，该误差值又会被放大一次，直至这个值大到“爆炸”，称为梯度爆炸。

为了在 RNN 中解决梯度消失和梯度爆炸的问题，人们设计了一种特别的 RNN 网络，称为长短期记忆网络(LSTM)。后来在 RNN 的基础之上又发展了一些变体的神经网络，如完全循环神经网络、独立循环神经网络(IDRNN)、递归神经网络、霍普菲尔德神经网络、回声状态网络、神经历史压缩器等。

5.5.4 卷积神经网络

卷积神经网络(Convolutional Neural Network，CNN)用于计算机视觉领域或声学建模领域。在机器学习中，卷积神经网络是一类深度的前馈人工神经网络，最常用于分析视觉图像。

与其他图像分类算法相比，CNN 使用相对较少的预处理。这种独立于先验知识的特性是它的一个主要优点。CNN 应用于图像和视频识别、推荐系统和自然语言处理中。

卷积神经网络是一种特殊的多层神经网络。与几乎所有其他神经网络一样，其也被训练成一个反向传播算法，不同之处在于其体系结构与其他的不同。卷积神经网络采用的是预先处理最小的单位，可直接从像素图像中识别视觉图案。CNN 可以识别具有极端可变性的模式(如手写字符)，并且具有对图像失真和简单几何变换的鲁棒性。CNN 由一个输入层、一个输出层，以及多个隐藏层组成。CNN 的隐藏层通常包括卷积层、汇集层、完全连接层和标准化层。

卷积主要是指使神经网络不再对每一个像素或者输入信息进行处理，而是对图片上每一小块像素区域进行处理。这种方法加强了图片信息的连续性，使得神经网络能看到图形而非一个点。这种方法同时也加深了神经网络对图片的理解。具体来说，卷积神经网络有一个批量过滤器，持续不断地在图片上滚动收集图片里的信息，每一次只收集一小块像素区域，然后把收集来的信息进行整理，这时候，整理出来的信息有了一些实际上的呈现，比如这时的神经网络能看到一些边缘的图片信息，之后再用同样的步骤，用类似的批量过滤器扫描以产生这些边缘信息，神经网络利用这些边缘信息再总结出更高层次的信息结构，例如，总结的这些信息能够画出眼睛、鼻子等。再经过一次过滤，脸部的信息也会从这些眼睛、鼻子的信息中被总结出来，最后再把这些信息套入底层普通的完全连接层来进行分类，这样就能得到输入的图片被分为哪一类的结果了。

研究发现，在每一次卷积的过程中，神经层可能会无意地丢失一些图片的信息，这时，池化(Pooling)就可以很好地解决这个问题。也就是说，在卷积的过程中尽量保持长、宽不变而不进行压缩，尽量保留更多的信息，压缩的工作就交给池化来完成。这样的附加工作能很有效地提高分类准确性。

5.5.5 自编码器

自编码器是人工神经网络的一种类型，用于以无监督的方式学习高效的数据编码。自编码器的目的是学习一组数据的表示(编码)，其通常用于降维(压缩)。从结构上讲，自编码器最简单的形式是前馈非循环神经网络，它非常类似于由许多单层感知器组成的多层感知器，其具有输入层、输出层和连接它们的一个或多个隐藏层，但是输出层具有与输入层相同数量的节点，并且它的目的在于重新构建其自身的输入（而不是预测给定输入 x 的目标值 y）。自编码器总是由编码器和解码器两部分组成，它属于无监督学习模型。

自编码器学会在输入层将数据压缩成短代码，然后将该代码解压缩为与原始数据紧密对应的内容。这迫使自编码器参与降维。在一些神经网络中使用自编码器进行图像识别。例如，在识别猫的图像时，神经网络中的第一个自编码器可以学习编码比较容易的特征，比如图片中物体的边缘线条，第二个自编码器分析第一层的输出，然后编码较少的局部特征，如鼻尖，第三个自编码器可能编码整个鼻子等，直到最后的自编码器将整个图像编码成对应的表示猫的编码为止。自编码器的另一种用途是作为一种生成模型：例如，如果一个系统手动给它提供了“猫”和“飞行”的编码，则也有可能会尝试生成一个飞猫的图像，即使它以前从未见过飞猫。

5.6　机器学习的应用

机器学习已有的一些商业应用如下。

（1）人脸检测。编写一组“规则”让机器检测人脸是非常困难的（考虑不同的视角，以及人不同的肤色、头发、面部等），但是算法可以通过训练来检测脸部，就像 FaceBook、支付宝、苹果手机、银行和通信运营商 App 所使用的一样。

（2）产品/音乐/电影推荐。每个人的偏好是不同的，偏好还会随时间而改变。亚马逊等公司借助用户对商品（歌曲等）的评级来预测任何给定用户可能想要购买、观看或收听的内容。

（3）语音识别。机器学习可以识别语音的模式，这有助于将语音转换为文本。科大讯飞是国内知名的语音识别公司之一。苹果手机上的助手 Siri、微软的小冰等也是典型的语音识别的应用。

（4）实时竞价（在线广告）。谷歌、百度、今日头条等公司不必编写特定的“规则”来确定给定类型的用户最可能点击哪些广告，它们采用机器学习的方法来识别用户行为中的模式，并确定哪些个人广告最有可能与哪个个人用户相关，从而进行个性化推送。

（5）对地震进行研究。在一项新研究中，哥伦比亚大学的研究人员发现，机器学习算法可以从三年的地震记录中挑选出不同类型的地震。机器学习发现地震的重复模式与水流的季节性上升和下降模式一致。

（6）自动驾驶。自动驾驶已经成为近两年传统车企与科技公司争夺的热点领域，大众、丰田、福特等传统车企通过自主研发或合作等方式，开发自动驾驶汽车；三星等公司通过开发自动驾驶芯片来抢占自动驾驶领域的一席之地；谷歌、特斯拉、亚马逊、微软等科技巨头更是通过技术优势提前布局自动驾驶。百度开放了自动驾驶平台，帮助汽车行业及自动驾驶领域的合作伙伴快速搭建属于自己的、完整的自动驾驶系统。

当自动驾驶汽车在公路上行驶时，必须能够实时响应周围的情况，这一点至关重要。这意味着通过传感器获取的所有信息必须在汽车中完成处理，而不是提交服务器或云端来进行分析，否则，即使延迟了非常短的时间，也可能造成不可挽回的损失。

机器学习是汽车数字基础设施的核心，它能够从观察到的环境条件中进行学习。对于这些数据，一个特别有趣的应用是映射——汽车需要能够自动响应现实世界的周围环境，以更新地图。因此，每辆汽车都必须生成自己的导航网络。

更进一步，我们可以针对特定行业的应用列表来探索营销中的机器学习、医疗保健中的机器学习和金融中的机器学习。比如，一个拥有大量客户电子邮件的电子商务公司会有很多售后服务请求记录，这些服务请求被标记为“退款请求”、“技术问题”、“交付问题”等。该公司可以选择开发一个机器学习系统，即可用适当的支持问题“类型”来标记电子邮件、转录电话和聊天请求，以便快速分类和响应售后服务请求，以提升解决问题的效率。

5.7　本章小结

本章主要介绍了以下知识点。

(1) 机器学习、人工智能的相关概念、历史情况和发展现状；

(2) 线性回归、线性回归相关性、多项式回归拟合、非线性回归的介绍；

(3) k 近邻算法、决策树算法、支持向量机算法、朴素贝叶斯算法等分类算法的思想和应用过程；

(4) k-means 聚类算法、层次聚类算法的思想；

(5) 深度学习的概念及各神经网络结构模型的介绍；

(6) 机器学习的应用。

5.8　习　题

(1) 什么是机器学习？机器学习的目标是什么？

(2) 什么是监督学习？什么是无监督学习？两者有什么异同？

(3) 通过某人在测验 A 中的分数来预测其在测验 B 中的分数，回归方程是 $B'=2.3a+9.5$。如果这个人在测验 A 上得了 40 分，那么其在测验 B 上的预测分数是多少？假如此人实际在测验 B 上的分数为 92 分，此时的预测误差是多少？

(4) 什么是过拟合？什么是欠拟合？

(5) 分类和聚类有何区别？

(6) 人工智能、机器学习和深度学习之间的联系和区别是什么？

第6章 大数据处理

本章学习目标

- 了解 Hadoop 的特性和发展情况
- 理解 Hadoop 生态系统
- 掌握 Hadoop 的安装与配置
- 掌握分布式文件系统 HDFS
- 掌握并行编程框架 MapReduce
- 理解新一代资源管理调度框架 YARN
- 理解快速通用的计算引擎 Spark

Hadoop 及 Hadoop YARN(Yet Another Resource Negotiator)之上的 Spark 是当前大数据处理的主要平台。Hadoop 是用于大数据处理的开源分布式系统基础架构，它最核心的设计是分布式文件系统(Hadoop Distributed File System,HDFS)和 MapReduce 计算模型。HDFS 为海量的数据提供存储，而 MapReduce 则为海量的数据提供计算。通过 Hadoop，程序员可编写分布式并行程序，并将其运行于大规模集群上，完成海量数据的存储、分析和处理。Hadoop YARN 是一种新的 Hadoop 资源管理调度框架，它为上层应用提供统一的资源管理和调度功能，提升了集群利用率，提高了资源统一管理和数据共享等方面的能力。Spark 是一个可用于大规模数据处理的快速、通用的计算引擎，其适用于数据挖掘与机器学习等需要迭代的 MapReduce 算法。

6.1 Hadoop 概述

本节简要介绍 Hadoop 及其特性和发展历史。

6.1.1 Hadoop 简介

Hadoop 是 Apache 软件基金会旗下的一个分布式计算平台，可为用户提供分布式底层系统透明的基础架构。Hadoop 基于 Java 语言开发，具有很好的跨平台特性，可以被部署在廉价的大规模集群中。HDFS 和 MapReduce 是 Hadoop 的两大核心。HDFS 使用普通硬件环境构建分布式文件系统，具有较高的读/写速度、较好的容错性和可扩展性，支持海量数据的分布式存储。MapReduce 计算模型允许用户在不了解分布式系统底层细节的情况下开发并行应用程序，这大大降低了用户编写并行程序的难度。通过 Hadoop，程序员可轻松编写分布式并行程序，并将其运行于大规模集群上，完成海量数据的存储、分析和处理。

基于分布式环境，Hadoop 提供了海量数据处理能力，成为公认的行业大数据标准开源软件，得到了主流厂商，如雅虎、谷歌、微软、淘宝等大型企业的全面支持。

6.1.2　Hadoop 的特性

Hadoop 是一个能够对海量数据进行分布式处理的软件框架，并且以可靠、高效、可伸缩的方式进行处理。它具有以下几个方面的特性。

(1) 高可靠性。采用存储副本的方式，当其中一个副本发生故障时，其他副本能保证正常的数据服务。

(2) 高效性。作为并行分布式计算平台，Hadoop 采用分布式存储和分布式处理技术高效地处理 PB 级大数据。

(3) 可扩展性。Hadoop 可以高效稳定地运行在廉价的计算机集群上，计算机集群可以扩展至成千上万个计算机节点上。

(4) 容错性。采用冗余的数据存储方式，可自动保存数据的多个副本，并且能够自动地重新分配运行失败的任务。

(5) 成本低。Hadoop 可以安装部署到廉价的计算机集群上，个人用户也可以用个人计算机或笔记本电脑搭建 Hadoop 运行环境。

(6) 运行在 Linux 平台上。Hadoop 基于 Java 语言开发，因此可以较好地运行在 Linux 平台上。

(7) 支持多种编程语言。在 Hadoop 上运行的应用程序也可以采用其他语言编写，如 Python、C++等。

6.1.3　Hadoop 的发展

Hadoop 源自 2002 年 Apache 的一个开源的网络搜索引擎项目 Nutch，Nutch 是其创始人 Doug Cutting 开发的文本搜索库 Lucene 项目的一部分。在 2003 年谷歌公司发布的 GFS(Google File System)的启发下，Nutch 项目也模仿 GFS 开发了可以支持大规模数据存储的 Nutch 分布式文件系统(Nutch Distributed File System，NDFS)，即 HDFS 的前身。受 2004 年谷歌公司发布的 MapReduce 分布式编程思想的影响，Nutch 于 2005 年开源实现了谷歌公司的 MapReduce。直到 2006 年 2 月，NDFS 和 MapReduce 才独立出来，成为 Lucene 项目的一个子项目，称为 Hadoop。Hadoop 源自 Doug Cutting 的儿子给“一头棕黄色大象”取的名字。随后，Doug Cutting 加盟雅虎公司，Hadoop 的发展进入“快车道”。

2008 年 1 月，Hadoop 正式成为 Apache 的顶级项目。2008 年 4 月，Hadoop 采用一个由 910 个节点构成的计算机集群，仅用 209 s 就完成了 1 TB 数据的排序，打破了当时的世界记录。Hadoop 也逐渐被雅虎之外的其他公司采用。2009 年 5 月，Hadoop 把 1 TB 数据的排序时间缩短到 62 s 后一举成名，迅速发展成为全球最有影响力的开源分布式开发平台。

目前 Apache Hadoop 版本分为三代。第一代称为 Hadoop 1.0，包括 0.20.x、0.21.x 和 0.22.x 三个版本。其中，0.20.x 演化成 1.0.x 稳定版，而 0.21.x 和 0.22.x 增加了 HDFS HA 等重要特性。第二代称为 Hadoop 2.0，包括 0.23.x 和 2.x 两个版本。第二代 Hadoop 采用全新的架构，均包含 HDFS Federation 和 YARN 两个系统。Hadoop 2.x 是基于 JDK 1.7 开发的，JDK 1.7 在 2015 年 4 月停止更新后，Hadoop 社区推出了基于 JDK 1.8 的第三代 Hadoop 版本 Hadoop 3.0。Hadoop 3.0 引入了一些重要的功能和优化，包括 HDFS 可擦除编码、多 Nameode 支持、MR Native Task 优化等。读者可在 Hadoop 官网（http://hadoop.apache.org/releases.html）自行查看目前最新发布的版本。除了免费开源的 Apache Hadoop 外，还有一些商业公司推出了以 Apache Hadoop 为基础的收费 Hadoop 发行版，如 Cloudera、MapR 和 Hortonworks 等，发行版具有更好的易用性、更高的性能和更多的实用功能。

6.2　Hadoop 生态系统

自 2006 年 Hadoop 正式成为 Apache 开源组织的独立项目后，由于其低门槛、高性能的优势，其得到了大量有大数据处理需求用户的支持，并且在使用中不断地被补充和完善，逐渐形成了 Hadoop 1.0 时代的生态系统（见图 6-1）。随着 YARN 的推出和在其上运行的 Spark 被认可，近几年逐渐形成了 Hadoop 2.0 时代的生态系统（见图 6-2）。

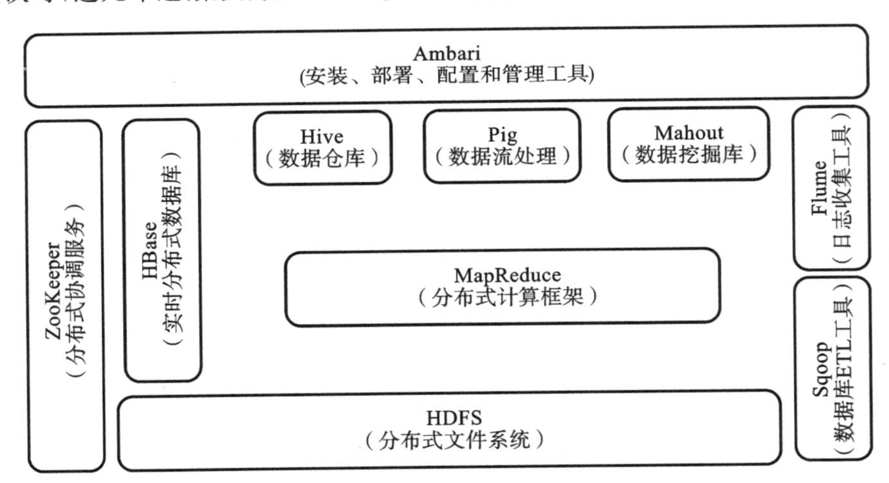

图 6-1　Hadoop 1.0 时代的生态系统

除了 HDFS 和 MapReduce 两个核心组件，Hadoop 生态系统还包括 HBase、Hive、Pig、Mahout、ZooKeeper、Sqoop、Flume、Ambari 等功能组件。为了让读者循序渐进地理解 Hadoop，本节暂时不讨论 Hadoop 2.0 生态系统中新的功能组件。

6.2.1　HDFS

Hadoop 是一个适合构建在廉价计算机集群之上的分布式文件系统，具有成本低、可靠

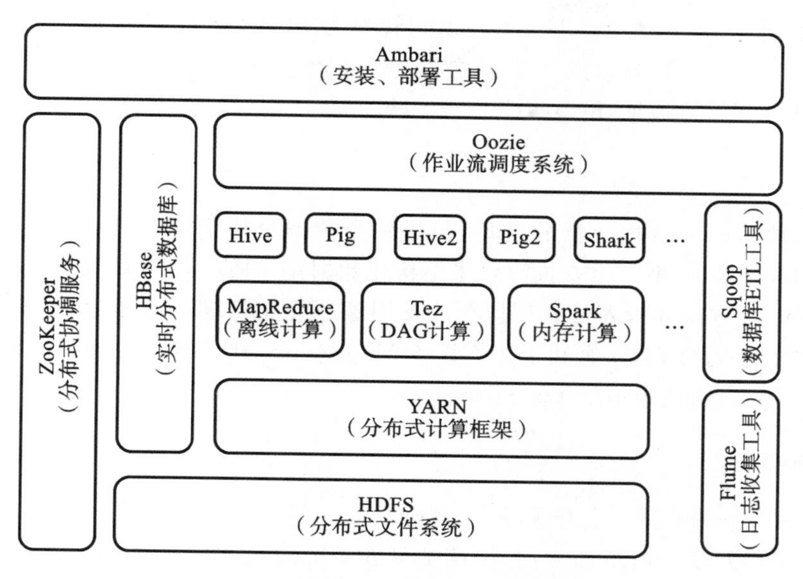

图 6-2　Hadoop2.0 时代的生态系统

性高、吞吐量高，可处理超大数据、流式数据的特点。HDFS 放宽了一部分 POSIX 约束，从而实现以流的形式访问文件系统中的数据。项目地址：http://hadoop.apache.org/docs/stable/hadoop-project-dist/hadoop-hdfs/HdfsDesign.html。

6.2.2　MapReduce

Hadoop MapReduce 是对谷歌公司 MapReduce 的开源实现。MapReduce 是一个编程模型和软件框架，用于在大规模集群上编写并行程序，可对大数据进行快速处理。MapReduce 将复杂的并行计算过程高度抽象成两个阶段：Map 和 Reduce。在用户不了解分布式系统底层细节的情况下，通过编写这两个函数就能开发并行应用程序。MapReduce 采用"分而治之"的思想，即把输入的数据集切分为若干个独立的数据块，分发这些数据块到集群中各个子节点上去执行 Map 阶段；然后，获取各个子节点的中间结果，执行 Reduce 阶段，最后得到最终结果。项目地址：http://hadoop.apache.org/docs/stable/hadoop-mapreduce-client/hadoop-mapreduce-client-core/MapReduceTutorial.html。

6.2.3　HBase

HBase 是一个分布式的、面向列的开源数据库。HBase 以 HDFS 为底层数据存储，具有高可靠性、可伸缩性、支持实时读/写的特点，适合于非结构化大数据的存储。HBase 具有良好的横向扩展能力，可以通过不断增加廉价的计算机来提升其存储能力。项目地址：http://hbase.apache.org/。

6.2.4　Hive

Hive 是一个基于 Hadoop 的数据仓库工具，用于对 Hadoop 存储的数据集进行数据整理、特殊查询和分析。Hive 可以将结构化的数据文件映射为一张数据库表，并提供类似于关系型数据库 SQL 语言的查询语言——HiveQL，通过 HiveQL 语句可快速实现简单的

MapReduce 统计。Hive 自动将 HiveQL 语句转换为 MapReduce 任务运行，这使其特别适合于数据仓库的统计分析和数据呈现，并能很好地与传统商业智能分析软件进行对接，实现平滑的系统迁移。项目地址：http://hive.apache.org/。

6.2.5 Pig

Pig 是一种用于大数据分析的工具，包括一个数据分析语言及其运行环境，适用于在 Hadoop 和 MapReduce 平台上查询海量半结构化数据集。Pig 提供的类似 SQL 的数据分析语言 Pig Latin，能方便分析人员编写脚本，Pig 引擎还能先将脚本翻译为 MapReduce 程序，而后对数据进行并行处理，这有利于让不具备 MapReduce 开发能力的分析人员进行海量数据分析工作。项目地址：http://pig.apache.org/。

6.2.6 Mahout

Mahout 是 Apache 的一个开源项目，其提供了一些可扩展的机器学习领域经典算法的实现，目的是帮助开发人员更加方便、快捷地创建智能应用程序。Mahout 包括聚类、分类、过滤推荐、频繁子项挖掘等主流实现。另外，通过使用 Apache Hadoop 库，Mahout 可以有效地扩展到云中。项目地址：http://mahout.apache.org/。

6.2.7 ZooKeeper

ZooKeeper 是一个高效和可靠的分布式应用程序协调服务器，用于维护 Hadoop 集群的配置信息、命名信息等，并提供分布式锁同步功能和群组管理功能。通过 ZooKeeper 构建分布式应用，可以减轻分布式应用程序所承担的协调任务。项目地址：http://Zookeeper.apache.org/。

6.2.8 Sqoop

Sqoop 是 SQL-to-Hadoop 的缩写，用于在 Hadoop 系统中与传统关系型数据库进行数据交换。可以将传统关系型数据库（如 Oracle、MySQL、PostgreSQL）中的数据导入 Hadoop（可以导入 HDFS、HBase 或 Hive），也可以将处理后的结果从 Hadoop 导出到传统关系型数据库中。Sqoop 是专门为大数据集设计的，其支持增量更新，可以将新记录添加到最近一次导出的数据源上。项目地址：http://sqoop.apache.org/。

6.2.9 Flume

Flume 是 Cloudera 提供的一个高可用的、高可靠的、分布式的海量日志采集、聚合和传输系统，Flume 支持在日志系统中订制各类数据发送方，用于收集数据；同时，Flume 提供对数据进行简单处理，并将其写到各数据接收方的功能。Flume 可以将应用产生的数据存储到 HDFS、HBase 等存储器中。项目地址：http://flume.apache.org/。

6.2.10 Ambari

Ambari 是一种用于安装、管理和监控 Hadoop 集群的 Web 界面工具。目前，Ambari 已支持大多数 Hadoop 组件，包括 HDFS、MapReduce、Hive、Pig、Hbase、ZooKeeper、Sqoop 和

HCatalog 等。

6.3 Hadoop 集群的安装与配置

虽然 Hadoop 可以运行在 Linux、Windows 等系统之上，但 Hadoop 官方支持的作业平台只有 Linux。因此，在 Windows 上运行 Hadoop 时，需要安装 Cygwin 等软件来提供一些 Linux 操作系统的功能。在 Linux 发行版中，常见的操作系统有 CentOS、Ubuntu、RedHat、OpenSUSE 等，考虑到企业级系统应用稳定且免费等因素，本节选用 CentOS 作为 Hadoop 集群安装与使用的环境。Hadoop 分布式集群搭建的规划如表 6-1 所示。

表 6-1 Hadoop 分布式集群搭建的规划

节点名称	IP 地址	角色
cent88	192.168.0.88	NameNode (DataNode)
cent89	192.168.0.89	DataNode
cent90	192.168.0.90	DataNode

Hadoop 分布式集群搭建的总体思路是先安装一台虚拟机，然后在其上完成除 SSH 以外的所有配置后再克隆两台虚拟机，接着对三台虚拟机进行网络设置，并配置整个集群的无密码登录，最后启动并验证集群。安装与配置主要包括以下 7 大步骤。

(1) 安装 CentOS 操作系统；

(2) 创建 Hadoop 用户与系统设置；

(3) 安装 Java；

(4) 安装 Hadoop；

(5) 克隆虚拟机与进行网络设置；

(6) SSH 无密码登录设置；

(7) 启停、验证、关闭集群。

下面将介绍每个步骤的具体实现，本节使用的虚拟机是 VMware Workstation Pro 12.5.9，操作系统是 CentOS 7.2，Java 版本为 1.8，Hadoop 版本为 2.7.6。

6.3.1 安装 CentOS 操作系统

首先下载安装 VMware Workstation Pro 12.5.9，然后从 CentOS 官网上下载操作系统 CentOS 7.2 的安装文件 CentOS-7-x86_64-DVD-1511.iso，下载地址是 https://www.centos.org/download/。通过虚拟化软件 VMware Workstation Pro 12.5.9 安装一台使用 CentOS 7.2 系统的虚拟机。虚拟机设置如图 6-3 所示。

为了给每台虚拟机设置独立的 IP 地址，虚拟机设置中要注意选择网络连接为“桥接模式”。

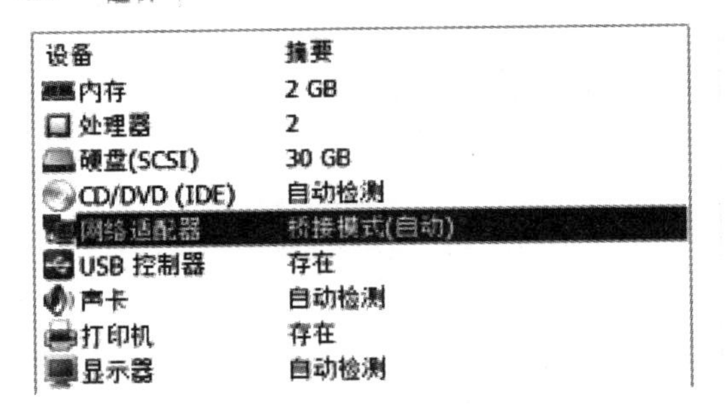

图 6-3　虚拟机设置

6.3.2　创建 Hadoop 用户与设置系统

1. 创建 Hadoop 用户

为了方便进行操作和管理，首先要创建一个名为“spark”的用户来运行程序。如果用户对 Linux 下的操作命令不太熟悉，可以查阅相关资料和视频，以便为后续操作打下一定的基础。创建用户的命令是 useradd，创建用户组的命令是 groupadd，设置密码的命令是 passwd，具体操作命令如下。

```
$ su -
# groupadd  spark
# useradd  -g  spark  spark
# passwd  spark
# su -  spark
$ pwd
```

用户创建完成后，使用新用户 spark 进行登录。

2. 设置系统

设置系统包括设置 IP 地址、修改 hosts 文件和设置 hostname 文件。

1）设置 IP 地址

在系统的图形界面下或在/etc/sysconfig/network-scripts/ifcfg-e * 文件中设置 IP 地址如下：

```
IP 地址:        192.168.0.88
子网掩码:        255.255.255.0
网关:          192.168.0.1
DNS1:         192.168.0.1
```

完成设置后，在 root 用户下使用命令 service network restart 重启网络，使设置生效。再使用命令 ping 192.168.0.1 和 ping www.baidu.com 检测网关和外网是否连通。

2）修改 hosts 文件

在 root 用户下使用命令 vim /etc/hosts 修改 hosts 文件，修改后的内容如下：

```
127.0.0.1      localhost
192.168.0.88  cent88
192.168.0.89  cent89
192.168.0.90  cent90
```

3）设置 hostname 文件

在 root 用户下使用命令 vim /etc/hostname 修改 hostname 文件，修改后的内容如下：

```
cent88
```

重启虚拟机后，用 hostname 命令查看设置是否生效。

6.3.3 安装 Java

由于 Hadoop 本身是使用 Java 语言编写的，因此 Hadoop 的开发和运行都需要 Java 环境。CentOS 7.2 自带 openjdk，可以通过命令 rpm-qa|grep jdk 查看 openjdk 的版本，如 java-1.8.0-openjdk-1.8.0.65-3.b17.el7.x86_64 等。考虑到功能上的稳定性，建议采用 Oracle 公司的 Java 版本。因此，用户需要提前删除 CentOS 7.2 自带的多个版本的 openjdk。使用命令 yum-y remove java-1.8.0-openjdk-* 卸载相关 openjdk 安装文件。

从网址 http://www.oracle.com/technetwork/java/javase/downloads/index.html 下载 Oracle 公司的 Java，选择下载 Java SE Development Kit 8u181 的 Linux 安装文件 jdk-8u181-linux-x64.rpm。通过命令 rpm-ivh Downloads/jdk-8u181-linux-x64.rpm 安装 Java 1.8。在安装过程中，需要记录 JDK 的路径/usr/java/jdk1.8.0_181，即 JAVA_HOME 的位置，以便完成 Hadoop 的配置。安装完成后，首先需要设置 Java 环境变量，即修改/etc/profile 文件，也就是在文件最后追加几行如下内容：

```
export JAVA_HOME=/usr/java/jdk1.8.0_181
export JRE_HOME=/usr/java/jdk1.8.0_181/jre
export PATH=$ PATH:$ JAVA_HOME/bin:$ JRE_HOME/bin
export CLASSPATH=.:$ JAVA_HOME/lib/dt.jar:$ JAVA_HOME/lib/tools.jar:$ JRE_
  HOME/lib
```

然后使用命令 source /etc/profile 让环境变量生效。最后再使用命令 java -version 查看版本信息，具体如下：

```
java version "1.8.0_181"
Java(TM)SE Runtime Environment (build 1.8.0_181-b13)
Java HotSpot(TM)64-Bit Server VM (build 25.181-b13,mixed mode)
```

6.3.4 安装 Hadoop

1. 下载、解压 Hadoop 安装包

本节采用的 Hadoop 版本为 2.7.6，通过 Hadoop 官网提供的下载链接为 http://hadoop.apache.org/releases.html，在下载列表中找到与 2.7.6 对应的 binary，下载 hadoop-2.7.6.tar.gz 文件即可。

使用命令 tar -zxvf hadoop-2.7.6.tar.gz 将 tar.gz 文件解压后，将其放置到方便用户使用的位置，如“/home/spark/hadoop-2.7.6”，这个位置即 HADOOP_HOME。注意，/home/spark 为用户目录，而/home/spark/hadoop-2.7.6 为 hadoop-2.7.6.tar.gz 解压后生成的目录。

2. 配置 Hadoop 集群

配置 Hadoop 集群，需要修改 HADOOP_HOME 目录（“/home/spark/hadoop-2.7.6”）下的“etc/hadoop”子目录中的 8 个配置文件，分别是 core-site.xml、hdfs-site.xml、mapred-site.xml、yarn-site.xml、hadoop-env.sh、yarn-env.sh、mapred-env.sh 和 slaves。对于单机安装 Hadoop，仅需要修改 hadoop-env.sh 一个文件即可。伪分布式安装是指在一台计算机上模拟一个小的集群，实现分布式数据处理的全过程，但是集群中只有一个节点，分布式数据传输并没有经过真实的网络，这适合于小规模应用程序的调试。对于伪分布式配置，仅需要修改 core-site.xml 和 hdfs-site.xml 两个文件。考虑到当前用户对用户目录下的文件有绝对的控制权，所以在用户目录/home/spark/下新建 hdfs 目录，用于存储产生的分布式文件。

1）core-site.xml

```
[spark@cent88 hadoop]$  vi core-site.xml
<configuration>
<!--指定 HDFS 的主机名和端口号 -->
    <property>
        <name>fs.defaultFS</name>
        <value>hdfs://cent88:9000</value>
    </property>
<!--指定 Hadoop 运行时产生临时文件的存储目录 -->
    <property>
        <name>hadoop.tmp.dir</name>
        <value>/home/spark/tmp</value>
    </property>
</configuration>
```

2）hdfs-site.xml

```
[spark@cent88 hadoop]$  vi hdfs-site.xml
<configuration>
<!--设置 dfs 副本数-->
    <property>
        <name>dfs.replication</name>
        <value>3</value>
    </property>
<!--设置分布式名字节点、名字目录位置-->
    <property>
        <name>dfs.namenode.name.dir</name>
        <value>/home/spark/hdfs/name</value>
    </property>
<!--设置分布式数据节点、数据目录位置-->
    <property>
        <name>dfs.datanode.data.dir</name>
        <value>/home/spark/hdfs/data</value>
    </property>
```

```
<!--设置 secondary namenode 的端口-->
    <property>
        <name>dfs.namenode.secondary.http-address</name>
        <value>cent88:50090</value>
    </property>
</configuration>
```

3) mapred-site.xml

```
[spark@cent88 hadoop]$  vi mapred-site.xml
<configuration>
<!--指定 mr 运行在 yarn 上 -->
    <property>
        <name>mapreduce.framework.name</name>
        <value>yarn</value>
    </property>
</configuration>
```

4) yarn-site.xml

```
[spark@cent88 hadoop]$  vi yarn-site.xml
<configuration>
<!--reducer 获取数据的方式 -->
    <property>
        <name>yarn.nodemanager.aux-services</name>
        <value>mapreduce_shuffle</value>
    </property>
<!--指定 YARN 的 ResourceManager 的地址 -->
    <property>
        <name>yarn.resourcemanager.hostname</name>
        <value>cent88</value>
    </property>
</configuration>
```

5) hadoop-env.sh

```
[spark@cent88 hadoop]$  vi hadoop-env.xml
export JAVA_HOME=/usr/java/jdk1.8.0_181
```

6) yarn-env.sh

```
[spark@cent88 hadoop]$  vi yarn-env.xml
export JAVA_HOME=/usr/java/jdk1.8.0_181
```

7) mapred-env.sh

```
[spark@cent88 hadoop]$  vi mapred-env.xml
export JAVA_HOME=/usr/java/jdk1.8.0_181
```

8) slaves

```
[spark@cent88 hadoop]$  vi slaves
cent88
cent89
cent90
```

还需要设置 Hadoop 环境变量，即修改/etc/profile 文件，在文件最后追加几行内容，如下：

```
export HADOOP_HOME=/home/spark/hadoop-2.7.6
export PATH=$ PATH:$ HADOOP_HOME/bin:$ HADOOP_HOME/sbin
```

使用命令 source /etc/profile 让环境变量生效。然后再使用命令 hadoop version 命令查看 Hadoop 的版本信息如下：

```
[spark@cent88 bin]$  hadoop version
Hadoop 2.7.6
Subversion https://shv@git-wip-us.apache.org/repos/asf/hadoop.git-r 085099c
66cf28be31604560c376fa-282e69282b8
Compiled by kshvachk on 2018-04-18T01:33Z
Compiled with protoc 2.5.0
From source with checksum 71e2695531cb3360ab74598755d036
This command was run using /home/spark/hadoop-2.7.6/share/hadoop/common/
hadoop-common-2.7.6.jar
```

6.3.5　克隆虚拟机与设置网络

1. 克隆虚拟机

当 Java 和 Hadoop 完成上述设置后，可以执行克隆虚拟机操作，把上述设置好的 cent88 克隆两次，分别命名为 cent89 和 cent90。方法是在 VMware Workstation 菜单中选择虚拟机——管理——克隆，再选择创建完整克隆，以完成虚拟机的克隆。

2. 设置网络

考虑到克隆的虚拟机都有相同的主机名和网络 IP 地址，因此，需要逐一运行克隆产生的虚拟机 cent89 和 cent90，以 cent89 为例对其进行网络设置。

1）重新设置 hostname 文件

在 root 用户下使用命令 vim /etc/hostname 修改 hostname 文件，修改后的内容如下：

```
cent89
```

2）重新设置 IP 地址

在 root 用户下使用命令 rm -rf /etc/udev/rules.d/70-persistent-net.rules 删除本机规则文件，并重新启动虚拟机。

待虚拟机重启后，在/etc/sysconfig/network-scripts/ifcfg-e * 文件中或者在系统的图形界面下设置 IP 地址，如下：

```
IP 地址:192.168.0.89
```

另外，在/etc/sysconfig/network-scripts/ifcfg-e * 文件的 UUID 项前添加 # 号，可注释掉此项。

同样，在 root 用户下使用命令 service network restart 重启网络，使设置生效。可以使用命令 ifconfig 查看本机 IP 是否已更改，再使用命令 ping 192.168.0.1 和 ping www.baidu.com 检测网关和外网是否连通。

6.3.6　SSH 无密码登录设置

当启动 Hadoop 集群时，Hadoop 名称节点需要同时启动所有数据节点的 Hadoop 守护进程,这个过程通过SSH无密码登录来实现。首先需要让各个节点生成自己的SSH密钥id_rsa和公钥id_rsa.pub,名称节点需要将它的公钥id_rsa.pub发送给集群中的所有数据节点。因此可将公钥id_rsa.pub内容添加到需要匿名登录的数据节点的"~/.ssh/authorized_keys"文件中,然后,名称节点就可以实现SSH无密码登录这个数据节点了。

实现SSH无密码登录设置,包括生成密钥、合并公钥、分发合并的公钥和密钥文件权限设置四个部分。

1. 生成密钥

启动三台虚拟机,分别在用户目录下,执行如下命令:

```
[spark@cent88 ~ ]$ cd /home/spark
[spark@cent88 ~ ]$ ssh-keygen -t rsa
```

然后按三次回车键,在.ssh目录下就会生成密钥id_rsa和公钥id_rsa.pub。

2. 合并公钥

三台虚拟机再执行如下命令:

```
[spark@cent88 ~ ]$ cd .ssh
[spark@cent88 .ssh]$ cat id_rsa.pub>authorized_keys
```

接下来,在主节点cent88上合并各个节点生成的公钥,即把另外两台虚拟机的公钥追加到authorized_keys文件后,执行如下命令:

```
[spark@cent88 .ssh]$ scp spark@cent89:/home/spark/.ssh/authorized_keys  89pub
[spark@cent88 .ssh]$ scp spark@cent90:/home/spark/.ssh/authorized_keys  90pub
[spark@cent88 .ssh]$ cat 89pub  90pub >>authorized_keys
```

3. 分发合并的公钥

把合并后的文件authorized_keys分发到另外两台虚拟机上,执行如下命令:

```
[spark@cent88 .ssh]$ scp authorized_keys spark@cent89:/home/spark/.ssh/
[spark@cent88 .ssh]$ scp authorized_keys spark@cent90:/home/spark/.ssh/
```

4. 密钥文件权限设置

在每台虚拟机上修改相关文件的权限,执行如下命令:

```
[spark@cent88 .ssh]$ cd ..
[spark@cent88 ~ ]$ chmod 700  .ssh/
[spark@cent88 ~ ]$ chmod 600  .ssh/authorized_keys
```

完成后,可以通过ssh hostname (hostname为数据节点主机名)命令来检测是否需要输入密码:

```
[spark@cent88 ~ ]$ ssh cent89
Last login: Thu Aug  9 16:50:08 2018
[spark@cent89 ~ ]$
```

可以看出,通过ssh命令可以直接切换到另一台虚拟机上。

6.3.7 启停、验证、关闭集群

1. 启动集群

在集群配置完成后,需要初始化文件系统,以便进一步执行计算任务。首先关闭各个节点上的防火墙,命令如下:

```
[spark@cent88 ~ ]$ su -
[root@cent88 ~ ]# systemctl stop firewalld
[root@cent88 ~ ]# su - spark
```

接下来，在 cent88 上，执行初始化命令：

```
[spark@cent88 ~ ]$ cd hadoop-2.7.6/
[spark@cent88 hadoop-2.7.6]$ ./bin/hadoop namenode -format
```

然后，用如下命令启动 dfs 和 yarn 进程：

```
[spark@cent88 hadoop-2.7.6]$ ./sbin/start-dfs.sh
[spark@cent88 hadoop-2.7.6]$ ./sbin/start-yarn.sh
```

运行之后，输入 jps 命令以查看所有的 Java 进程，正常启动时，可得到如下结果：

```
[spark@cent88 hadoop-2.7.6]$ jps
27924 Jps
10792 NameNode
11833 NodeManager
11036 DataNode
11388 SecondaryNameNode
11710 ResourceManager
```

此时，通过访问 Web 界面（http://localhost:50070）来查看 Hadoop 的总览信息，如图 6-4 所示。

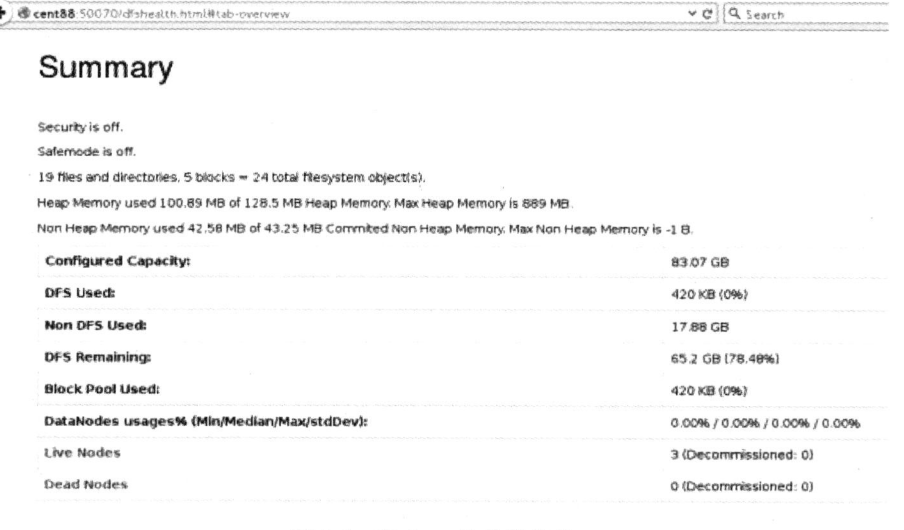

图 6-4 Hadoop 的总览信息

2. 验证集群

通过一些操作，可以验证集群的可用性。例如，在 HDFS 中创建用户目录：

```
[spark@cent88 ~ ]$ cd hadoop-2.7.6
[spark@cent88 hadoop-2.7.6]$ ./bin/hadoop dfs -mkdir -p /user/spark/input
```

接下来，把本地 etc/hadoop 目录中的数据（*.xml 文件）上传到 HDFS 的/user/spark/input 目录中：

```
[spark@cent88 hadoop-2.7.6]$ ./bin/hadoop dfs -put etc/hadoop/* .xml /user/
spark/input
```

然后，使用如下命令行来执行以“kerber”开头的字数统计测试：

```
[spark@cent88 hadoop-2.7.6]$ ./bin/hadoop jar
share/hadoop/mapreduce/hadoop-mapreduce-examples-2.7.6.jar grep /user/spark/
input/user/spark/output 'kerber[a-z.]+'
```

执行完成后，在 HDFS 中会生成 output 目录以保存计算结果，输入以下命令来查看最终结果：

```
[spark@cent88 hadoop-2.7.6]$ ./bin/hadoop dfs -cat /user/spark/output/p*
6 kerberos
```

结果表明，在所有的.xml 文件中，只有 6 个以 kerber 开头的单词。需要注意的是，如果想再重复执行一次字数统计测试，一定要更改输出目录 output 的名字(如改为 output2)，这样就不会在重建输出目录时，出现提示目录已存在的问题。

3. 关闭集群

使用如下命令关闭集群(请注意关闭的顺序)：

```
[spark@cent88 hadoop-2.7.6]$ ./sbin/stop-yarn.sh
[spark@cent88 hadoop-2.7.6]$ ./sbin/stop-dfs.sh
```

整个集群验证过程没有出现错误提示，说明集群安装是正确的。如果在集群初始化或者使用过程中出现错误提示，可以根据提示寻找相应的解决方法。可以通过节点上 HADOOP_HOME 的 logs 目录下的日志文件查看更详细的信息。

6.4 HDFS 简介

HDFS 是对 GFS 的开源实现，是 Hadoop 两大核心组成部分之一，具有在廉价商用服务器集群中进行大规模分布式文件存储的能力，HDFS 具有很好的容错能力，因此可以低成本地实现大数据的读/写。

基于 GFS 的设计思想，HDFS 充分考虑实际应用环境的特点，把硬件出错看作一种常态。因此，HDFS 在设计上也采取了多种机制以保证在硬件出错的情况下保持数据的完整性。HDFS 的优点有：支持“一次写入、多次读取”的简单文件模型；支持流式数据的读/写；支持 GB 甚至 TB 级别的文件存储；支持廉价的硬件设备等。HDFS 的不足有：不适合低延时的数据访问；无法高效存储大量小文件；不支持多用户写入及任意修改文件。

6.4.1 HDFS 相关概念

HDFS 中涉及块、名称节点和数据节点、第二名称节点(Secondary NameNode)等相关概念。

1. 块

为了提高磁盘读/写效率，HDFS 采用了块的概念，默认一个块的大小为 64 MB。在 HDFS 中的文件会被拆分成多个块，每个块作为独立的单元进行存储。通常，MapReduce 中的 Map 任务一次只处理一个块的数据。较大的块能够把寻址开销分摊到较多的数据中，这就降低了单位数据的寻址开销。

HDFS 采用抽象的块概念可以带来以下三个好处。

(1) 支持大规模文件存储。文件以块为单位存储，文件系统可以把一个大文件拆分成若干个文件块，不同的文件块可以被分发到不同的节点上。因此，一个文件的大小不会受到单个节点的存储容量限制。

(2) 简化系统设计。较大的数据块简化了存储管理，同时也减小了元数据的规模。

(3) 适合数据备份。每个文件块都可以冗余存储到多个节点上，这大大提高了系统的容错性和可用性。

2. 名称节点和数据节点

在 HDFS 中，名称节点负责管理分布式文件系统的命名空间。名称节点记录了每个文件中各个块所在的数据节点位置信息，但是其并不持久化存储这些信息，而是在系统每次启动时扫描所有数据节点来重构这些信息。

数据节点是 HDFS 的工作节点，负责数据的存储和读取，其会根据客户端或名称节点的调度来进行数据的存储和检索，并且向名称节点定期发送自己所存储的块的列表。每个数据节点中的数据会被保存在各自节点的本地 Linux 文件系统中。

3. 第二名称节点

考虑到名称节点发生故障将影响整个系统的运行，设计了第二名称节点，它一般在一台单独的物理计算机上运行，与名称节点保持通信，并按照一定的时间间隔保持文件系统元数据的快照，以在名称节点发生故障时对其进行数据恢复。

6.4.2　HDFS 体系结构

HDFS 采用了 Master/Slave 结构模型，一个 HDFS 集群包括一个名称节点和若干个数据节点，如图 6-5 所示。名称节点作为管理节点，负责管理文件系统的命令空间及客户端对文件的访问。一般情况下，每个数据节点运行一个数据节点进程，负责处理客户端的读/写请求，在名称节点的统一调度下进行数据块的创建、删除和复制等操作。每个数据节点的数据还是保存在本地 Linux 文件系统中。每个数据节点会周期性地向名称节点发送“心跳”信息、报告自己的状态。

在文件系统内部，一个文件会被切分成若干个数据块，这些数据块被分布存储在若干个数据节点上。当客户端访问一个文件时，首先把文件名发送给名称节点，名称节点根据文件名找到对应的数据块；再根据每个数据块的信息找到实际存储各个数据块的数据节点位置，并把数据节点位置信息发送给客户端；最后客户端直接访问这些数据节点来获取数据。在整个过程中，名称节点只负责查询所需数据块的位置信息，并不参与数据的传输，而数据节点上的文件是可以被并发访问的。

在 HDFS 体系结构中，集群中只有一个命名空间，这个空间由唯一的名称节点来管理。命名空间管理是指命名空间支持对 HDFS 中的目录、文件和块做类似文件系统的创建、修改和删除等基本操作。虽然 HDFS 命名空间管理类似传统的分级文件体系，但 HDFS 并没有实现磁盘配额和文件访问权限等管理功能。

HDFS 通信协议是构建在 TCP/IP 协议上的。客户端通过一个可配置的端口向名称节

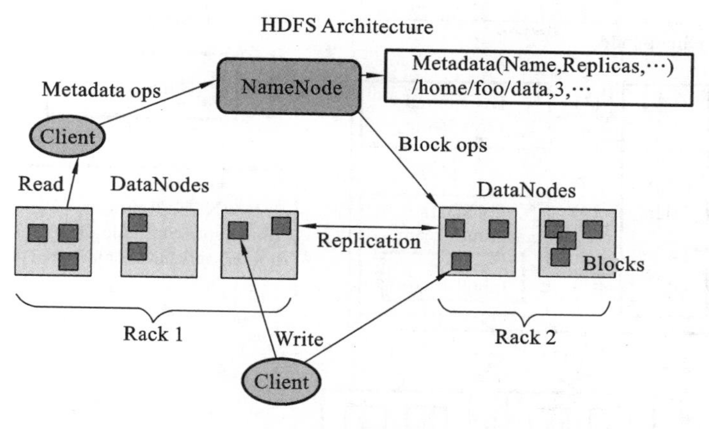

图 6-5 HDFS 体系结构

点主动发起 TCP 链接，并使用客户端协议与名称节点进行交互。名称节点和数据节点之间则使用数据节点协议进行交互。客户端与数据节点的交互是通过 RPC(Remote Procedure Call)来实现的。需要注意的是，名称节点总是响应客户端和数据节点的 RPC，顺带给数据节点安排任务，而不会主动发起 RPC。

客户端支持打开、读/写等操作，可以采用 Shell 命令行方式等来访问 HDFS 中的数据。HDFS 提供了 Java API，将其作为应用程序访问文件系统的客户端编程接口。

HDFS 体系结构只包含唯一的名称节点，这虽然大大简化了系统设计，但同时带来了三个方面的局限性。①命名空间受名称节点内存大小的限制。因为每个数据块的信息是以元数据形式保存在名称节点内存中的，因此，当数据块数量增多时，会消耗相对多的内存空间。②集群可用性受限。如果唯一的名称节点发生故障，则会导致整个集群无法访问。③无法隔离。只有一个命名空间，无法对不同应用程序进行隔离。

6.4.3 HDFS 的数据读/写过程

1. 数据读取过程

HDFS 的 Client 节点从文件系统中读取数据的过程如图 6-6 所示，其步骤如下。

(1) Client 生成一个 HDFS 类库中的 Distributed FileSystem 对象实例，并使用该实例的 open( )接口打开一个文件。

(2) Distributed FileSystem 通过 RPC 向 NameNode 发出请求，获取文件相关数据块的位置信息。NameNode 在衡量与 Client 的距离并排序后，将此文件相关数据块所在的 DataNode 地址返回给 Distributed FileSystem。

(3) Distributed FileSystem 获取到数据块相关信息后，将生成的一个 FSData InputStream 对象实例返回给 Client。此实例封装了一个 DFS InputStream 对象，该对象负责存储数据块信息、存储 DataNode 地址信息和后续文件内容的读取。

(4) Client 向 FSData InputStream 发出读取数据的 read( )调用。

(5) 在收到 read( )调用后，FSData InputStream 封装的 DFS InputStream 会选择包含第一个数据块最近的 DataNode，并读取相应的数据信息，返回给 Client。在读取完成后，DFS InputStream 负责关闭相应的 DataNode 链接。当遇到网络或节点故障导致无法读取

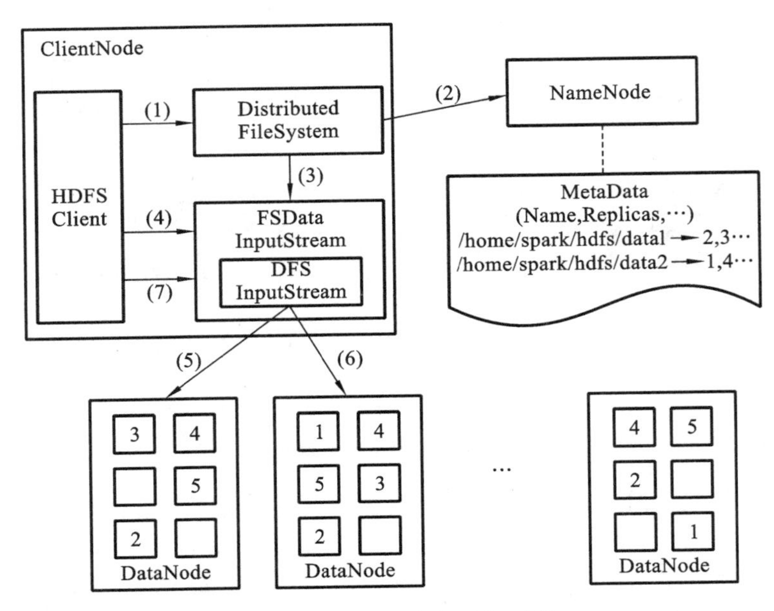

图 6-6 HDFS 的数据读取过程

数据时，DFS InputStream 将放弃故障 DataNode，就近选取包含此数据块的另一个 DataNode。

(6) DFS InputStream 将继续选择包含后续数据块的最近 DataNode，并读取数据，返回给 Client，直到完成最后一个数据块的读取为止。

(7) 当 Client 读取完文件所有数据后，将调用 FSData InputStream 的 close( )接口结束本次文件读取操作。

从读取过程不难看出，HDFS 设计了 NameNode 文件索引功能和 DataNode 数据读取功能的分离，即负载较轻的文件索引功能由一个集中的 NameNode 完成，负载较重的数据读取功能由多个 DataNode 完成。这种架构适应多使用者、大数据量的文件访问场景，具有很好的可扩展性。

2. 数据写入过程

HDFS 的 Client 节点向文件系统创建一个文件，并将数据写入文件的过程如图 6-7 所示，其步骤如下。

(1) Client 生成一个 HDFS 类库中的 Distributed FileSystem 对象实例，并使用该实例的 create( )接口创建一个文件。

(2) Distributed FileSystem 通过 RPC 向 NameNode 发出创建文件的请求，在确认具有写入权限且文件不重名后，在命名空间中创建此文件的对应记录。在此过程中如有异常，将返回 IOException。

(3) Distributed FileSystem 获得 NameNode 的响应后，将生成的一个 FSData OutputStream 对象实例返回给 Client。此实例封装了一个 DFS OutputStream 对象，该对象负责后续的文件内容写入处理。

(4) Client 向 FSData OutputStream 发出写入数据的 write( )调用及需要写入文件的数据。DFS OutputStream 在收到数据后会将数据拆分并放入一个数据队列中。

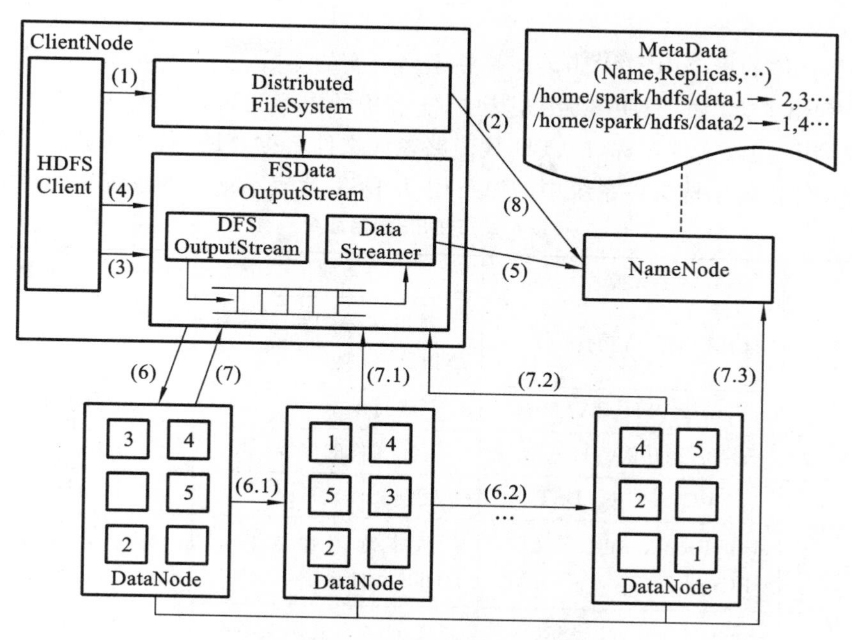

图 6-7 HDFS 的数据写入过程

(5) Data Streamer 负责从数据队列中不断取出数据，并准备将数据写入 DataNode。但在写入之前，DataStreamer 需要从 NameNode 请求分配一些存放数据的数据块信息及适合存放这些数据块的 DataNode 地址。

(6) 对于每个数据块，NameNode 会分配若干个 DataNode 以复制、存储数据块。例如，配置文件要求将数据块 2 存入 3 个 DataNode 节点，此时，DataStreamer 会将数据块写入第一个 DataNode(第(6)步)，这个 DataNode 接着会将数据传递给第二个 DataNode(第(6.1)步)，第二个再传递给第三个(第(6.2)步)，顺次完成 3 个 DataNode 数据块的写入。

(7) 在每个 DataNode 完成写入后，会向 DataStreamer 报告已经执行的状况(第(7)步、第(7.1)步和第(7.2)步)，最后向 NameNode 报告完成了一个数据块的写入(第(7.3)步)。

(8) 在 Client 完成所有数据的写入后，将调用 FSData OutputStream 的 close( )接口结束本次文件写入操作。

在数据写入过程中，如果某个 DataNode 出现故障导致写入失败，该节点将会从 DataNode 链中删除，并不影响其他 DataNode 写入操作的继续执行。若某个 DataNode 没有完成写入，则会分配另一个 DataNode 以完成此数据块的写入。若当前副本数达不到配置文件设定的数量，系统会通过数据库异步复制机制使副本数满足要求。

6.4.4 HDFS 文件的访问与控制

HDFS 文件的访问与控制一般通过 Shell 命令或 API 来实现，也可使用 Python 进行 HDFS 操作。

1. 通过 Shell 命令操作文件

利用 Shell 命令行可以完成 HDFS 文件的上传、下载、复制和查看等操作。HDFS 的 Shell 命令行格式为：

```
hadoop fs -cmd <args>
```

其中，cmd 是具体的指令内容，<args>是一系列可变的参数。

表 6-2 列出了常用的 HDFS 命令，其中，“[]”中的内容为可选的输入参数，“…”代表参数数量可变，file 代表文件名称，PATH 代表路径或文件名称，SRC 代表源路径，DST 代表目的路径，L-SRC 代表本地文件系统中的源路径，L-DST 代表本地文件系统中的目的路径。

表 6-2　HDFS 常用命令

命令	格式	说明	示例
ls	-ls PATH[PATH…]	列出文件和目录的详细信息	-ls /home/hadoop/
mkdir	-mkdir PATH[PATH…]	创建目录	-mkdir /home/hadoop/dfs
cat	-cat PATH[PATH…]	显示文件的内容	-cat /input/file1
cp	-cp SRC[SRC…] DST	复制文件或目录	-cp /input/file1 /input/file2
copyFromLocal	-copyFromLocal L-SRC[L-SRC…] DST	从本地复制文件到 HDFS 文件系统中	-copyFromLocal localfile1 /input/file1
copyToLocal	-copyToLocal SRC[SRC…] L-DST	从 HDFS 复制文件到本地	-copyToLocal /input/file1 localf1
get	-get SRC[SRC…] L-DST	从 HDFS 复制文件到本地	-get /input/file1 localf1
put	-put L-SRC [L-SRC …] DST	将文件或目录从本地复制到 HDFS	-put localfile1 /input/file1
rmr	-rmr PATH[PATH…]	删除文件或空目录	-rmr /input/file1

2. 通过 API 操作文件

通过 API，可以对文件进行一些复杂的操作。Hadoop 的主体是采用 Java 语言编写的，因此其提供了较为丰富的 Java API，具体参见 Hadoop 官网的介绍。对于非 Java 程序的访问，Hadoop 还提供了包括 Python、C、HTTP 在内的多种 API 支持。

3. 使用 Python 进行 HDFS 操作

在 Python 3 中，pyhdfs 可基本满足常用的 HDFS 操作。

1）引入 pyhdfs

引入 pyhdfs，需要填写 NameNode 的 IP 地址和端口号，常用代码如下：

```
from pyhdfs import HdfsClient
client=HdfsClient(hosts='localhost:port')      # 默认端口号是 50070
```

2）常用 HDFS 操作

（1）上传文件到 HDFS：client.copy_from_local(localsrc,dest)，第一个参数是本地文件路径，第二个参数是上传 HDFS 的路径，上传本地 localsrc 路径下的文件到 HDFS 上，等价于 hadoop fs -put localsrc dest。

（2）从 HDFS 复制文件到本地：client.copy_to_local(src,localdest)，第一个参数是 HDFS 的路径，第二个参数是本地文件路径，从 HDFS 复制文件 src 到本地 localdest 路径下，等价于 hadoop fs -get src localdest。

（3）创建文件：client. mkdirs(path，data)，在 HDFS 上的 PATH 目录下创建文件，并把 data 写入新创建的文件中。

（4）返回指定目录下的文件列表：client. listdir(path)，返回 HDFS 上的 PATH 目录下的文件列表，等价于 hadoop fs -ls path。

（5）删除文件：client. delete(path)，删除 PATH 路径下的文件，等价于 hadoop fs -rm -r path。

6.4.5　编程实践：HDFS 文件的上传、下载与读/写

目标问题：使用 Python 进行 HDFS 操作。

实例：使用 Python 实现 HDFS 文件的上传、下载和读/写。

实验环境：Hadoop 2.7.6 完全分布式集群（参照第 6.3 节）、Windows 客户端（已安装 Python 3.6）。

解决方案：引用 pyhdfs 包，通过 HdfsClient 链接 Hadoop 集群。设计 Python 程序进行 HDFS 文件的上传、下载和读/写操作。

编写代码 test_hdfs. py，内容如下：

```
from pyhdfs import HdfsClient
#Hadoop 用户拥有写权限
client=HdfsClient(hosts='192.168.0.88:50070',user_name='spark')
#新建 HDFS 文件目录 data
client.mkdirs('/data')
#把本地(运行 Python 程序的计算机)文件 test1.txt 上传到 HDFS 的 data 目录下
client.copy_from_local("D:/test1.txt","/data/test1.txt",overwrite=True)
#获取 data 目录列表
dir1=client.listdir("/data")
print(dir1)
#把 HDFS 上 data 目录下的 test1.txt 文件下载到本地 D 盘，改名为 test.txt
client.copy_to_local("/data/test1.txt","D:/test.txt")
str1='Hello world! '
#创建新文件 test2.txt，并写入字符串 str1
client.create('/data/test2.txt',str1)
#打开 HDFS 上 data 目录下的文件 test2.txt
res=client.open("/data/test2.txt")for r in res:
通过 str()转换为字符串
    line=str(r,encoding='utf8')
    print(line)
#删除 HDFS 上 data 目录下的 test2.txt 文件
client.delete("/data/test2.txt")
```

运行代码 python test_hdfs. py，结果如下：

```
['test1.txt']
Hello world!
```

6.5　MapReduce 编程模型

MapReduce 是一种并行编程模型，用于大规模数据集（1TB 以上）的并行运算。MapReduce 将复杂的并行计算过程高度抽象成两个阶段：Map 和 Reduce。编程人员即使在不了解分布式并行编程的情况下，也可以轻松将自己的程序运行在分布式系统上，并完成海量数据集的计算。

6.5.1　MapReduce 的基本原理

MapReduce 的设计实现了"计算跟着数据走"的理念。在大规模数据环境下，移动数据占用了大量的网络传输开销。根据这一理念，MapReduce 将 Map 程序就近地在 HDFS 数据所在的节点上运行，即将计算节点和存储节点放在一起运行，从而减少节点间数据传输的开销。

MapReduce 将数据的计算过程分为两个阶段：Map 和 Reduce。Map 阶段定义了 mapper 函数，Reduce 阶段定义了 reducer 函数。在 Map 阶段，原始数据通过 mapper 函数进行过滤和转换，获得的中间结果再在 Reduce 阶段作为 reducer 函数的输入，经过 reducer 函数的聚合处理得到最终的处理结果。MapReduce 处理过程如图 6-8 所示。

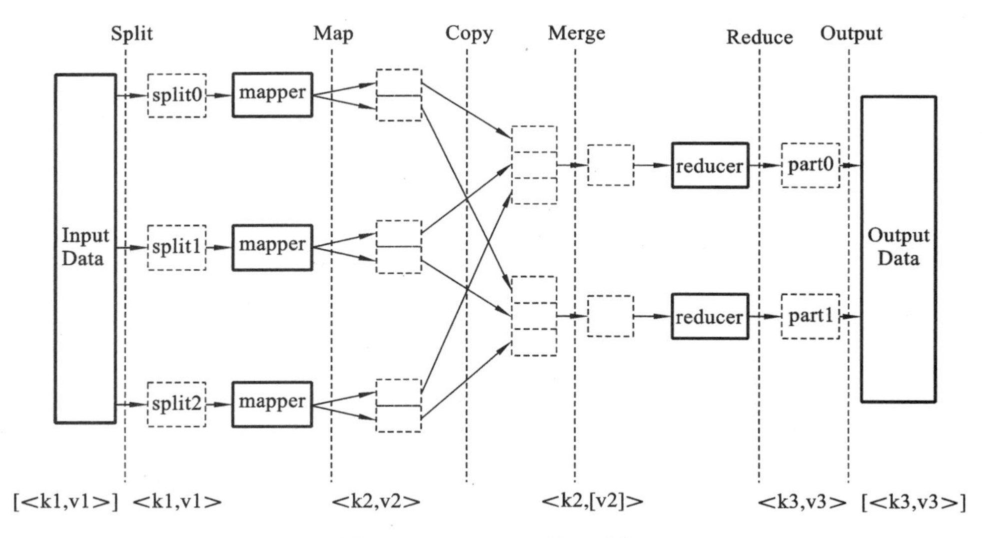

图 6-8　MapReduce 处理过程

MapReduce 中将键值对（Key-Value Pair）作为基础数据单元。MapReduce 基本处理过程包括三个步骤。

（1）MapReduce 将一个[＜k1，v1＞]列表作为参数传递给 MapReduce 处理模块，其将这个列表拆分为单独的＜k1，v1＞键值对，分发给对应的 mapper 函数进行处理。

（2）mapper 函数对＜k1，v1＞进行处理，生成＜k2，v2＞列表。

（3）所有 mapper 函数的处理结果合在一起构成了一个大的＜k2，v2＞列表，这个列表中关键字相同的键值对被合并为一个新的键值对＜k2,[v2]＞,即 k2 和一系列的 v2。reducer 函数按照函数定义的处理过程,对这些新的数据进行处理,以获得最终的处理结果,并以[＜k3,v3＞]列表的形式输出。

结合移动互联网用户对网站访问的话单列表(见表 6-3),计算每个手机用户使用的总流量,以此来说明 MapReduce 处理过程。

表 6-3　移动互联网用户对网站访问的话单列表

手机号	终端类型	漫游类型	网站	流量(KB)
1330376 ****	2	1	www. qq. com	3029
1573827 ****	3	3	www. sina. com. cn	4128
1330376 ****	2	2	weibo. com	15523
1330376 ****	2	2	weibo. com	33630
1330376 ****	2	1	www. sina. com. cn	3764
1573827 ****	3	3	weibo. com	34699
1330376 ****	2	1	www. sina. com. cn	2844
1573827 ****	3	3	www. baidu. com	4473
1330376 ****	2	1	www. qq. com	2956

求手机用户使用总流量的处理过程如图 6-9 所示。输入的数据经过划分后由 3 个 mapper 函数独立处理,分别提取文件里每行数据中的手机号和流量。经 mapper 函数处理后的中间数据在 MapReduce 运行环境中经过排序、分组和合并后,生成以手机号为关键字,以流量列表为值的键值对,然后把其作为 reducer 函数的输入,reducer 函数完成对列表中每个流量值的相加,运算后得到每个手机用户的最终总流量。

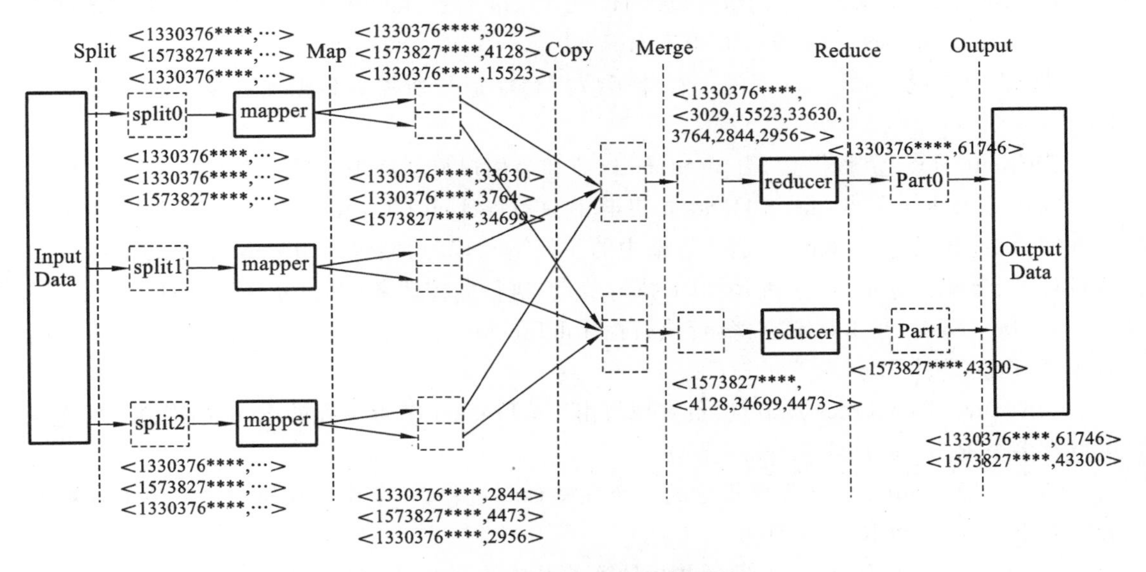

图 6-9　流量统计处理过程图

从这个例子可以发现,从输入数据到输出最终结果,包括分片(Split)、Map、复制(Copy,

也称 Shuffle)、合并(Merge)、Reduce、Output 等过程。

6.5.2　MapReduce 的工作机制

MapReduce 的工作机制包括计算任务的分发、调度、运行和容错等。为了深入了解 MapReduce 的工作机制,我们首先要熟悉 MapReduce 运行框架结构,如图 6-10 所示。

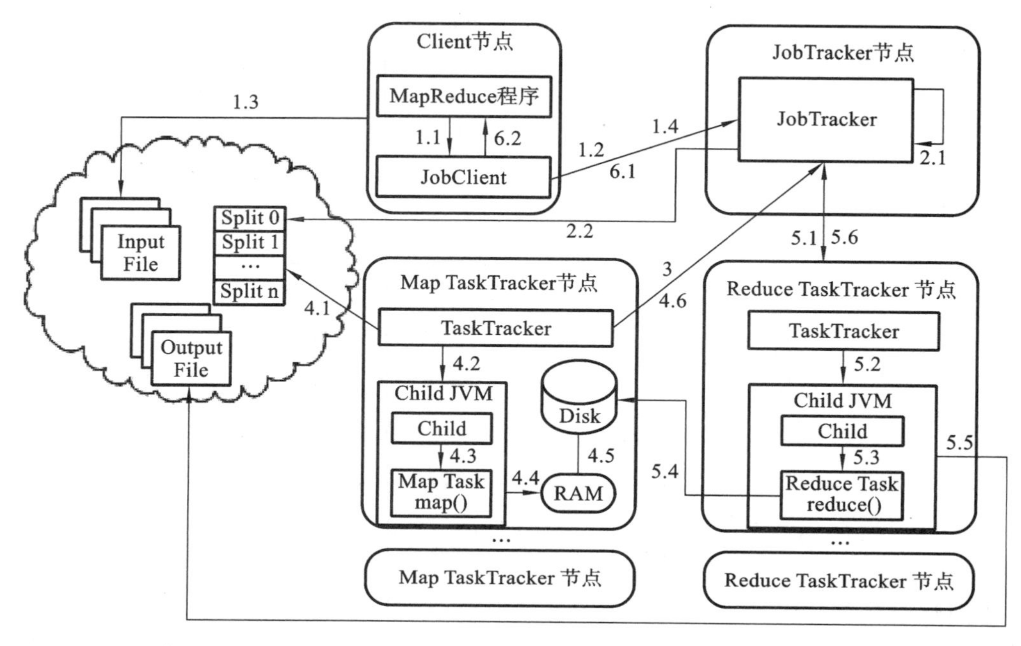

图 6-10　MapReduce 运行框架结构图

(1) MapReduce 运行框架的组件包括 HDFS、Client 节点、JobTracker 节点、Map TaskTracker 节点、Reduce TaskTracker 节点、Job 和 Task。

①HDFS:在分布式文件系统中存储了应用程序运行所需的数据文件及其相关配置文件。

②Client 节点:负责提交 MapReduce 作业和为用户显示处理结果。

③JobTracker 节点:每个 Hadoop 集群中只有一个 JobTracker,负责协调 MapReduce 作业的执行,其是 MapReduce 运行框架中的主控节点,其功能包括制定 MapReduce 作业的执行计划、分配任务给 Map 和 Reduce 执行节点、执行监控任务、重新分配失败的任务等。

④Map TaskTracker 节点:负责执行由 JobTracker 节点分配的 Map 任务,系统中可以有多个 Map TaskTracker 节点。

⑤Reduce TaskTracker 节点:负责执行由 JobTracker 节点分配的 Reduce 任务,系统中可以有多个 Reduce TaskTracker 节点。

⑥Job:指 MapReduce 程序指定的一个完整计算过程,一个作业在执行过程中可以被拆分为若干个 Map 和 Reduce 任务。

⑦Task:是 MapReduce 中进行并行计算的基本事务单元,分为 Map 任务和 Reduce 任务,一个作业通常包含多个任务。

(2) MapReduce 作业的运行流程包括作业提交、作业初始化、任务分配、Map 任务执行、

Reduce任务执行和作业完成6个阶段。

①作业提交。用户编写的MapReduce程序将创建新的JobClient实例(第1.1步)。该实例向JobTracker节点请求获得一个新的JobId,用于标识本次MapReduce作业(第1.2步)。然后JobClient检查本次作业指定的输入数据和输出目录是否正确。在检查无误后,JobClient将运行作业的相关资源,包括配置文件、输入数据分片的数量及包含Mapper和Reducer类的JAR文件,并存入HDFS中(第1.3步)。在完成以上工作后,JobClient向JobTracker节点发出作业提交请求(第1.4步)。

②作业初始化。JobTracker节点通过队列机制处理来自多个JobClient发出的多个作业请求。队列中的作业由作业调度器进行调度。JobTracker节点为作业进行初始化工作(第2.1步),即创建一个代表此作业的JobInProgress实例,用于后续作业的跟踪和调度。而后,JobTracker从分布式文件存储系统中取出JobClient存放的输入数据分片信息(第2.2步),以决定需要创建的Map任务量,并创建一批对应的TaskInProgress实例,用于监控和调度Map任务,而需要创建的Reduce任务量和对应的TaskInProgress实例由配置文件中的参数决定。

③任务分配。通过RPC,TaskTracker向JobTracker节点发送“心跳”,询问有没有任务可做(第3步)。若JobTracker作业队列不空,则会通过“心跳”得到JobTracker分派给它的任务。

④Map任务执行。Map TaskTracker节点在收到JobTracker节点分配的Map任务后,其首先创建一个TaskInProgress实例来调度和监控任务。然后将作业的JAR文件和作业的相关参数配置文件从分布式文件存储系统中取出,并复制到本地工作目录下(第4.1步)。此后,TaskTracker会新建一个TaskRunner实例来运行此Map任务(第4.2步)。TaskTracker将启动一个单独的JVM,并在其中启动Map Task以执行用户指定的map( )函数(第4.3步)。Map Task计算获得的数据被定期存储在缓存中(第4.4步),在缓存存满的情况下会存入本地磁盘中(第4.5步)。在任务执行时,TaskTracker定时与JobTracker通信,以报告任务进度(第4.6步),直到任务全部完成。

⑤Reduce任务执行。在部分Map任务执行完成后,JobTracker按任务分配机制分配Reduce任务到Reduce TaskTracker节点中(第5.1步)。与Map任务类似,Reduce Task会执行用户指定的reduce( )函数(第5.2、5.3步)。同时,Reduce Task会从对应的Map TaskTracker节点中远程下载中间结果(第5.4步)。只有当所有Map任务执行完成后,JobTracker才会通知所有Reduce TaskTracker节点开始Reduce任务的执行。同样,TaskTracker定时与JobTracker通信,以报告任务进度,直到任务完成(第5.6步)。

⑥作业完成。在Reduce阶段执行过程中,每个Reduce Task会将计算结果输出到分布式文件存储系统中的临时文件中(第5.5步)。当全部Reduce Task完成时,这些临时文件才会合并为一个最终输出结果文件。在JobTracker收到作业完成通知后,会将此作业的状态设置为“完成”。当此后的JobClient的第一个状态轮询请求到达时,将会获知此作业已完成(第6.1步)。于是,JobClient会通知用户程序整个作业已完成并显示相应的进度信息(第6.2步)。

6.5.3 编程实践

下面通过一个例子来演示 MapReduce 的应用过程。

目标问题：Windows 系统日志包含了大量记录，查看指定某一天的记录条数。

实例：统计日志文件中与不同日期有关的记录条数。

数据集：从 Windows 中导出系统日志（方法：右击“开始”，选择“事件查看器”，然后右击“Windows 系统”中的“系统”，选择“将所有事件另存为”，即可把系统日志保存为文本文件）。

实验环境：Windows 客户端（已安装 Python 3.6）。

解决方案：首先将系统日志大文件切分成多个小的分片文件，然后对每个分片文件进行 Map 处理，然后对得到的处理结果进行 Reduce 处理，最终得到所需的数据和结果。

切分大文件（FileSplit.py）如下：

```
import os
import os.path
def FileSplit(sourceFile,targetFolder):
    if not os.path.isfile(sourceFile):      # 检测源文件是否存在
        print(sourceFile,'does not exist.')
        return
    if not os.path.isdir(targetFolder):     # 若目标文件夹不存在，则创建一个文件夹
        os.mkdir(targetFolder)
tmpData=[]                                  # 存放临时数据
lineNumber=800                              # 切分后的每个分片文件包含 800 行
fileNum=1                                   # 切分后的文件编号
with open(sourceFile,'r',encoding='UTF-8')as srcFile:
        dataLine=srcFile.readline().strip()
        while dataLine:
            for i in range(lineNumber):     # 读取 800 行文本
                tmpData.append (dataLine)
                dataLine=srcFile.readline()
                if not dataLine:
                    break
            destFile=os.path.join(targetFolder,sourceFile[0:-4]+str(fileNum)
+'.txt')
            with open(destFile,'a+',encoding='UTF-8')as f:  # 创建一个分片文件
                f.writelines(tmpData)
            tmpData=[]
            fileNum=fileNum+1               # 分片文件编号加 1
if __name__=='__main__':
    sourceFile='syslog.txt'                 # 指定系统日志文件
    targetFolder='syslog'                   # 指定存放分片文件的文件夹
    FileSplit(sourceFile,targetFolder)
```

Mapper 代码（Map.py）如下：

```
import os
import re
import threading
def Map(sourceFile):
    if not os.path.exists(sourceFile):
        print(sourceFile,'does not exist.')
        return
    pattern=re.compile(r'[0-9]{4}/[0-9]{1,2}/[0-9]{1,2}')
    result={}
    with open(sourceFile,'r',encoding='UTF-8')as srcFile:
        for dataLine in srcFile:
            s=pattern.findall(dataLine)                # 查找符合日期格式的字符串
            if s:
                result[s[0]]=result.get(s[0],0)+1
    destFile=sourceFile[0:-4]+'-map.txt'
    with open(destFile,'a+',encoding='UTF-8')as fp: # 保存中间结果
        for k,v in result.items():
            fp.write(k+':'+str(v)+'\n')
if __name__=='__main__':
    destFolder='syslog'
    files=os.listdir(destFolder)
    def Main(i):
        Map(destFolder+'\\'+files[i])
    fileNumber=len(files)
    for i in range(fileNumber):
        t=threading.Thread(target=Main,args=(i,))
        t.start()
```

Reducer 代码(Reduce.py)如下：

```
from os.path import isdir
from os import listdir
def Reduce(sourceFolder,targetFile):
    if not isdir(sourceFolder):
        print(sourceFolder,'does not exist.')
        return
    result={}
    allFiles=[sourceFolder+'\\'+f for f in listdir(sourceFolder)if f.endswith
('-map.txt')]
    for f in allFiles:                              # 处理 Map.py 产生的中间结果
        with open(f,'r',encoding='UTF-8')as fp:
            for line in fp:
                line=line.strip()
                if not line:
```

```
                continue
            key,value=line.split(':')
            result[key]=result.get(key,0)+int(value)
    with open(targetFile,'w',encoding='UTF-8')as fp:    # 创建结果文件
        for k,v in result.items():
            fp.write(k+':'+str(v)+'\n')
if __name__=='__main__':
    Reduce('syslog','syslog\\result.txt')
```

首先,运行 FileSplit.py 程序,将大文件切分,将生成的若干个分片文件存放在 syslog 文件夹中;然后,运行 Map.py 程序,将得到的中间结果存放于 syslog 文件夹中;最后,运行 Reduce.py 程序,将结果存放在 result.txt 文件中,得到的最终结果如下:

```
2018/8/8:234
2018/8/7:182
2018/8/6:292
2018/8/4:86
2018/8/3:232
2018/8/2:334
2018/8/1:268
2018/7/31:211
...
```

6.6　资源管理调度框架

Hadoop 的 MapReduce 计算模型以简单易用、性价比高和可扩展性好的特点征服了大量需要进行大数据处理的用户。但与此同时,用户提出了更多的批处理数据需求和在更多场合使用 MapReduce 的要求,这使得 MapReduce 计算框架难以高效完成各方面的需求,由此,满足更高要求的资源管理调度框架(YARN)应运而生。

6.6.1　YARN 设计思路

MapReduce 1.0 存在以下弊端。

(1) 存在单点故障节点。JobTracker 作为 MapReduce 计算框架中的主控节点,其功能重要性导致 JobTracker 很容易成为系统的单点故障节点。

(2) JobTracker 任务过重。JobTracker 既要进行作业的调度,又要负责资源管理和分配。导致其执行过多的任务,这消耗了大量的资源。

(3) 容易出现内存不足的情况。在 TaskTracker 节点中,只能以 Map 或 Reduce 任务数为依据进行任务调度,而没有考虑任务所需消耗的 CPU 或内存资源,当两个具有较大内存消耗的任务被分配到同一个 TaskTracker 上时,很容易出现内存不足的情况。

(4) 资源划分不合理。CPU 和内存资源被强制等量划分为多个槽(Slot),节点只能以可以容纳多少 Map 任务槽和 Reduce 任务槽进行描述。当计算任务只剩下单一的 Map 任务

或 Reduce 任务时，集群资源很容易因为调度机制的缺陷而出现浪费。

为了解决 MapReduce 1.0 存在的弊端，Hadoop 2.0 以后的版本对其核心子项目 MapReduce 的体系结构进行了重新设计，生成了 MapReduce 2.0 和 YARN。YARN 架构的改造基于任务和资源管理分离思路，如图 6-11 所示。原 JobTracker 具有资源管理、任务调度和监控功能，在 YARN 中，设计 Resource Manager 负责资源管理，设计 Application Master 负责任务调度和监控。原 TaskTracker 的任务由 Node Manager 负责执行。这种分离的设计，大大减少了 JobTracker 的负担，提升了系统的效率。

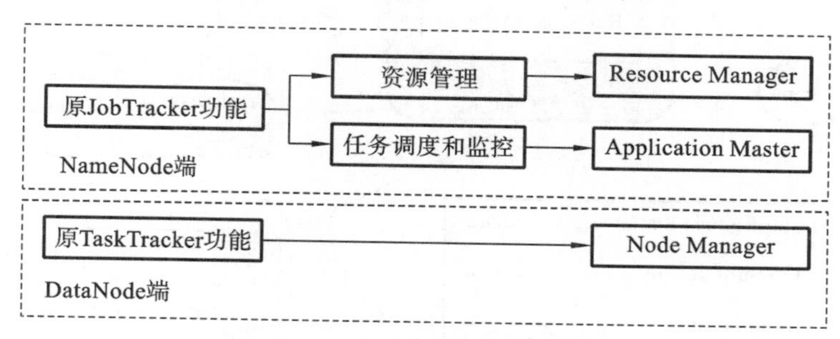

图 6-11 YARN 架构改造思路

MapReduce 1.0 既是一个计算框架，又是一个资源管理调度框架。到了 Hadoop 2.0 以后，MapReduce 1.0 中的资源管理调度功能被单独分离出来形成了 YARN。YARN 成为一个独立的资源管理调度框架，而不是一个计算框架。此后，被剥离了资源管理调度功能的 MapReduce 框架就变成了 MapReduce 2.0，它是运行在 YARN 之上的一个纯粹的计算框架，不再负责资源管理调度服务，而是由 YARN 为其提供资源管理调度服务。

6.6.2 YARN 体系结构

YARN 体系结构如图 6-12 所示，其核心组件是 Resource Manager、Application Master 和 Node Manager。其中，Resource Manager 具有处理客户端请求、启动或监控 Application Master、监控 Node Manager、进行资源分配与调度功能。而 Application Master 可为应用程序申请资源，并分配内部任务，具有任务调度、监控和容错功能。Node Manager 除了需要处理来自 Resource Manager 和 Application Master 的命令，还具有单个节点上的资源管理功能。

(1) Resource Manager 是一个全局的资源管理器，负责整个系统的资源管理和分配，其主要包括两个组件，即调度器(Scheduler)和应用程序管理器(Applications Manager)。Resource Manager 接收用户提交的作业，按照作业的上下文信息及从 Node Manager 收集来的容器状态信息，启动调度过程，为用户作业启动一个 Application Master。

调度器接收来自 Application Master 的应用程序资源请求，把集群中的资源以容器(Container)的形式分配给提出申请的应用程序，容器的选择通常会考虑应用程序所要处理数据的位置，通常为“就近选择”，从而实现“计算跟着数据走”。容器作为动态资源分配单位，封装了一定数量的 CPU、内存、磁盘等资源，从而限定每个应用程序可以使用的资源量。调度器被设计成一个可插拔的组件，YARN 不仅自身提供了许多种直接可用的调度器，也允许用户根据自己的需求重新设计调度器。

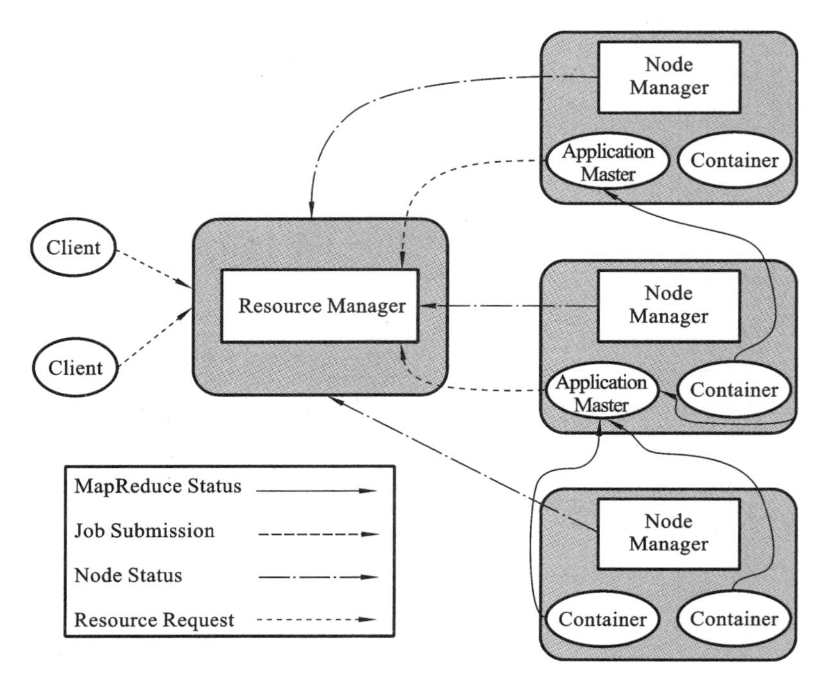

图 6-12　YARN 体系结构

应用程序管理器负责系统中所有应用程序的管理工作，主要包括应用程序提交、与调度器协商资源以启动 Application Master、监控 Application Master 的运行状态并在失败时重新启动等。

(2) Application Master 的主要功能包括：①当用户作业提交时，Application Master 与 Resource Manager 协商获取资源，Resource Manager 会以容器的形式为 Application Master 分配资源；②把获得的资源进一步分配给内部的各个任务（Map 任务或 Reduce 任务），实现资源的“二次分配”；③与 Node Manager 保持交互通信，以进行应用程序的启动、运行、监控和停止，监控申请到的资源的使用情况，对所有任务的执行进度和状态进行监控，并在任务失败时执行失败恢复（重新申请资源重启任务）；④定时向 Resource Manager 发送心跳消息，报告资源的使用情况和应用的进度信息；⑤当作业完成时，Application Master 向 Resource Manager 注销容器，执行周期完成。

(3) Node Manager 是驻留在一个 YARN 集群中的每个节点上的代理，主要负责容器生命周期管理，监控每个容器的资源（CPU、内存等）使用情况，跟踪节点健康状况，并以心跳的方式与 Resource Manager 保持通信，向 Resource Manager 汇报作业的资源使用情况和每个容器的运行状态，同时，接收来自 Application Master 的启动/停止容器的各种请求。需要说明的是，Node Manager 只负责管理单个节点上抽象的容器，而不具体负责每个 Map/Reduce 任务状态的管理。

6.6.3　YARN 工作流程

在 YARN 中，当执行一个 MapReduce 程序时，从作业提交到完成需要以下几个步骤，其工作流程如图 6-13 所示。

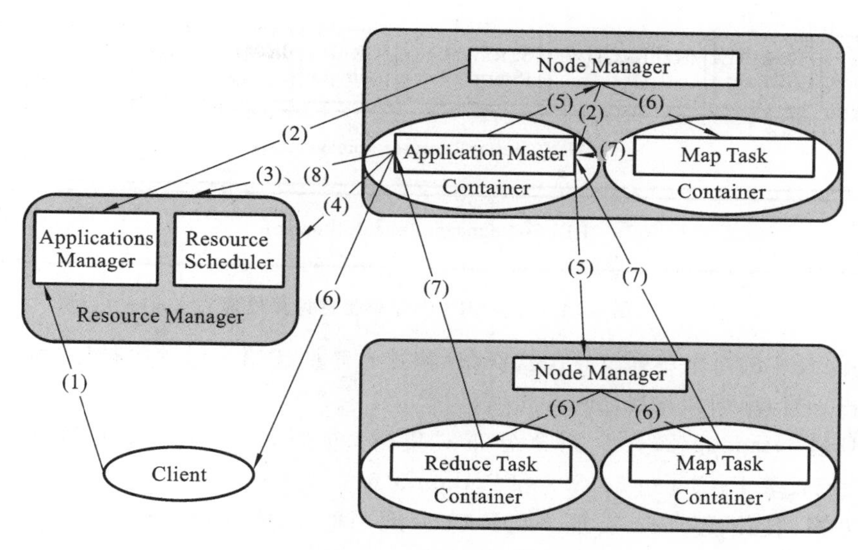

图 6-13　YARN 工作流程图

(1) Client 向 YARN 提交应用程序，提交的内容包括 Application Master 程序、启动 Application Master 的命令、用户程序等。

(2) YARN 中的 Resource Manager 负责接收和处理来自 Client 的请求，为应用程序分配一个容器，在该容器中启动一个 Application Master。

(3) Application Master 被创建后会首先向 Resource Manager 注册。

(4) Application Master 采用轮询的方式向 Resource Manager 申请资源。

(5) Resource Manager 以容器的形式向提出申请的 Application Master 分配资源。

(6) 当 Application Master 要求在容器中启动任务时，首先会为任务设置好运行环境，然后将任务启动命令写到一个脚本中，最后通过在容器中运行该脚本来启动任务。

(7) 各个任务向 Application Master 汇报自己的状态和进度。

(8) 应用程序运行完成后，Application Master 向 Resource Manager 的应用程序管理器注销并关闭自身。

YARN 的这种工作机制，能够使 YARN 实现"一个集群多个框架"，即在一个集群上部署一个统一的 YARN。在 YARN 之上还可以部署其他各种计算框架，比如 MapReduce、HBase、Tez、Storm、Giraph、Spark、OpenMPI 等。YARN 可为这些计算框架提供统一的资源管理调度服务，并且能够根据各种计算框架的负载需求，调整各自占用的资源，实现集群资源共享和资源弹性收缩。不同计算框架可以共享底层存储，这避免了数据集跨集群移动。在 YARN 上部署各种计算框架示意图如图 6-14 所示。

6.6.4　编程实践

下面介绍在 YARN 上运行 WordCount 程序。

目标问题：统计输入文件的单词的词频。

实例：使用 Python 实现 WordCount 程序。

输入：一个包含大量单词的文本文件。

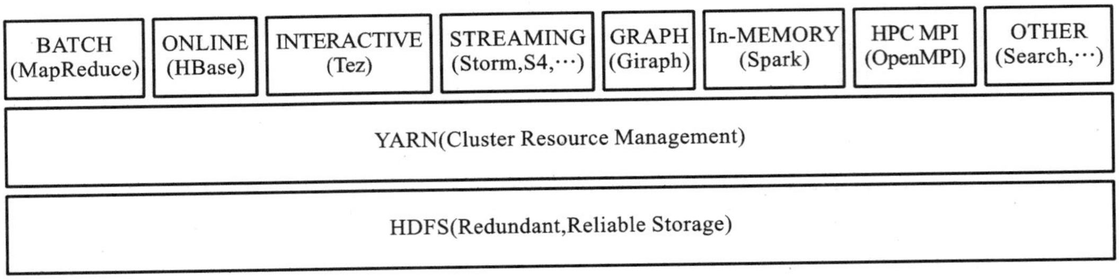

BATCH (MapReduce)	ONLINE (HBase)	INTERACTIVE (Tez)	STREAMING (Storm,S4,…)	GRAPH (Giraph)	In-MEMORY (Spark)	HPC MPI (OpenMPI)	OTHER (Search,…)
YARN(Cluster Resource Management)							
HDFS(Redundant,Reliable Storage)							

图 6-14　在 YARN 上部署各种计算框架

输出：文件中的每个单词及其出现次数（频数），单词按照字母顺序排序，每个单词和其对应频数占一行，单词和频数之间有间隔。

实验环境：Hadoop 2.7.6 完全分布式集群（参照第 6.3 节）、在 NameNode 节点（cent88）上已安装 PyCharm 2018.2 和 Python 3.6。

解决方案：使用 Python 实现 MapReduce 调用的是 Hadoop Stream，利用 Python 的 sys.stdin 读取输入数据，并把计算结果保存于 sys.stdout 中。编写 mapper.py 和 reducer.py 并存放于/home/spark/pyCharmFile 目录下，编写 run.sh 并存放于/home/spark/Hadoop-2.7.6 目录下。

编写代码 mapper.py，内容如下：

```
# !/usr/bin/env Python3.6
import sys
# 输入为标准输入 stdin
for line in sys.stdin:
    # 删除开头和结尾的空格
    line = line.strip()
    # 以默认空格分隔行单词到 words 列表
    words = line.split()
    for word in words:
        # 输出所有单词，格式为“单词，1”以便作为 reduce 的输入
        print('%s\t%s' % (word,1))
```

编写代码 reducer.py，内容如下：

```
# !/usr/bin/env Python3.6
import sys
current_word = None
current_count = 0
word = None
# 获取标准输入，即 mapper.py 的输出
for line in sys.stdin:
    line = line.strip()
    # 解析 mapper.py 的输出，以 tab 为分隔符
    word,count = line.split('\t',1)
    # 将 count 由字符型转换成整型
```

```
        try:
            count = int(count)
        except ValueError:
            # 当此行为非字符时,忽略此行
            continue
    # 对 mapper.py 的输出做排序(sort)操作,以便对连续的 word 做判断
        if current_word == word:
            current_count += count
        else:
            if current_word:
                # 输出当前 word 统计结果到标准输出
                print('%s\t%s' % (current_word,current_count))
            current_count = count
            current_word = word
    # 输出最后一个 word 统计
    if current_word == word:
        print('%s\t%s' % (current_word,current_count))
```

进行单元测试,代码如下:

```
echo Hadoop Yarn Spark | python mapper.py
echo Hadoop Hadoop Hadoop Yarn Yarn Spark | python mapper.py | python reducer.py
```

在 HDFS 中新建文件夹,并将 Hadoop 目录中的 LICENSE.txt 文件上传到 HDFS 中,代码如下:

```
bin/hdfs dfs-mkdir /test/
bin/hdfs dfs-mkdir /test/in
bin/hdfs dfs-copyFromLocal LICENSE.txt /test/in
```

编写脚本 run.sh,代码如下:

```
#!/bin/bash
# mapper 函数和 reducer 函数文件地址
export CURRENT=/home/spark/pyCharmFile
# 先删除输出目录,本例的$HADOOP_HOME 为/home/spark/Hadoop-2.7.6
$HADOOP_HOME/bin/hdfs dfs -rm -r /test/out
$HADOOP_HOME/bin/Hadoop jar $HADOOP_HOME/share/hadoop/tools/lib/hadoop-
streaming-2.7.6.jar \
-input "/test/in/* " \
-output "/test/out" \
-mapper "python mapper.py" \
-reducer "python reducer.py" \
-file "$CURRENT/mapper.py" \
-file "$CURRENT/reducer.py"
```

执行代码如下:

```
sh run.sh
```

查看结果:

```
bin/hadoop dfs -cat /test/out/p*
""AS  2
"AS  21
"COPYRIGHTS  1
"Collective  1
"Contribution"  2
"Contributor"  2
"Derivative  2
"French  1
"LICENSE").  1
"Legal  1
"License"  1
"License");  2
"Licensed  1
"Licensor"  2
"Losses")  1
...
```

6.7 Spark

Spark 出自美国加州大学伯克利分校的 AMP 实验室，其是一个应用于大规模数据处理的快速、通用引擎，目前是 Apache 顶级开源项目。Spark 提供了内存计算，减少了迭代计算时 I/O 的开销，成功解决了 Hadoop MapReduce 中的问题，成为当前大数据领域最热门的大数据计算平台。

6.7.1 Spark 简介

Spark 是基于内存计算的大数据并行计算框架，可用于构建大型的、低延迟的数据分析应用程序。2013 年 Spark 加入 Apache 孵化器项目后发展迅猛，如今已成为 Apache 软件基金会最重要的三大分布式计算系统开源项目(Hadoop、Spark、Storm)之一。

Spark 是大数据处理平台的后起之秀，于 2014 年打破了 Hadoop 保持的基准排序纪录，仅使用 206 个节点在 23 min 内就完成了 100TB 数据进行排序，而对同样多的数据的排序，Hadoop 使用了 2000 个节点，还花费了 72 min。也就是说，Spark 用近 1/10 的计算资源，获得了 Hadoop 3 倍的速度。

Spark 具有如下几个主要特点。

(1) 运行速度快：使用 DAG 执行引擎以支持循环数据流与内存计算。

(2) 容易使用：支持使用 Scala、Java、Python 和 R 语言进行编程，可以通过 Spark Shell 进行交互式编程。

(3) 通用性强：Spark 提供了完整而强大的技术栈，包括 SQL 查询、流式计算、机器学习和图算法组件。

(4) 运行模式多样：可运行于独立的集群模式中，可运行于 Hadoop 中，也可运行于 Amazon EC2 等云环境中，并且可以访问 HDFS、Cassandra、HBase、Hive 等数据源。

6.7.2　Spark 生态系统

在实际应用中，大数据处理主要包括时间跨度较长（数十分钟到数小时）的复杂批量数据处理、时间跨度较短（数十秒到数分钟）的基于历史数据的交互式查询和基于实时（数百毫秒到数秒）数据流的数据处理三种类型。每种类型的数据处理都由相应的开源软件来完成。比如，可以用 Hadoop MapReduce 来完成批量数据处理，可以用 Impala 来进行交互式查询，可以用 Storm 完成流数据处理。当同时存在以上三种场景时，就需要同时部署三种不同的软件：MapReduce、Impala 和 Storm。因此会带来系统资源难以统一管理、数据无法无缝共享和系统维护成本高昂等问题。

Spark 的设计遵循“一个软件栈满足不同应用场景”的理念，逐渐形成了一套完整的生态系统，既能够提供内存计算框架，也可以支持 SQL 查询、实时流式计算、机器学习和图计算等。Spark 可以部署在 YARN 上，提供一站式的大数据解决方案。因此，Spark 所提供的生态系统足以应对上述三种场景，即同时支持批量数据处理、交互式查询和流数据处理。

目前，Spark 生态系统已经成为伯克利数据分析软件栈（Berkeley Data Analytics Stack，BDAS）的重要组成部分，BDAS 的架构如图 6-15 所示。

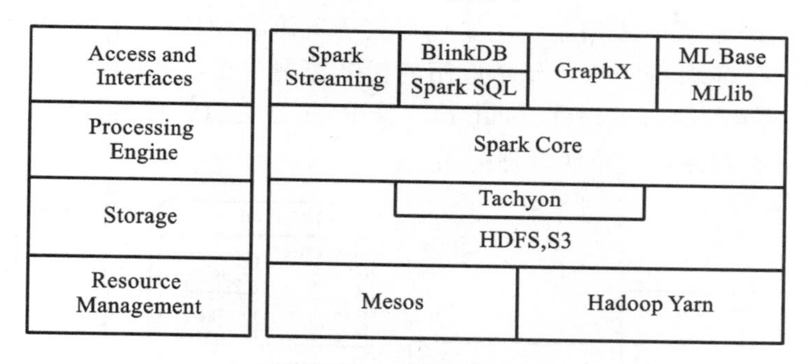

图 6-15　BDAS 的架构

Spark 生态系统可以很好地实现与 Hadoop 生态系统的兼容，使得 Hadoop 应用程序可以非常方便地迁移到 Spark 系统中。Spark 生态系统主要包含 Spark Core、Spark SQL、Spark Streaming、MLLib 和 GraphX 等组件。

(1) Spark Core 包括 Spark 的基本功能，如内存计算、任务调度、故障恢复、存储管理等，主要面向批量数据处理。Spark 建立在统一的抽象弹性分布式数据集（Resillient Distributed Dataset，RDD）上，使其可以按基本一致的方式应用在不同的大数据处理场景中。

(2) Spark SQL 允许开发人员直接处理 RDD，同时也可以查询 Hive、HBase 等外部数据源。Spark SQL 能够统一处理关系表和 RDD，使得开发人员不需要编写 Spark 应用程序，就可以轻松地使用 SQL 命令进行查询和数据分析。

(3) Spark Streaming 支持高吞吐量、可容错处理的实时流数据处理，其核心思路是将流数据分解成一系列短小的批处理作业，每个短小的批处理作业都可以使用 Spark Core 进行快速处理。Spark Streaming 支持多种数据输入源，如 Kafka、Flume 和 TCP 套接字等。

(4) MLLib 提供了常用机器学习算法的实现，包括聚类、分类、回归、协同过滤等，开发人员只需具备一定的理论知识就能进行机器学习的工作。

(5) GraphX 是 Spark 中用于图计算的 API，可理解为是 Pregel 在 Spark 上的重写及优化，GraphX 性能良好，拥有丰富的功能和运算符，能在海量数据上自如地运行复杂的图算法。

6.7.3　Spark 运行架构

1. Spark 基本概念

(1) RDD：分布式内存的一个抽象概念，提供了一种高度受限的共享内存模型。

(2) DAG：Directed Acyclic Graph(有向无环图)的简称，反映 RDD 之间的依赖关系。

(3) Executor：运行在工作节点(WorkerNode)的一个进程，负责运行 Task。

(4) Application：用户编写的 Spark 应用程序。

(5) Task：运行在 Executor 上的工作单元。

(6) Job：一个 Job 包含多个 RDD 及作用于相应 RDD 上的各种操作。

(7) Stage：Job 的基本调度单位，一个 Job 会分为多组 Task，每组 Task 被称为 Stage，或者也被称为 TaskSet，代表了由一组关联的、相互之间没有 Shuffle 关系的任务组成的任务集。

2. Spark 架构设计

Spark 运行架构如图 6-16 所示。主要包括集群资源管理器(Cluster Manager)、运行作业任务的工作节点(WorkerNode)、每个应用的任务控制节点(Driver Program)和每个工作节点上负责具体任务的执行进程(Executor)。其中，集群资源管理器可以是自带的，也可以直接使用 YARN 或 Mesos 等资源管理框架。

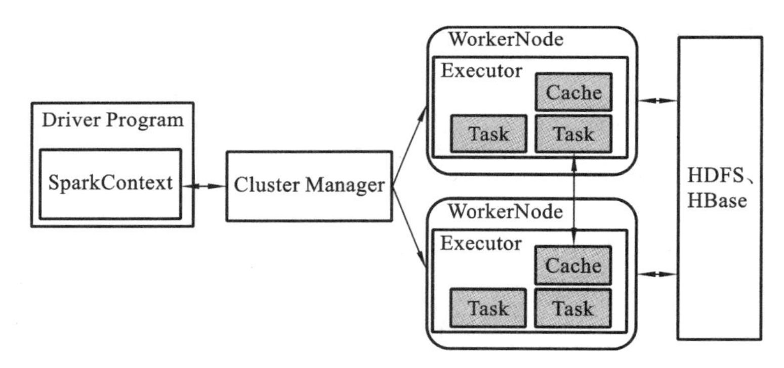

图 6-16　Spark 运行架构

Spark 中各种概念之间的相互关系如图 6-17 所示。

在 Spark 中，一个 Application 由一个 Driver Program 和若干个 Job 构成，一个 Job 由多个 Stage 构成，一个 Stage 由多个没有 Shuffle 关系的 Task 组成。当执行一个 Application 时，Driver Program 会向集群管理器申请资源，启动 Executor，并向 Executor 发送应用程序代码和文件，然后在 Executor 上执行 Task，运行结束后，执行结果会返回给 Driver Program，同时把最终结果写到 HDFS 或者其他数据库中。

3. Spark 运行基本流程

Spark 运行基本流程如图 6-18 所示，包括如下 4 个步骤。

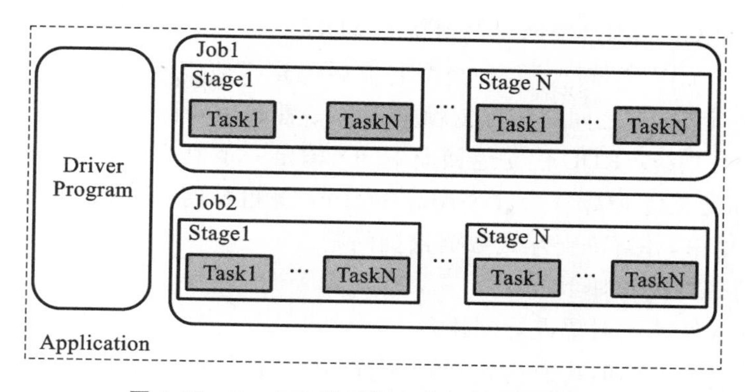

图 6-17 Spark 中各种概念之间的相互关系图

(1) 首先为应用构建基本的运行环境,即由 Driver Program 创建一个 SparkContext,进行资源的申请、任务的分配和监控。

(2) 资源管理器为 Executor 分配资源,并启动 Executor 进程。

(3) SparkContext 根据 RDD 的依赖关系构建 DAG 图,将 DAG 图提交给 DAG Scheduler 并解析成 Stage,然后把一个个 Taskset 提交给底层调度器 Task Scheduler 处理;Executor 向 SparkContext 申请 Task,Task Scheduler 将 Task 发放给 Executor 运行,并提供应用程序代码。

(4) Task 在 Executor 上运行,把执行结果反馈给 Task Scheduler,然后反馈给 DAG Scheduler,运行完毕后写入数据并释放所有资源。

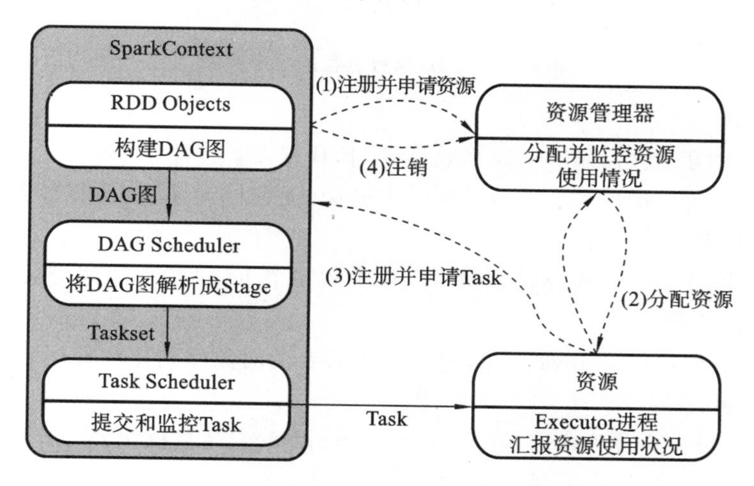

图 6-18 Spark 运行基本流程图

4. RDD 的设计与运行原理

1) RDD 概念

一个 RDD 就是一个分布式对象集合,其在本质上是一个只读的分区记录集合,每个 RDD 可分成多个分区,每个分区就是一个数据集片段,并且一个 RDD 的不同分区可以被保存到集群中不同的节点上,从而可以在集群中的不同节点上进行并行计算。RDD 提供了一种高度受限的共享内存模型,即 RDD 是只读的记录分区的集合,不能直接修改,因此,只能基于稳定的物理存储中的数据集来创建 RDD,或者通过在其他 RDD 上执行确定的转换操作(如 Map、Join 和 GroupBy)来创建得到新的 RDD。

RDD 提供了"动作"和"转换"两种类型的数据运算,"动作"用于执行计算并指定输出的形式,而"转换"指定 RDD 之间的相互依赖关系。二者的主要区别在于"转换"接受 RDD 并返回 RDD,而"动作"接受 RDD 但是返回非 RDD(输出一个值或结果)。RDD 提供的转换接口都非常简单,都是类似 Map、Filter、GroupBy、Join 等粗粒度的数据转换操作,可以很好地用于并行计算应用中,并解决交互式数据挖掘问题。

RDD 典型的执行过程如下:

(1) RDD 读入外部数据源进行创建;

(2) RDD 经过一系列的转换操作,每一次都会产生不同的 RDD,供下一个转换操作使用;

(3) 最后一个 RDD 经过"动作"操作进行转换,并输出到外部数据源。

RDD 执行过程的一个实例如图 6-19 所示。

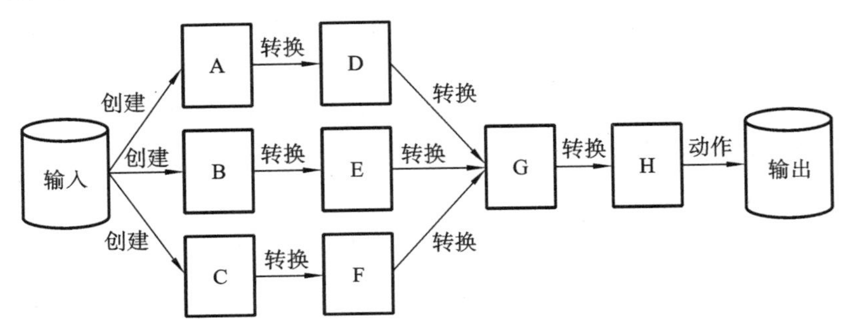

图 6-19　RDD 执行过程的一个实例

2) RDD 特性

Spark 采用 RDD 以后,能够实现高效计算,其具有以下特性。

(1) 具备高效的容错技术。重新计算丢失分区、无需回滚系统、重算过程在不同节点之间并行、只记录粗粒度的操作。

(2) 中间结果持久化到内存。数据在内存中的多个 RDD 操作之间进行传递,避免了不必要的读/写磁盘开销。

(3) 存放的数据可以是 Java 对象,避免了不必要的对象序列化和反序列化。

3) RDD 依赖关系

RDD 中的依赖关系分为窄依赖(Narrow Dependency)与宽依赖(Wide Dependency),两种依赖之间的区别如图 6-20 所示。

窄依赖表现为一个父 RDD 分区对应一个子 RDD 分区或多个父 RDD 分区对应一个子 RDD 分区。在图 6-20(a)中,RDD1 是 RDD2 的父 RDD,RDD1 中的分区 1 对应 RDD2 中的分区 4;RDD6 和 RDD7 都是 RDD8 的父 RDD,RDD6 中的分区 13 和 RDD7 中的分区 15 都对应 RDD8 中的分区 17。

宽依赖则表现为存在一个父 RDD 的一个分区对应一个子 RDD 的多个分区。在图 6-20(b)中,RDD9 是 RDD12 的父 RDD,RDD9 中的分区 19 对应 RDD12 中的两个分区(分区 21 和分区 22)。

总之,如果父 RDD 的一个分区只被一个子 RDD 的一个分区所使用就是窄依赖,否则就

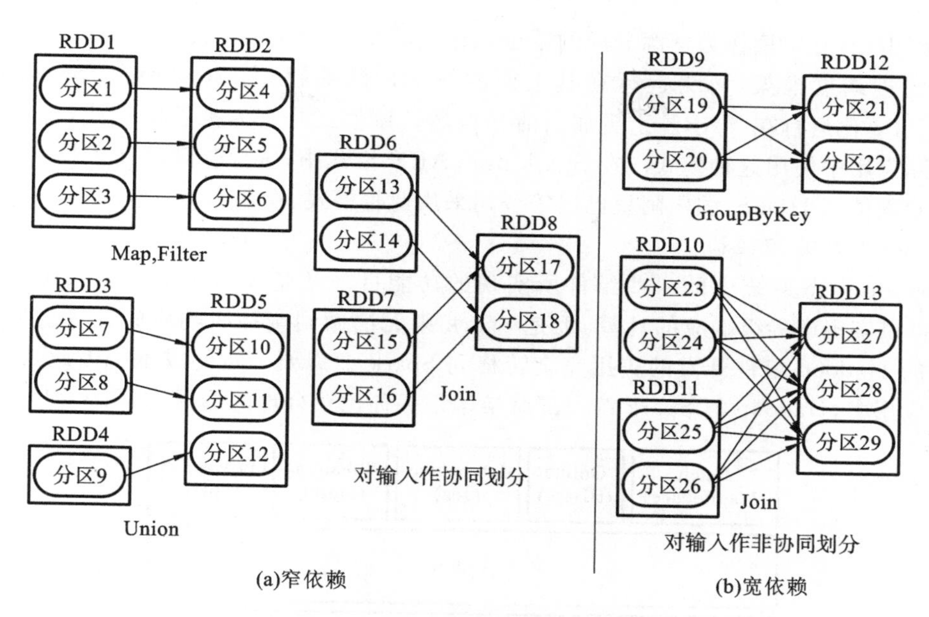

图 6-20　窄依赖与宽依赖的区别

是宽依赖。窄依赖典型的操作有 Map、Filter、Union 等，宽依赖典型的操作有 GroupByKey、SortByKey 等。Join 操作可以细分为两种情况。一种是多个父 RDD 的某一分区的所有 Key 落在子 RDD 的同一个分区内，即对输入作协同划分，属于窄依赖，如图 6-20(a)中的 Join 操作。另一种是同一个父 RDD 的某一分区落在子 RDD 的两个分区，即对输入作非协同划分，属于宽依赖，如图 6-20(b)中的 Join 操作。

4) RDD 运行过程

结合之前介绍的 Spark 运行基本流程，梳理一下 RDD 在 Spark 架构中的运行过程，如图 6-21 所示。首先创建 RDD Objects；而后 SparkContext 负责计算 RDD 之间的依赖关系并构建 DAG；最后 DAG Scheduler 负责把 DAG 图解析成多个 Stage，每个 Stage 中包含了多个 Task，每个 Task 会被 Task Scheduler 分发给各个 WorkerNode 上的 Executor 去执行。

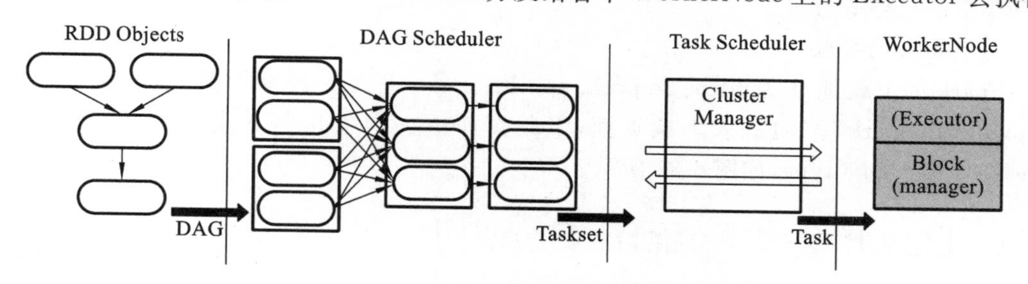

图 6-21　RDD 在 Spark 中的运行过程

6.7.4　Spark 的部署和应用架构

1. Spark 的部署

Spark 支持三种不同类型的部署方式，包括 Standalone、Spark on Mesos 和 Spark on YARN。在 Standalone 模式中，Spark 本身自带完整的资源管理调度服务，可以独立部署到一个集群中，并且以槽作为资源分配的单位。在 Spark on Mesos 模式中，Mesos 本身就是一种资源管理调度框架，可为运行在其上面的 Spark 提供服务。相对而言，Spark 运行在 Mesos 上，要比运行在 YARN 上更加灵活和自然。该模式是官方推荐的模式，也有许多公司在实际应用中使用这种模式。在 Spark on YARN 模式中，资源管理调度依赖 YARN，分布式存储则依赖 HDFS，国内阿里巴巴等公司采用此种模式。

2. Spark 的应用架构

Hadoop 生态系统中的一些组件所实现的功能目前还是无法由 Spark 取代的，比如，Storm 可以实现毫秒级响应的计算，但是 Spark 则无法做到毫秒级响应的计算。加之将基于现有的 Hadoop 组件开发的应用完全转移到 Spark 上需要一定的成本。因此，在许多企业实际应用中，Hadoop 与 Spark 统一部署架构是一种比较合理的选择，如图 6-22 所示。

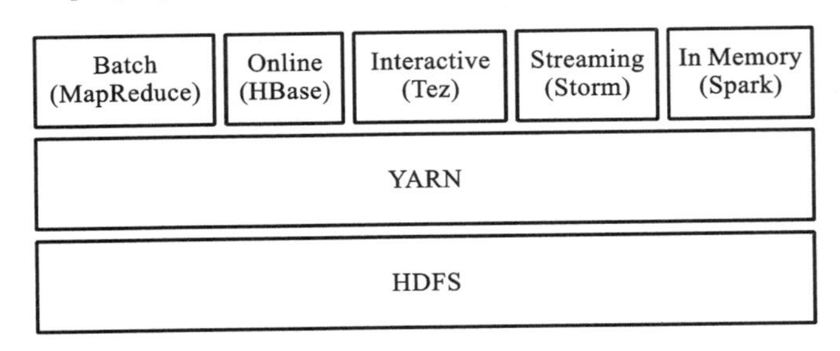

图 6-22 Hadoop 与 Spark 统一部署架构

把不同的计算框架统一运行在 YARN 中，可以带来如下好处：使计算资源按需伸缩；负载应用不用混搭，集群利用率高；共享底层存储，避免数据跨集群迁移。

6.7.5 Spark 集群的安装与配置

安装 Spark 之前需要安装 Java 和 Hadoop 环境（参见第 6.3 节）。本节在第 6.3 节的基础上，继续安装 Spark 集群。整体思路为首先在一台虚拟机上做修改，完成后再远程复制到另外两台虚拟机上。整个过程主要包括 Spark 的安装与配置、Scala 的安装与配置、远程复制和集群的启停等过程。

1. Spark 的安装

Spark 的下载地址为 http://spark.apache.org。进入下载页面后，点击主页右侧的“Download Spark”按钮进入下载页面，下载页面中提供了几个下载选项，主要有 Spark release 及 package type，如图 6-23 所示。

Download Apache Spark™

1. Choose a Spark release: 2.3.1 (Jun 08 2018)
2. Choose a package type: Pre-built for Apache Hadoop 2.7 and later
3. Download Spark: spark-2.3.1-bin-hadoop2.7.tgz
4. Verify this release using the 2.3.1 signatures and checksums and project release KEYS.

图 6-23 Spark 下载选项

第1项一般默认选择最新发行的版本，如截至2018年6月8日的最新版本为2.3.1。第2项则选择“Pre-built for Apache Hadoop 2.7 and later”，适用于已安装Hadoop 2.7及更高版本的情况。选择之后，再点击第3项给出的链接就可以下载Spark了。下载完成后，解压安装包spark-2.3.1-bin-hadoop2.7.tgz至路径/home/spark/下后，执行下列操作：

```
[spark@cent88 ~ ]$ tar -zxvf spark-2.3.1-bin-hadoop2.7.tgz  /home/spark/
```

2. Spark的配置

解压后，主要对3个文件进行配置。

(1) 配置Spark的spark-env.sh。

先执行下列操作：

```
[spark@cent88 ~ ]$cd /home/spark/
[spark@cent88 ~ ]$mv spark-2.3.1-bin-hadoop2.7.tgz  spark-2.3.1
[spark@cent88 ~ ]$cd spark-2.3.1/conf/
[spark@cent88 conf]$mv spark-env.sh.template spark-env.sh
[spark@cent88 conf]$vim spark-env.sh
```

然后，进一步更改spark-env.sh中的内容：

```
# 指定默认Master的ip或主机名
export SPARK_MASTER_HOST=cent88
# 指定Master提交任务的默认端口为7077
export SPARK_MASTER_PORT=7077
# 指定Master节点的Webui端口
export SPARK_MASTER_WEBUI_PORT=8080
# 每个Worker从节点能够支配的内存数
export SPARK_WORKER_MEMORY=1g
# 允许Spark应用程序在计算机上使用的核心总数(默认值:所有可用核心)
export SPARK_WORKER_CORES=2
# 指向包含Hadoop集群的配置文件的目录,在YARN上运行并配置此项
export HADOOP_CONF_DIR=/home/spark/hadoop-2.7.6/etc/hadoop
# 指定JAVA_HOME位置
export JAVA_HOME=/usr/java/jdk1.8.0_181
# 指定HADOOP_HOME位置
export HADOOP_HOME=/home/spark/hadoop-2.7.6
# 指定Hadoop本地库位置
export HADOOP_COMMON_LIB_NATIVE_DIR=${HADOOP_HOME}/lib/native
export HADOOP_OPTS="-Djava.library.path=${HADOOP_HOME}/lib"
# 指定SCALA_HOME位置
export SCALA_HOME=/home/spark/scala-2.12.2
# 指定SPARK_HOME位置
export SPARK_HOME=/home/spark/spark-2.3.1
# 指定CLASS_PATH路径
export CLASS_PATH=.:${JAVA_HOME}/lib:$CLASS_PATH
# 指定PATH路径
export PATH=.:${JAVA_HOME}/bin:${HADOOP_HOME}/bin:${HADOOP_HOME}/sbin:
${SPARK_HOME}/bin:${SCALA_HOME}/bin:$PATH
```

（2）配置 Spark 的 slaves 文件。

更改的内容如下：

```
[spark@cent88 conf]$vim slaves
cent88
cent89
cent90
```

（3）查看并修改配置文件/etc/profile。

执行下列操作：

```
[root@cent88 ~ ]#  vi /etc/profile
```

添加如下内容：

```
export  SPARK_HOME=/home/spark/spark-2.3.1
export  PATH=$PATH:$SPARK_HOME/bin:$SPARK_HOME/sbin
```

执行下列操作，使环境生效：

```
[root@cent88 ~ ]#  source /etc/profile
```

3．Scala 的安装

Scala 是 Spark 默认支持的语言，可以从 Scala 官方网站下载 2.11 版以上的安装包，本例版本为 2.12.2，其下载链接为 https://www.scala-lang.org/download/2.12.2.html，下载完成后，解压安装包 scala-2.12.2.tgz 至路径/home/spark/下。执行下列操作：

```
[spark@cent88 ~ ]$tar -zxvf scala-2.12.2.tgz  /home/spark/
```

4．Scala 的配置

修改配置文件/etc/profile。

执行下列操作：

```
[root@cent88 ~ ]#  vi /etc/profile
```

添加如下内容：

```
export  SCALA_HOME=/home/spark/scala-2.12.2
export  PATH=$PATH:$SCALA_HOME/bin
```

执行命令 source/etc/profile 使环境生效。

5．远程复制

（1）复制整个目录，把 cent88 虚拟机上的 spark-2.3.1 和 scala-2.12.2 目录远程复制到 cent89 和 cent90 两台虚拟机的相应位置上：

```
[spark@cent88 ~ ]$cd /home/spark/
[spark@cent88 ~ ]$scp -r spark-2.3.1 scala-2.12.2 spark@cent89:/home/spark/
[spark@cent88 ~ ]$scp -r spark-2.3.1 scala-2.12.2 spark@cent90:/home/spark/
```

（2）复制配置文件，把 cent88 虚拟机上的/etc/profile 文件远程复制到 cent89 和 cent90 两台虚拟机的相应位置上：

```
[spark@cent88 ~ ]$su -
[root@cent88 ~ ]#  scp /etc/profile root@cent89:/etc/profile
[root@cent88 ~ ]#  scp /etc/profile root@cent90:/etc/profile
```

6．集群的启停

完成上述操作，就可以启动、运行 Spark 了。若 Spark 是基于 YARN 的，则在使用 Spark 前需要启动 Hadoop YARN，启动命令（参照第 6.3.7 节）如下：

```
[spark@cent88 ~ ]$cd hadoop-2.7.6/
[spark@cent88 hadoop-2.7.6]$./sbin/start-dfs.sh
[spark@cent88 hadoop-2.7.6]$./sbin/start-yarn.sh
```

（1）在主节点 Master 上执行启动命令：

```
[spark@cent88 ~ ]$cd /home/spark/spark-2.3.1
[spark@cent88 spark-2.3.1]$./sbin/start-all.sh
```

（2）检测进程是否启动，使用 jps 命令：

```
[spark@cent88 spark-2.3.1]$jps
14353 Master
14514 Worker
27924 Jps
10792 NameNode
11833 NodeManager
11036 DataNode
11388 SecondaryNameNode
11710 ResourceManager
```

（3）浏览 Master 的 Web UI(默认为 http://cent88:8080)，查看所有的 Worker 节点及其 CPU 个数和内存等信息，如图 6-24 所示。

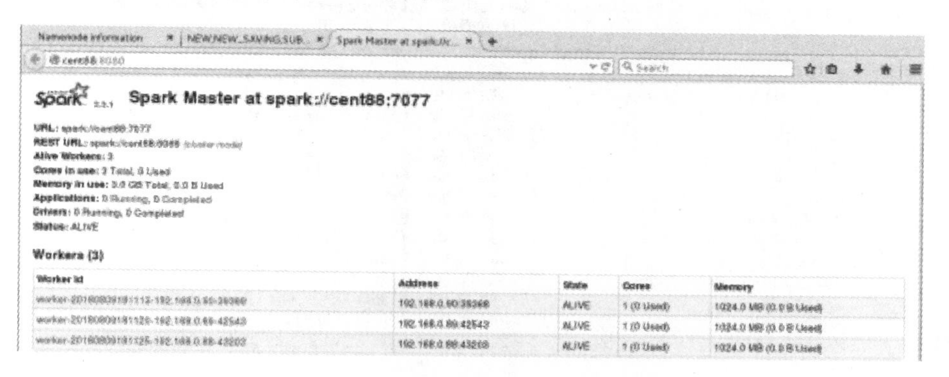

图 6-24 Master 的 Web UI

（4）验证 Spark 集群，代码如下：

```
[spark@cent88 ~ ]$cd /home/spark/spark-2.3.1
[spark@cent88 spark-2.3.1]$/bin/spark-submit --class org.apache.spark.
examples.SparkPi --master yarn --deploy-mode cluster examples/jars/spark-
examples_2.11-2.3.1.jar
```

在计算 Pi 的过程中，Spark 集群没有出现错误提示，说明集群安装是正确的。

（5）关闭 Spark，代码如下：

```
[spark@cent88 ~ ]$cd /home/spark/spark-2.3.1
[spark@cent88 spark-2.3.1]$./sbin/stop-all.sh
```

6.7.6 PySpark 安装与配置

PySpark 是 Spark 开源社区开发的一个工具库，它允许使用者用 Python 处理 RDD，其依赖于 Py4J 库。Spark2.3.1 发布的 Py4J 库位于 $SPARK_HOME/python/lib 目录，对应的版本是 0.10.7。

为方便个人用户在 Windows 10 环境下开发测试 Spark 项目，在此特别介绍在 Windows 10 环境下 PySpark 的安装与配置过程。其主要包括以下几个部分：Python、JAVA (JDK)、Hadoop、Spark、Scala、环境变量的设置、配置 PySpark 库。

1. Python

考虑到 Anaconda 的集成度好，方便下载 Python 各类包，可在 Windows 10 下直接使用 Anaconda 的 Python 环境。目前 Windows 10 下最新的 Anaconda 5.2 支持 Python 3.6 和 Python 2.7 两个主流版本。下载链接为 https://www.anaconda.com/download/#windows。在安装过程中，可以将 Python 路径加入到 Path 中。

2. JAVA (JDK)

JDK 的下载地址为 http://www.oracle.com/technetwork/java/javase/downloads/index.html。这里需要强调的是，一定不要安装 10.0.2 版本，因为这个版本会导致后续的 Scala 和 Spark 都无法正常使用。目前（截至 2019 年 6 月）兼容的最新版本为 Java SE Development Kit 8u181（见图 6-25），此版本在后续安装中未出现其他问题。

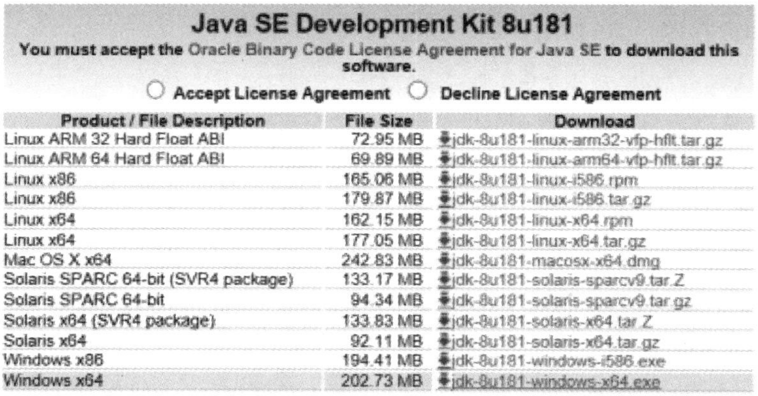

Java SE Development Kit 8u181

You must accept the Oracle Binary Code License Agreement for Java SE to download this software.

○ Accept License Agreement　○ Decline License Agreement

Product / File Description	File Size	Download
Linux ARM 32 Hard Float ABI	72.95 MB	jdk-8u181-linux-arm32-vfp-hflt.tar.gz
Linux ARM 64 Hard Float ABI	69.89 MB	jdk-8u181-linux-arm64-vfp-hflt.tar.gz
Linux x86	165.06 MB	jdk-8u181-linux-i586.rpm
Linux x86	179.87 MB	jdk-8u181-linux-i586.tar.gz
Linux x64	162.15 MB	jdk-8u181-linux-x64.rpm
Linux x64	177.05 MB	jdk-8u181-linux-x64.tar.gz
Mac OS X x64	242.83 MB	jdk-8u181-macosx-x64.dmg
Solaris SPARC 64-bit (SVR4 package)	133.17 MB	jdk-8u181-solaris-sparcv9.tar.Z
Solaris SPARC 64-bit	94.34 MB	jdk-8u181-solaris-sparcv9.tar.gz
Solaris x64 (SVR4 package)	133.83 MB	jdk-8u181-solaris-x64.tar.Z
Solaris x64	92.11 MB	jdk-8u181-solaris-x64.tar.gz
Windows x86	194.41 MB	jdk-8u181-windows-i586.exe
Windows x64	202.73 MB	jdk-8u181-windows-x64.exe

图 6-25　选择 JDK 的安装版本

选择 Windows 版本下载并安装后，记录安装目录的位置（如 D:\Hadoop\Java\jdk1.8.0_181），以方便后续环境变量的设置。

3. Hadoop

从 Hadoop 官网选择 Hadoop 2.7.6，其下载链接为 https://archive.apache.org/dist/hadoop/common/。对应的下载文件是 hadoop-2.7.6.tar.gz。下载并解压文件，记录安装目录的位置（如 D\:Hadoop\hadoop）。在 Windows 下还需要添加 winutils.exe 文件，以适应 Hadoop 在 Windows 中的操作。winutils.exe 文件的下载地址为 https://github.com/steveloughran/winutils。这里选择下载 2.7.1 版本，然后把 Hadoop.dll 和 winutils.exe 文件放入 Hadoop 解压后的 bin 文件夹即可。

4. Spark

Spark 的安装相对容易，只需要把所用的软件包下载并解压即可。Spark 的下载链接为：http://spark.apache.org/downloads.html。因 Spark 采用 2.3.1 版本，Hadoop 采用

2.7.6版本，所以点击页面底部的链接 Spark release archives，选择 spark-2.3.1/目录下的 spark-2.3.1-bin-hadoop2.7.tgz 文件下载即可。

下载并解压文件后，记录解压后目录的位置（如 D:\Hadoop\spark）。需要注意的是，Spark 的不同版本要求不同的 Scala 和 Hadoop 版本，Spark2.3.1 要求 Scala 版本为 2.10 及以上（推荐 2.11），Hadoop 版本为 2.7 及以上。

5. Scala

从 Scala 官方网站下载 2.11 版以上的安装包，这里所选版本为 Scala 2.12.2（如图 6-26 所示），其下载链接为 https://www.scala-lang.org/download/2.12.2.html。

Archive	System	Size
scala-2.12.2.tgz	Mac OS X, Unix, Cygwin	18.69M
scala-2.12.2.msi	Windows (msi installer)	126.44M
scala-2.12.2.zip	Windows	18.73M
scala-2.12.2.deb	Debian	145.14M
scala-2.12.2.rpm	RPM package	125.88M
scala-docs-2.12.2.txz	API docs	56.51M
scala-docs-2.12.2.zip	API docs	109.80M
scala-sources-2.12.2.tar.gz	Sources	

图 6-26 选择 Scala 的安装版本

下载并安装文件后，记录安装目录的位置（如 D:\Hadoop\scala），以方便后续环境变量的设置。

6. 环境变量的设置

在完成上述的所有安装后，需要进行环境变量的设置。注意，以下修改的都是“系统变量”，而非“用户变量”。

1) Python 环境变量的设置

Anaconda 在安装时已自动配置，其环境变量的设置如图 6-27 所示。

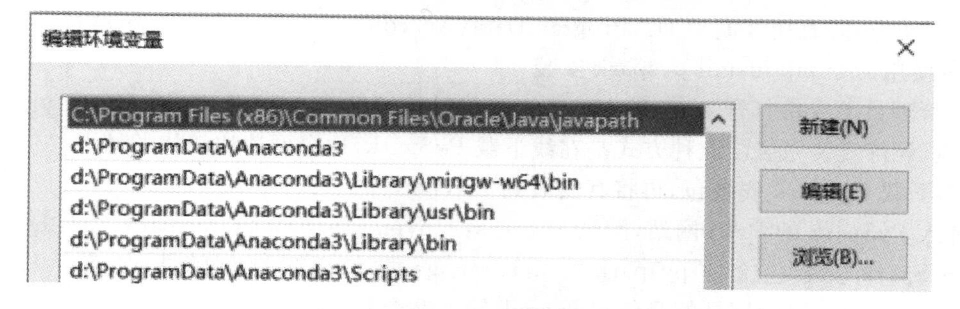

图 6-27 Anaconda 的环境变量设置

2) JAVA 环境变量的设置

在系统变量中加入 JAVA_HOME，路径设置为 D:\Hadoop\Java\jdk1.8.0_181；在系统变量中加入 CLASSPATH，路径设置为%JAVA_HOME%\lib；在系统变量的 PATH 中

添加%JAVA_HOME%\bin。

3）Hadoop 环境变量的设置

在系统变量中加入 HADOOP_HOME，路径设置为解压后的 Hadoop 路径 D:\Hadoop\hadoop；在 PATH 中添加%HADOOP_HOME%\bin。

4）Spark 环境变量的设置

在系统变量中加入 SPARK_HOME，路径设置为解压后的 Spark 路径 D:\Hadoop\spark；在 PATH 中添加%SPARK_HOME%\bin 和%SPARK_HOME%\sbin。

5）Scala 环境变量的设置

在系统变量中加入 SCALA_HOME，路径设置为 D:\Hadoop\scala；在 PATH 中添加%SCALA_HOME%\bin。

设置完所有环境以后，可以通过重启来使系统环境变量生效。然后，检测各组件环境变量配置和安装是否成功。

在完成所有环境变量的设置后，以管理员的身份进入命令提示符 cmd，运行 spark-shell。

7. 安装 PySpark 库

PySpark 库的常用安装方式有以下三种方式。

1）将 Spark 自带的 PysPark 库安装到 python 库

以管理员的身份打开 cmd，进入 Spark 安装目录的 Python 文件夹（如 D:\Hadoop\spark\python），操作如下：

```
C:\WINDOWS\system32>d:
d:\>cd Hadoop\spark\python
d:\Hadoop\spark\python>
```

输入命令 python setup. py install，等待安装完成：

```
d:\Hadoop\spark\python>python setup.py install
```

出现如下提示时，PySpark 就安装完成了：

```
Installed D:\ProgramData\Anaconda3\Lib\site-packages\py4j-0.10.7-py3.6.egg
Finished processing dependencies for pyspark==2.3.1
```

当然，也可以采用最简单的方法，即把 Spark 自带的 PySpark 库（如 D:\Hadoop\spark\python\pyspark）直接复制到 D:\ProgramData\Anaconda3\Lib\site-packages\目录中。

2）使用命令 pip install pyspark 安装

以管理员的身份打开 cmd，进入 Spark 安装目录的 Python 文件夹，输入命令 pip install pyspark，等待安装完成。此种方式是在线下载 PySpark，适合网速比较快的情况。

3）下载 PySpark 安装包，再将其安装到 PyThon 库

进入 PySpark 的 PyPI 网站，网址为 https://pypi. org/project/pyspark/2. 3. 1/#files，下载 PySpark 安装包文件 pyspark-2. 3. 1. tar. gz，并解压到指定目录（如 D:\Hadoop\pyspark-2. 3. 1）。以管理员的身份打开 cmd，输入命令行 python setup. py install，等待安装完成，操作如下：

```
D:\Hadoop\pyspark-2.3.1>python setup.py install
```

完成后，D:\ProgramData\Anaconda3\Lib\site-packages\PySpark-2. 3. 1-py3. 6. egg 目录即是 PySpark 安装到的目录。

选用其中的一种方式，完成 PySpark 的安装。然后，增加系统环境变量 PYTHONPATH，路径设置为%SPARK_HOME%\python\lib\py4j；%SPARK_HOME%\python\lib\pyspark；D:\ProgramData\Anaconda3，并以管理员的身份打开 cmd，运行 PySpark。

6.7.7　编程实践

下面介绍统计素数数量的编程。

目标问题：测试 Spark 平台迭代运算的速度。

实例：用 Spark 来统计 100000000 以内的素数数量。

实验环境：Windows 10 操作系统，要求在其上部署 Spark 单机平台（参照第 6.7.6 节），16GB 内存，8 核 64 位 CPU。

解决方案：引用 Spark 相关包，设计 Python 程序以进行素数数量统计并对其计时。

代码如下：

```
from pyspark import SparkConf,SparkContext
from pyspark.sql import SQLContext
import time

conf=SparkConf().setAppName("isPrime")
sc=SparkContext(conf=conf)
def isPrime(n):
    if n<2:
        return False
    if n==2:
        return True
    if not n&1:
        return False
    for i in range(3,int(n**0.5)+2,2):
        if n%i==0:
            return False
    return True
start=time.time()
rdd=sc.parallelize(range(100000000))
result=rdd.filter(isPrime).count()
print(result)
print(time.time()-start)
```

最终统计出素数数量为 5761455 个，运行时间为 414.81s。

作为对比，不采用 Spark 平台而采用传统迭代程序：

```
import time
def isPrime(n):
    if n<2:
```

```
            return False
        if n==2:
            return True
        if not n&1:
            return False
        for i in range(3,int(n**0.5)+2,2):
            if n%i==0:
                return False
        return True

    num=0
    start=time.time()
    for n in range(100000000):
        if isPrime(n):
            num+=1
    print(num)
    print(time.time()-start)
```

在同样配置下，传统迭代程序最终运行时间为 1256.39 s。由此可见，Spark 平台上应用程序的运行速度有很大提高。

6.8　本章小结

本章主要讲解了以下知识点。

(1) 介绍了当前大数据处理的主要平台 Hadoop 的特性和发展历史；Hadoop 生态系统的 HDFS、MapReduce、HBase、Hive、Pig、Mahout、Zookeeper、Sqoop、Flume 和 Ambari 等组件。

(2) 在 Linux 下，介绍了 Hadoop 集群的安装与配置方案。

(3) 介绍了 HDFS 的基本概念和体系结构，并详细描述了 HDFS 数据的读/写过程和文件访问控制机制。

(4) 介绍了 MapReduce 编程模型的基本原理和工作机制，并给出了编程实例。

(5) 介绍了 Hadoop 新一代资源管理调度框架的设计思路、体系结构和工作流程。

(6) 介绍了快速通用的计算引擎 Spark 的相关概念、生态系统与核心设计。Spark 的核心是统一的抽象 RDD，在此之上形成了结构一体化、功能多元化的完整的大数据生态系统，支持内存计算、SQL 查询、实时流式计算、机器学习和图计算。最后给出了 Spark 的安装与配置过程，并给出了 Spark 编程实例。

6.9 习　　题

（1）简述 Hadoop 生态系统组成及每个部分的具体功能。

（2）简述 HDFS 的优缺点。

（3）简述 MapReduce 作业的运行流程。

（4）简述 YARN 架构中各组件的功能。

（5）Spark 是基于内存的大数据计算平台，请简述 Spark 的主要特点。

（6）简述与 Spark 相关的几个主要概念：RDD、DAG、阶段、分区、窄依赖和宽依赖。

（7）Spark 对 RDD 的操作主要分为“动作”和“转换”两种类型，请简述两者的区别。

参考文献

REFERENCES

[1] 李金.自学 Python——编程基础、科学计算及数据分析[M].北京:机械工业出版社.

[2] 余本国.Python 数据分析基础[M].北京:清华大学出版社.

[3] 黑马程序员.Python 快速编程入门[M].北京:人民邮电出版社.

[4] https://blog.csdn.net/weikunlun/article/details/663517.

[5] https://blog.csdn.net/llddyy123wq/article/details/5487848.

[6] https://blog.csdn.net/u010923921/article/details/77860171.

[7] https://blog.csdn.net/livan1234/article/details/80993541.

[8] 杨震宇,邓晓衡.操作系统日志的行为挖掘与模式识别[J].电脑与信息技术,2010,18(01):53-55.

[9] https://blog.csdn.net/GJ20107924/article/details/38419419.

[10] https://blog.csdn.net/huawei_eSDK/article/details/51423126.

[11] 李传军.大数据技术与智慧城市建设——基于技术与管理的双重视角[J].天津行政学院学报,2015,17(04):39-45.

[12] 贲可荣,张彦铎. 人工智能[M]. 北京:清华大学出版社,2013.

[13] 周志华. 机器学习[M]. 北京:清华大学出版社,2016.

[14] Ian Goodfellow, Yoshua Bengio, Aaron Courville. Deep Learning: Adaptive Computation and Machine Learning series[M]. Boston: The MIT Press, 2016.

[15] 李航. 统计学习方法[M]. 北京:清华大学出版社, 2012.

[16] https://www.coursera.org/learn/machine-learning.

[17] 欧高炎,朱占星,董彬,鄂维南. 数据科学导引[M]. 北京:高等教育出版社, 2017.